"交运·温馨巴士杯"

第三届全国交通运输好新闻作品集

《第三届全国交通运输好新闻作品集》编委会 编

人民交通出版社
China Communications Press

内 容 提 要

本书由第三届全国交通运输好新闻获奖作品汇集而成，包括消息类、通讯类、评论类、副刊类、论文类、好策划类、图片类、视频类八大部分内容，共收录2012年度发表在《中国交通报》、《二航人》、《中国水运报》、《北京公交》、《交通建设报》、《中国公路文化》、《中国公路》、《中国救助与打捞》、《中国远洋报》等交通报纸、期刊上的优秀作品90余篇。

本书可供交通行业新闻工作者及相关从业人员学习使用。

图书在版编目（CIP）数据

"交运·温馨巴士杯"第三届全国交通运输好新闻作品集/《第三届全国交通运输好新闻作品集》编委会编
—北京：人民交通出版社，2014.4
ISBN 978-7-114-11287-4

Ⅰ.①交… Ⅱ.①第… Ⅲ.①新闻－作品集－中国－当代 Ⅳ.①I253.3

中国版本图书馆CIP数据核字（2014）第054142号

书　　名："交运·温馨巴士杯"第三届全国交通运输好新闻作品集
著 作 者：《第三届全国交通运输好新闻作品集》编委会
责任编辑：张　斌　孙　玺　蒲晶境
出版发行：人民交通出版社
地　　址：（100011）北京市朝阳区安定门外外馆斜街3号
网　　址：http://www.ccpress.com.cn
销售电话：（010）59757973
总 经 销：人民交通出版社发行部
印　　刷：北京市密东印刷有限公司
开　　本：720×960　1/16
印　　张：22.25
字　　数：327千
版　　次：2014年4月　第1版
印　　次：2014年4月　第1次印刷
书　　号：ISBN 978-7-114-11287-4
定　　价：50.00元

“交运·温馨巴士杯”

《第三届全国交通运输好新闻作品集》

编 委 会

目录

消息类

通讯类

评论类

副刊类

论文类

好策划类

图片类

视频类

附录

本书封面照片《风雪邮路人》。

桂志强摄影，图片类二等奖，原载于《中国交通报》2012年2月9日7版。

本书采用照片均为图片类获奖作品。

消 息 类

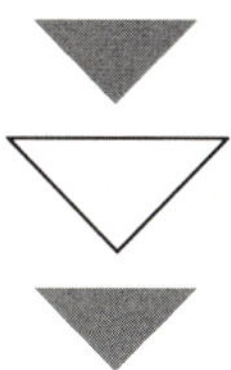

获奖名次：图片类一等奖
标　　题：《乘务员向温总理演示公交手语服务》
作　　者：李立峰　刁立生
原 载 于：《北京公交》2012年5月5日4版

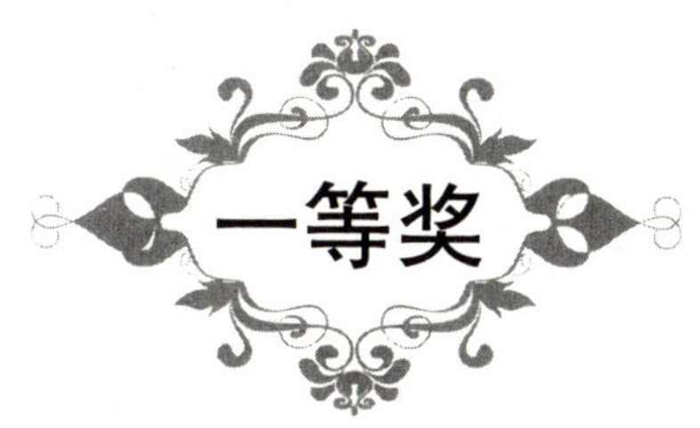

哈大高铁谱写我国铁路建设新篇章

世界首条高寒地区高铁开通运营

我国成为世界上高速铁路发展最快、规模最大的国家

隋业辉

2012年12月1日，经过54天试运行，世界首条穿越高寒地区高速铁路——哈大高铁正式开通运营，标志着我国以“四纵四横”为主骨架的快速铁路网建设取得重要进展。至此，我国高铁运营里程已超过8600公里，成为世界上高速铁路发展最快、规模最大的国家。

哈大高铁是国家《中长期铁路网规划》重点项目，北起哈尔滨，南抵大连，线路全长921公里，全线设23个车站，为双线电气化铁路，设计时速350公里，是世界上速度最快的高寒地区列车，贯通东北三省全程最快仅需3个多小时。哈大高铁沿线冬季极端最低温度零下40℃左右，最大积雪厚度30厘米，沿线土壤最大冻结深度达205厘米。

此前，世界上仅有运行于北欧和俄罗斯的三条高寒高铁。即便是运行速度最高的莫斯科到圣彼得堡的“游隼号”高寒高铁，其以250公里的最高时速运行的持续时间也不到20分钟。

哈大高铁试运行期间，经受住了暴风雪“考验”，列车最高试验时速达385公里，持续运营时速保持在350公里。专家认为，哈大高铁的建成开通，标志着我国已经掌握了在高寒地区修建高速铁路的技术。

为积累高寒地区高铁运营经验，增加安全冗余，尤其是确保冬季运营安全，哈大高铁运营初期实行冬季和夏季两张列车运行图，分别按时速200公里和300公里运营，同时实行与两个速度等级相应的票价。

据了解，中国交建承担了哈大客专TJ-3 标段施工任务，合同额约208亿元，线路全长345 公里。我公司承建其中35公里的施工任务，合同额约24亿元，主要包括4座特大桥、2个梁场和1个轨道板预制场。该管段地处哈大客专的最北端，是全线技术难点最为密集、施工条件最为艰苦的地区。

工程自2007年8月23日开工以来，我公司建设者守好哈大北大门，争做中交排头兵，以“一流的管理、一流的技术、一流的质量、一流的服务”干出了一流的工程，打响了二航铁路品牌，很好地展示了二航局铁路建设实力。同时，涌现出一批先进集体和个人， 2个集体荣获“火车头”奖杯，3名个人荣获“火车头”奖章。

哈大高铁开通运营后，东三省主要城市间时空距离大大缩短，为东北区域经济一体化创造了条件，对于深入实施振兴东北战略，促进东北地区经济社会又好又快发展具有重要意义。同时，哈大铁路通道运输能力紧张局面也将得到极大缓解。

原载于《二航人》2012年12月10日1版

作品评析

跳出企业写新闻

杜迈驰

这篇900多字的消息，最大的亮点是作者站在全国乃至世界的高度，跳出企业写企业。

记得刚到任不久的李盛霖部长在2006年1月15日召开的全国交通工作会

议上讲话时强调："我们要站在世界交通发展趋势、发展规律的角度审视中国交通发展水平，站在我国国民经济发展全局的角度审视交通适应能力，站在人民群众对交通需求的角度审视交通服务水平，站在行业以外的角度审视交通存在的问题，开拓视野、创新理念，在体制机制创新上有新思路，在人才培养和引进上有新进展，在推进科技进步上有新成果，在实现可持续发展上有新突破……"这"四个审视"成为后来交通人津津乐道的衡量交通改革发展成果的尺度，成为我在位时让中国交通报同事"跳出交通写交通"、用"平民视角"写交通的选择角度。从现在看，这些理念并不过时，诸多评委把这篇稿件评为消息一等奖就是例证。

作为企业报的记者，如果站在二航局的角度写哈大高铁正式开通运营的消息，无非是我公司参建的哈大高铁某月某日正式开通运营，我公司为了保证工期和建设质量，采取了什么措施，获得了什么荣誉等。这样写无可厚非，但参加全国交通好新闻评选，即使得奖，奖项档次也不会太高。

值得其他交通报刊记者写稿借鉴的经验是，二航报的记者立足高远，眼界开阔。作者从我国成为世界上高速铁路发展最快、规模最大的国家，从我国"四纵四横"为主骨架的快速铁路网建设取得重要进展入手写，凸显了哈大高铁开通运营的战略意义。这比就企业写企业高明得多，也讨巧得多。作为本企业报纸的记者，当然要在文中写本企业的作为，但是作者着墨不多，第六、七自然段只有220多字。这200多字内容放到具有战略意义的大背景里介绍，对国家的贡献而言，就比企业写企业的分量大了许多。

这篇消息新闻性强，"世界首条穿越高寒地区高速铁路——哈大高铁正式开通运营"，"我国成为世界上高速铁路发展最快、规模最大的国家"，符合新闻价值的显著性。因此导语抓住这两个要素，用百把字进行提炼，符合我在讲课时屡次强调的导语写作要诀之一——"最简要生动地概括最重要、最本质、最精彩、最新鲜、最引人、最有特色的事实。"

第二段到第五段的背景介绍，显示出作者是个有心人。作者长期跟踪并到一线采访，恐怕积累了不少背景资料。拿250公里最高时速的俄罗斯"游隼号"与哈大高铁持续时速350公里进行对比，衬托出我国在高寒地区修建高速铁路的技术高超。其他背景材料的穿插运用，同样增加了文章的信息量。

我在中国交通报举办新闻业务讲座时曾介绍过人民铁道报、中国铁道建筑报的经验，京沪高铁、武广高铁等重大工程竣工通车前半年，他们就开始策划，让拟去采访的记者查阅资料、收集资料。通车当天，记者深入采访，编辑精雕细刻，奔着拿新闻奖而去。这条经验实在值得其他交通报刊学习，当然我不鼓励为拿奖而拿奖，我希望各报刊的同志遇到重大新闻要好好策划，精写精编，“别把做大褂的布料做成裤头”。

当然，这篇消息仍有改进的余地。如果作者参加了这条路的通车典礼，文中可用一两句话描写现场；如果作者跟着这趟车坐一坐，听听旅客反映并用直接引语穿插，可以改变平铺直叙的语调。如果加上这两点内容，整篇文章就活了。

（作者系中国交通报社原总编辑、中国交通报刊协会副会长）

我国首艘300米饱和潜水母船交付使用

填补了我国大深度潜水作业支持船舶空白

黄　玲　杨　瑾

2012年8月6日，我国首艘300米饱和潜水母船“深潜号”在青岛交付交通运输部上海打捞局使用。它的投入使用，标志着我国海上大深度潜水、抢险救援打捞能力将显著提升，也使我国深水工程作业能力向世界先进水平迈出了坚实的一步。交通运输部副部长徐祖远出席交付仪式并发表讲话。

据了解，这艘亚洲领先、世界一流深潜水支持船由武昌船舶重工有限责任公司建造。“深潜号”总长125.7米，型宽25米，型深10.6米，满载排水量为15864吨，配有现代化的直升机起降平台，可航行作业于无限航区。

“深潜号”的最大亮点是配置了一套300米饱和潜水系统，最大工作深度可达水下300米，集生活舱、过渡舱、逃生舱、潜水钟、生命保障系统于一身。同时，它还配置了目前国内最先进的无人遥控潜水器（ROV），最大水下作业深度可达到3000米，最大功率达到150马力，作业范围可覆盖我国70%水域。

徐祖远表示，深潜水作业能力事关我国海洋经济发展和安全保障。“深潜号”是目前我国第一艘具备300米饱和潜水作业能力的深潜水母船，它的建造完工填补了我国大深度潜水作业支持船舶的空白，将大大提升应对大深度、大吨位应急打捞、大面积溢油及其他应急突发事件的快速处置能力，更好地为国家深水救援打捞及海洋事业发展服务。下一步，交通运输部还将进行“500米饱和潜水系统”的研发，力争为我国海洋开发事业和航运事业发展做出新的更大的贡献。

原载于《中国水运报》2012年8月8日1版

写消息如何选择材料

杜迈驰

这篇正文不足600字、新闻性很强的消息，信息量不小，显示了作者选择重点材料的能力和文字驾驭水平。

我写本文时，曾打电话向消息的作者之一黄玲了解当时采访情况。她说“深潜号”正式交付之前，她就到上海打捞局深入采访，了解设备性能和潜水员参加试验情况。交付仪式举办当天，青岛天气不好，交通运输部副部长徐祖远等来宾先在一家宾馆开了个简短会议，设备制造厂家介绍了设备研制情况，使用方说明了实验效果，徐祖远代表交通运输部作了重要讲话，然后大家上船举行了交付剪彩仪式，接着“深潜号”再次下水。看来消息的作者采访到的情况不少，但是采访材料越多，选择的余地越大，选择重点材料的难度越大，消息毕竟是迅速简要报道最近发生的重要事实的新闻体裁。

从消息全文来看，120多字的导语写得很精练，表明了作者把握新闻价值的能力和语言概括能力。接下来两段介绍“深潜号”的基本情况很必要，既支撑了导语展开，也满足了读者对装备的了解。

文章最后一段表明了作者的选材功力。两人没有写会议和交接仪式的程序性内容，特别是没有大段引用部领导对研制成功、试验成功表示祝贺和希望继续努力之类的话，而是抓住“深潜水作业能力事关我国海洋经济发展和安全保障”，抓住“深潜号”“将大大提升应对大深度、大吨位应急打捞、大面积溢油及其他应急突发事件的快速处置能力，更好地为国家深水救援打捞及海洋事业发展服务”，彰显首艘300米饱和潜水母船的重大战略意义。这样写既是导语的进一步展开，也是对导语的呼应。

最后一句“交通运输部还将进行‘500米饱和潜水系统’的研发”，预告了新闻，让读者有所期盼。这是写消息结尾的办法之一。

写消息另一项基本要求就是文中事实凝练，不能回答读者关注的话不说。这一点，两位作者做得非常到位。

当然，这篇消息也有需要改进之处。作者既然前期采访了上海打捞局潜水员参加试验情况，文中最好引用他们使用感受之类的一两句话。设备好用不好用，使用者潜水员在实验中的感受是最重要证据。另外，既然有交付仪式和“深潜号”下水的举动，导语或第二段如果有简要的现场描写，文章即刻就生动活泛起来。

如果让我对记者提的要求再高一些，我会让她们有机会在陆地上进入生活舱、过渡舱、逃生舱、潜水钟、生命保障系统参观体验一下。如果没有进舱体验的机会，就请制造商详细描述一下内部情况，然后在文中简要描述设计人员对潜水员的人文关怀，文章有些“人情味”岂不更好?

（作者系中国交通报社原总编辑、中国交通报刊协会副会长）

世界最大“海上移动校园”在沪交付

可在世界无限航区航行　容纳168名学生和4.58万吨散货

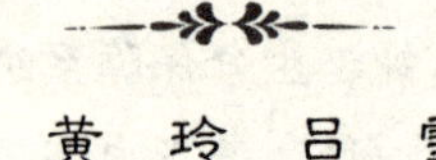

黄　玲　吕　雪

2012年12月12日，由交通运输部、上海市联手打造的4.8万吨世界最先进远洋教学实习船“育明”轮在沪正式交付上海海事大学。该船是目前世界上吨位第一的教学实习船，拥有当今船界最新设备仪器，全球无限航行。交通运输部副部长高宏峰、上海市市委副书记殷一璀出席交船仪式并考察该船。

据了解，这艘4.8万吨远洋教学实习船是上海市2011年和2012年重大工程项目。该船总长189.9米，型宽32.26米，型深15.7米，总投资2.73亿元，航速17节，是目前国际上投资规模最大、设施配备最为先进、功能最齐全的教学实习船。

与普通教学实习船的单一用途有别，“育明”轮开创了生产、教学一体化的新模式，更突出学生实习和实训功能。实习船模拟校园环境，教室、研究室、阅览室、健身娱乐房等教学生活设施一应俱全。实习船不仅提供完善的教学生活设施，全船还配备5个大货舱、4台电动液压吊车，可装载粮食、矿砂、煤炭、钢材等各种散货。该船正式投入运营后，可在上课实训同时赴全球码头“跑货”，供160名学生进行海上实习，同时还能搭载4.58万吨散装货物。实习船又被誉为“海上移动校园”，它汇集了当今国际先进的航海教学实习与科研设施，设有船员和学员两个生活区。

交通运输部副部长高宏峰表示，建造一艘现代化的教学实习船，是交通部和上海市政府着眼于国家航运建设和上海国际航运中心建设作出的重大战略决策，希望上海海事大学充分运用好“育明”轮这一新的教学科研实践基地，培养出更好更多的国际化航海人才。

“我们在学校就能直接看到航行视频，主机运行参数等数据也都能直观显示。”据上海海事大学教学实习船监造组组长许乐平教授介绍，该轮不仅供学生实习，还是海上科研平台。船上不仅设有科研学术交流场所，还配备了船舶姿态检测仪、船舶雷达波浪检测仪、水位测距仪等科研设备，作为科学研究之用。

原载于《中国水运报》2012年12月13日3版

亚洲最大客滚船“渤海翠珠”烟台首航

可成建制投送部队人员和重型装备

杨　瑾　王建波

2012年8月8日上午，目前亚洲最大、最先进、最安全、最豪华、装载能力最强的客滚船“渤海翠珠”轮首航暨贯彻国防要求项目竣工仪式在渤海轮渡客运站码头隆重举行。“渤海翠珠”轮的投入使用，不仅大大提升了渤海湾客滚运输的能力，也进一步提升了我军海上战略投送能力。

据悉，“渤海翠珠”轮是斥资近4亿元建造的国际豪华客滚船，该轮总长178.8米，型宽28米，总吨位3.6万吨，乘客定额为2000余人。该船长、宽均大于此前中国建造的客滚船，在设计建造中贯彻了国防要求，可成建制投送部队人员和重型装备。船上车道长度2500米，可载大小车辆300余辆。

据介绍，“渤海翠珠”轮按照无限航区国际航行标准并参照邮轮设计理念建造，配备了先进的动力系统、通道系统、通讯导航系统、保安警报系统、应急疏散系统以及直升机停靠设施。

据悉，“渤海翠珠”轮的姊妹船——“渤海晶珠”轮正在建造，将于2012年10月投入运营。“渤海晶珠”轮投入运营后，渤海轮渡股份有限公司在渤海湾将共投入8艘“珠”字号客滚船，总吨位达19万多吨，总车道线达15556米，总客位达11680个。

原载于《中国水运报》2012年8月9日1版

缅甸项目部攻克世界级施工难题，高细重沉箱——

“南海擎柱”成功定位

孙中瑞　陈会文

2012年8月11日23点15分，经过近17个小时的奋战，高30多米、重达3976吨的圆筒式混凝土沉箱，就像“南海擎柱”在缅甸西南侧的孟加拉湾海域成功定位。这不仅意味着整个中缅原油管道工程30万吨原油码头工程的最后一个世界级难题被成功攻克，同时标志着重力式码头施工领域取得重大技术突破。

当天早上7点，所有工作人员全部到位，公司副总经理顾巍带领专家组登上工5号半潜驳，开始对整个沉箱下潜及安装就位进行现场指挥。9点27分，按照事先制定的方案，半潜驳开始下潜。11点49分，半潜驳暂停下潜，沉箱进水阀门开始进水。14点02分，起重船完成挂钩，半潜驳继续下潜。15点37分，沉箱完全出坞，起重15号船绞锚缓慢靠近沉箱安装位置，等待低潮注水安装。22点50分，沉箱平稳，位置精确，23点15分，沉箱坐底，所有阀门全部打开进水，首个沉箱安装成功。

为了确保高30多米、目前世界最高的沉箱安装万无一失，江苏分公司先后组织局有限公司、分公司、项目部专业技术人员召开各类研讨会、交底会30余次。沉箱安装最怕的就是又高又细又重的沉箱，30多米高、直径18米的比例、质量又近4000吨的沉箱，正犯了沉箱安装高细重的忌讳。全部依靠起重设备吊装，难度很大。由于沉箱在水中顶与底部相差30米，而不同海水深度流速不同，使沉箱很容易倾斜甚至倾倒，一旦沉箱安装出现闪失，经济损失将以亿计，后果不堪设想。

虽然沉箱安装方案论证会不下百次，方案改之又改，但是在7月11日沉箱下潜试验时，半潜驳甲板刚入水下不到1米，发生整个半潜驳连同沉箱一起左右摇摆，半潜驳两侧吃水差近4米，沉箱下潜试验终止。7月15日，顾巍带着专家组到现场进行总结分析，对沉箱安装方案进一步进行优化：在半潜驳两侧加装浮箱，提高稳定性；改进半潜驳进水系统，优化进水顺序；凿除沉箱牛腿混凝土，降低沉箱自重及重心高度。7月20日，局有限公司党委书记马卫星、分公司总经理孙国徽等领导到施工现场指导，在各级领导的大力支持帮助下，最终项目部在没有其他先例或工程经验可供参考的情况下，完成了此次高难度的沉箱安装。

此次成功安装沉箱的意义，也标志着重力式码头施工领域取得重大技术突破，为将来在类似海域设计重力式码头提供了重要依据和宝贵的实践经验。

原载于《三航报》2012年8月17日2版

长江南京以下12.5米深水航道工程开工

建成后直接增加沿江地区经济111亿元

周国东　鄢　琦

2012年8月28日上午，长江南京以下12.5米深水航道一期工程开工仪式在江苏苏州常熟举行。这标志着我国“十二五”期投资规模最大、技术最复杂的国家重点内河水运工程——长江南京以下12.5米深水航道工程正式开工。

长江南京以下12.5米深水航道工程是在长江口深水航道的基础上，将12.5米水深从太仓上延至南京。工程建成后，5万吨级海轮将直达南京，10万吨级及以上海轮也可减载乘潮直达南京。这将进一步发挥长江口深水航道的优势，大大提高长江下游海轮进江的运输能力，提高长江江苏段货运通过能力1倍以上，这对于进一步提升长江国际航运功能，推动东、中、西部地区协调发展，具有十分重要的意义。

长江南京以下12.5米深水航道工程建成后，将可显著降低沿江企业物流成本。以江苏省统计局的投入产出数据为基础，据测算，长江南京以下12.5米深水航道工程建成后，平均每年可递增沿江港口吞吐量约1.3亿吨，直接拉动沿江地区国民生产总值GDP约238亿元，直接增加沿江地区经济111亿元，新增就业岗位约16.4万个。同时，工程建成所带来的船舶大型化和船舶实载率的提高，还将使依托长江黄金水道运输的集装箱、进口铁砂石、煤炭、粮食、原油等货种的物流成本大幅降低，工程建成当年即可直接降低沿江企业物流成本23亿元。此外，该工程对于促进交通行业节能减排也有积极意义——根据工程实施前后长江江苏段船型及运量结构变化测算，每年可节约海运油耗21.6万吨，相应减少碳排放量约65万吨。

据介绍，长江南京以下深水航道建设工程将按照“整体规划，分期实施，自下而上，先通后畅”的思路，采取整治与疏浚相结合的工程措施，进行长河段系统整治。工程拟分三期进行，在“十二五”期内，一期工程对太仓至南通段的56公里航道进行治理，二期工程对南通至南京段的224 公里航道进行治理，实现12.5米深水航道从太仓上延至南京的建设目标。三期工程将根据一、二期工程的建设效果和局部河段河势变化等情况，在“十二五”期以后适时实施太仓至南京段航道治理后续工程，进一步改善航道条件，全面建成南京以下12.5米深水航道。

原载于《中国水运报》2012年2月27日1版

世界首条高寒地区高铁试运行

公司参建的哈大客专4小时贯通东三省

李　群　周文鑫　王兴松

2012年10月8日，世界首条穿越高寒地区高速铁路——哈尔滨至大连客运专线开始试运行，贯通东北三省全程仅需4小时，这是世界上速度最快的高寒地区列车。

哈大客专是国家《中长期铁路网规划》重点项目，北起哈尔滨，南抵大连，纵贯东北三省，线路全长921公里，为双线电气化铁路，基础设施满足时速350公里要求，列车初期运营时速为300公里。铁路和列车要适应零下40度的低温环境，具有良好的抗风、沙、雪、雾等恶劣天气能力。

此前国内动车组列车只能适应零下25度至40度之间的环境，在东北地区运行的最快时速为200公里。而世界范围内，也只有俄罗斯和北欧地区在零下40度低温环境下运行高寒普速铁路，总里程仅700公里。

据了解，公司承担了哈大客运TJ-3标段施工任务，合同额约208亿元，线路全长345公里，工程主要包括总长294公里的各种桥梁37座，车站6座。

施工中，公司积极推行经理部、分部实行一级直管和集团指挥部实行二级监管的双控“哈大模式”，取得了良好效果。一航局、二航局、三航局、四航局、一公局、二公局、三公局、四公局、中交路桥、隧道局共10家单位参与建设。

2007年8月23日开工以来，中交建设者们克服高寒冻土等恶劣施工环境，始终坚持精细化管理、标准化施工，安全优质完成建设任务，为哈大客专年底正式运行奠定了坚实基础。施工中，公司各参建单位作为铁路建设的生力军，展现出了顽强的工作作风，涌现出一大批先进集体和个人，8个集体荣获“火车头”奖杯，27名个人荣获“火车头”奖章。

原载于《交通建设报》2012年10月11日第152期1版

我省五年治超取得重大阶段性成果

超限超载率由13%下降到0.2%以下，交通事故平均每年减少1950起，累计减少公路经济损失150亿元。

韩 涛

记者从2012年12月18日召开的全省新一轮治超总行动实施五周年新闻发布会上获悉：从2007年12月18日全省“无缝隙、拉网式”治超总行动正式开始至今，五年来，我省通过政府主抓、部门联动、源头监管、责任倒查等有效措施，取得了治超工作重大阶段性成果。

五年来，我省超限超载率大幅下降，由13%下降到目前的0.2%以下；交通事故与2007年相比，平均每年减少1950起，死亡人数平均每年减少492人，受伤人数平均每年减少2514人；道路运输效率大幅提高，高速公路货车平均行车速度从治超前的30公里/小时，提高到现在的60公里/小时以上，客车正点率达到90%以上，长时间大面积堵车现象基本消除；全省干线公路货车通行量由治超前的2.2万辆提高到4.6万辆；货运价格合理回升，煤炭等九大类货物平均运输价格由2007年的0.93元提高到现在的1.24元，增长了33%，加上高速公路通行费优惠10%，整个运价增长40%多，治超使不合理的过低运价逐步“归位”；公路设施得到有效保护，全省827座危桥全部得到治理，没有因超载新增一座危桥，因超载形成的公路坏损基本绝迹，累计减少公路经济损失150亿元。同时，区域形象和政府公信力得到显著提升，全省公路“三乱”举报明显下降，有力改善了山西的对外形象。五年来，全省有1087人因治超不力或违规违纪等受到党纪、政纪处分。

据省治超办表示，今后全省治超工作将按照“思想不松、政策不变、力度不减、标准不降、口子不开”的要求，紧紧抓住路面治理和源头治理不放松，进一步健全管理体制、规范站点建设、强化科技手段、完善法规体系、严打短途超载、推广厢式运输，巩固和扩大治超成果，健全治超长效治理机制，不断推进治超工作的常态化、制度化、规范化、科技化、标准化。全省构建治超长效机制将着力在五个方面下功夫，即提高认识，进一步加强组织领导；强化落实，进一步完善治超站点建设；加大力度，进一步深化短途非法超限超载整治工作；严查大案，落实好各级各部门治超职责；加强队伍建设，遏止公路“三乱”。

此次新闻发布会还通报了全省科技治超三个“全覆盖”进展情况、《山西省公路条例》对治理超限超载管理的新规定，以及今年下半年寿阳、榆次两县（区）严重非法超限超载案件、7·21严重非法超限超载案件和临汾乡宁治超工作有关问题三起案件的查处情况。

原载于《中国交通报·山西交通》2012年12月21日1版

一张火车票牵动众人心

3000热心人微博接力寻失主

刘学利

一条寻找火车票失主的微博，经过热心人的3000次转发，终于找到了它的主人葛琳琳。

2012年1月8日21点，562路44181号车回到终点站，乘务员穆向贞打扫卫生时发现一张火车票。春运期间一票难求。车队工会主席立即联系了派出所，但由于车票上的身份证号码有4位是加密的，导致联系失败。之后，车队通过新闻媒体和“不老的莉迪亚”发出微博寻找车票的主人。经过3000热心人的微博接力，30个小时后联系到了失主葛琳琳。葛琳琳拿到车票后兴奋地说：“回家的路很温馨。”

原载于《北京公交》2012年2月1日3版

我省高速公路通车里程突破四千公里

八十八个县（市、区）通达高速公路　保持西部领先　全国前列

张力峰　安立广　黄金峰

2012年9月29日，对于陕西省高速公路发展来说，是一个值得载入史册的日子。随着榆林至绥德高速公路的建成通车，陕西省高速公路通车里程突破4000公里，达到4039公里，又迈入新的历史阶段，继续领先西部，位居全国前列。

陕西省高速公路发展，从1986年西安至临潼高速公路开始，在探索中起步，历经17年艰苦创业，到2003年跨越了1000公里。进入“十一五”特别是省十一次党代会以来，省委、省政府吹响加快公路建设的进军号角，陕西交通人以知不足而奋起的行业气魄，以不甘人后、敢为人先的行业精神，瞄准一流目标，抢抓机遇，攻坚克难，大手笔、高起点、快节奏推进高速公路建设，创造了在建规模2000公里、年均通车400公里的陕西速度，2007年率先在西部突破2000公里，2010年突破3000公里，2012年突破4000公里，国家高速在陕规划的连霍、京昆、青银、福银、青兰、包茂、十天、沪陕等8条快速通道全部建成，提前实现市市通高速，全省88个县市区通达高速公路，与周边省区中心城市实现当日到达，高速公路大通道连接着铁路枢纽、机场、主要旅游景点和工业园区。其中，世界级工程秦岭终南山公路隧道、穿越千年蜀道的西汉高速、西部标准最高的双向8车道机场专用高速等一大批典范工程享誉国内外。

一个内联外通、安全便捷的高速公路网络基本形成，使得我省高速公路建设保持了西部领先、全国前列的水平，使过去的交通短板已经成为当今经济社会发展的竞争优势，构筑了建设西部强省的大动脉，成为陕西富民强省

的重要基础，畅通了富裕三秦百姓的快车道，真真切切实现了三秦父老长安大道通九天的美好愿望。

原载于《陕西交通报》2012年10月9日第1115期1版

“清网”行动不让一条“鱼”漏网

石家庄市运管处严查“黑驾校”、“黑陪练”、“黑报名点”，规范驾培市场秩序

闫晶 高飞 底哲

对于近期新闻单位和群众反映的驾培市场问题，从2012年5月14日起至10月1日，石家庄市运输管理处积极联合相关部门在全市（包括各县、市、区）范围内开展“清网”行动，通过开展市场稽查，对全市违规驾校、非法陪练以及报名点进行全面检查和清理，进一步规范驾培市场。

5月18日，在槐中路与体育大街附近的一家“黑陪练”点，记者现场看到，用围墙和铁栅栏圈起来的空地上，几名学员正在练车。看到执法车辆开过来，接受培训的学员们还不知道发生了什么事。

经执法人员现场询问和调查取证，“驾校”负责人承认了未经许可，擅自开展驾驶培训经营的违法事实。就连在场的“教练员”也无法出示相关证件，根本不具备任何驾驶员培训资质。执法人员随即依法查扣了两辆教练车，并对学员和现场围观的群众宣传了“黑驾校”的危害性。

据悉，近日来，市运管处积极联合市公安公交分局，根据已经掌握的举报线索，加大对“黑驾校”、“黑陪练”以及“黑报名点”进行查处和取缔，不仅现场收缴了所有违规培训设施设备，而且对驾校报名等标志标牌进行了及时清理。对于现场查出的“约车表”、“报名收据”、“学员登记表”等证物，运管处将进行继续调查。

截至目前，石家庄市运管处已经开展了3次市场稽查行动，依法查处取缔裕华、桥东、桥西等13处“黑驾校”，1个“黑报名点”，并依法暂扣27辆“教练车”。

“由于训考不能衔接，‘直考’冲击市场以及部分驾校守法经营意识淡薄，随波逐流，参与违规经营，一定程度上助长了‘黑驾校’的蔓延滋生。”市运管处驾管科科长何小民介绍。

为落实公安部、交通运输部《关于进一步加强客货运输驾驶人安全管理工作的意见》，石家庄市运管处相关负责人表示，下一步他们将建立县市联动长效机制，会同公安交管部门，确保在10月1日前，全市所有驾校的教练车都将安装学时记录仪和GPS定位系统，学员届时将刷卡计时学车，确保学员完成规定学时，并对教练车实施监控，实现培训和考试有效衔接。这也将从根本上解决目前市场上存在“黑驾校”违规经营问题，使“黑驾校”失去生存土壤。

同时，石家庄市运管处还会积极与省市新闻媒体联系，加强政策宣传，及时发布预警信息，最大程度避免广大群众误入“黑驾校”报名学车造成的利益损害。

原载于《河北交通》2012年5月23日第20期2版

高速公路ETC开启新篇章

长三角区域高速公路不停车收费成为全国首个联网区域

梁华凌

虎跃龙腾竞步长三角，风驰帆济通达五大洲。2012年8月2日上午，长三角区域高速公路联网不停车收费全面开通仪式在杭召开，交通运输部副部长高宏峰、浙江省副省长王建满、浙江省交通运输厅厅长郭剑彪以及沪苏皖闽赣交通运输厅（委）领导，共同启动了按钮。至此，五省一市ETC车辆正式实现了快捷畅行，这标志着高速公路不停车收费已开启了新篇章，长三角区域成为全国首个不停车收费联网区域。

为深入贯彻李盛霖部长提出的“三个服务”的发展要求，服务长三角地区人民群众安全便捷出行，从2007年起，交通运输部组织开展了长三角区域高速公路联网不停车收费（ETC）示范工程建设。

2007年3月，长三角沪、苏、浙三省市召开了长三角区域联网不停车收费的第1次省（市）级联席会议，确定了长三角区域联网不停车收费的工作思路，正式启动了长三角区域联网不停车收费工作。

2010年，交通运输部与国家发改委、财政部联合出台了《关于促进高速公路应用联网电子不停车收费技术的若干意见》。这一政策的出台，有力推动了不停车收费的推广发展，为社会提供畅通、便捷、安全、高效、绿色的交通运输服务体系，为ETC的大力发展提供了坚强的支持后盾。

目前，长三角区域内高速公路不停车收费已得到大范围推广应用，区域内共建成不停车收费专用车道1673条，ETC覆盖率达65%，共发展ETC用户超过77万户，ETC使用率逐年提高，不停车收费的规模效益已经显现。

浙江省不停车收费发展迅速，自2010年4月开通不停车收费以来，全省在

164个收费站建成了339条ETC车道，覆盖率达52%，设立服务网点87个，发展ETC用户13余万户。2011年，浙江不停车收费车流量近900万次，累计减少碳排放585吨，节省燃油消耗约27万升，提高了车辆通行效率与道路通畅水平，促进了节能减排，推进了生态浙江建设。

长三角区域不停车收费实行大联网，顺应了长三角经济社会一体化的发展需要，顺应了长三角区域交通现代化的发展要求。

浙江省人民政府副秘书长谢济建主持了启动仪式。

原载于《浙江交通》2012年第6期

凯里公路管理局今年“医治”八座危病桥

姚仕威

2012年5月18日，凯里公路管理局开始对黔东南境内国省道8座危病桥梁实施加固改造工程。

黔东南境内国省道现有各类桥梁476座，多为上世纪五十至七十年代建造，设计标准低，荷载能力弱。近年来随着超限超载车辆的不断增加，许多桥梁不堪重压，部分桥梁成了危病桥梁。加上经常发生特大暴雨，洪水冲刷桥梁墩台，“病桥”数量不断增加。为确保国省道桥梁安全通行，凯里公路管理局组织专门技术力量，对桥梁开展了技术专业检测和病害诊断，并及时向省公路局上报危桥加固改造建议计划。

被列入今年加固改造名单的8座“病桥”包括国道321线吉塘桥、平瑞桥、恰里前桥，国道210线陆家桥，省道202线向阳桥、亮江桥、天柱桥以及省道203线磨寨大桥，分布在榕江、从江、黎平、天柱、锦屏、麻江、岑巩等7县境内，桥梁总长585.67米，工程总造价1172.5万元。危桥将按“提高原桥承载能力”的原则加固，主要进行主拱圈加固、修补裂缝、腹拱粘贴钢板、重做桥面铺装、新修防撞护栏等局部施工；对比较严重的省道202线向阳桥、天柱桥，将进行主桥、预应力混凝土T形梁桥整体新建施工。所有加固工程于今年12月以前完工，新建工程于2013年12月以前完工。加固、新建后，桥梁将达公路—Ⅱ级荷载标准。

为保证工程顺利实施，确保工程质量，凯里公路管理局将严格按照设计文件以及《公路桥梁加固技术规范》等要求组织实施。施工期间，将加强现场监理和工程质量管理，建立完善的质量保证体系，确保文明施工，安全生产。同时制定切实可行的保畅措施，确保过往车辆的安全和畅通。

据悉，自2005年实施危桥加固改造以来至2011年年底，凯里公路管理局在资金紧缺的情况下，加大对危桥的改造力度，共“治愈”黔东南境内国省道126座危病桥梁，有效控制了“病害”的蔓延，提高了荷载等级。

原载于《贵州公路》2012年第3期

宁夏公路建设与富民相促进

梅宁生　吕金蓉

2012年全区公路交通运输固定资产计划投资85.6亿元，较2011年增长25%。其中重点项目及国省道改造41.6亿元、农村公路10亿元、公路运输站场（包括物流园区）23亿元、城市连接线等其他项目11亿元。为认真履行公路建设管理职责，宁夏公路建设管理局积极迎接挑战，重点抓好四项工作，全面完成公路建设任务。

一是狠抓重点工程项目建设。建成国道211线古窑子至青铜峡段高速公路、国道309线马成河至硝口段公路。全面建设东山坡至毛家沟高速公路、盐池至红井子高速公路。开工建设中宁、中卫黄河公路大桥，力争年内开工建设石嘴山、叶盛黄河公路大桥等重点项目；认真实施省道103线石坝至宁东段、省道203线高仁至横城段、银川友爱中心路等国省道改造项目，提高路网通行服务能力；积极完成地方重点项目建设和城市连接线建设项目。全面实施利通区至红寺堡公路、同心至预旺公路、恩和至红寺堡公路等地方重点项目及城市连接线项目；完成青铜峡、隆德等4个收费站房建工程，开工建设中卫、红寺堡等5个高速公路服务区建设任务，不断完善高速公路服务设施；全力配合做好青银高速公路改扩建、西线高速、东线高速等重大项目的前期工作。

二是积极推进标准化施工，提高工程建设质量。不断强化参建各方的质量责任意识，严格落实工程建设质量责任制和质量保证体系，推行工程质量管理问责制，加强重点环节质量控制，确保质量管理制度落实到位。提高精细化管理水平，全面落实《宁夏高速公路施工标准化管理指南》、《宁夏高速公路施工标准化考核评比办法》，所有新开工的高速公路建设项目全面推行规范化管理、标准化施工。制定科学严密的施工计划，狠抓阶段性控制工程，全面掌控整体工程进度，防止个别项目出现“前松后紧”的问题。加快计量支付和工程变更速度，督促参建各方诚信履约，正确处理工程质量、工程进度、安全生产之间的关系，确保建设项目顺利实施。严格执行《中华人民共和国招标投标法实施条例》等法律法规，按规范编制更加科学、合理的招标文件，严格落实评标办法，加强投标人资格审查和信用等级审查，积极防范恶意低价抢标、围标串标，挂靠借用资质或出借资质等违规违法行为，择优选择实力强、信誉好的从业单位。进一步落实《宁夏公路建设管理局公路工程计量支付管理办法》，全面启用“公路工程计量支付管理系统”，从严审核计量支付清单，确保建设资金合理有效使用。

三是加快科技创新能力建设，积极建设生态环保路。大力实施“科技兴路”战略，积极推进公路建设向资源节约型、环境友好型、科技创新型转变。有针对性地开展一些科技攻关课题研究，鼓励专家和专业技术人员提合理化建议，积极推进科研项目应用实践活动，不断提升项目建设的科技水平。积极开展《宁夏高速公路施工标准化管理研究》、《宁夏高速公路设计指导手册》、《六盘山特长隧道修建及运营节能技术研究》等课题，形成适合宁夏地质环境、气候自然环境的公路建设技术成果。加强专业技术人员培训，积极推广应用成熟的新技术、新工艺、新材料、新设备，不断提高公路建设项目的质量。

四是加强安全生产监管，着力提升安全发展能力。全面落实各项安全生产责任，防止发生重特大安全事故。加强建设项目施工安全监管，强化对特大桥梁、隧道等风险性较大的结构工程的安全监测，积极推进施工安全生产规范化、标准化建设，深入开展“平安工地”创建活动，严格执行《宁夏公路建设管理局安全生产责任制度》、《宁夏公路建设管理局公路工程安全生产费用管理办法》等制度，加大安全生产防范设施投入，加大安全事故处罚力度，彻底杜绝“三违”行为。抓好以桥梁隧道施工现场、大型结构工程施工现场等为重点的安全隐患排查治理，加大项目安全监督检查力度，确保安全生产形势平稳。

在2011年，宁夏公路建设管理局取得了公路建设新成就，全年共实施公路建设项目43个，完成建设投资28.2亿元，占投资计划的104%，超额完成了公路建设任务，实现了全区高速公路通车1300公里的奋斗目标，完成了自治区第十次党代会确定的目标任务。实施了国省道改建项目11个共计203公里，完成投资6.4亿元。国道211线石沟驿至甜水堡段、省道101线金积工业园区至白马段等项目顺利完成。圆满完成了省道101线至中黑公路等4个城市出入口项目，碱丰沟桥等9个危桥改造项目，有力改善了当地群众出行条件。完成了灵武、沿川子等12个收费站房建工程，努力建设安全畅通、便捷舒适的高速公路运输大通道。积极维护农民工合法权益，按时足额发放农民工工资，实现了“善待好、组织好、教育好、管理好”农民工的初衷。落实为民办实事承诺，积极吸纳沿线农民参与公路建设，各项目使用农民工1.4万余人，发放农民工工资5425万元，分别占计划任务的104.7%和110.7%，实现了修路与富民“相促进”。

原载于《宁夏交通》2012年4月1日2版

单身女子遇劫匪　好车长见义勇为

杨超群

深夜，如果碰到劫匪，你会上前制止吗？估计不少人都没胆量。三公司一车长张博不仅制止抢劫，还从劫匪手中夺回被抢的包。

2012年6月21日晚上11点多，张博下班后走到南关街与陇海路交叉口向北100米的地方，看到前面的女士被抢了。张博说，当时路灯关了，光线很暗，看不清劫匪的脸，就看到两人抢完包就跑了。突然发生的一幕，张博马上明白了，调转电动车头就追。“追了10来米，就追上劫匪骑的电动摩托车了。”张博伸出右手拽住劫匪的电动车尾部，由于劫匪电动车速度快，他被电动车带倒，倒在地上张博也没松手。电动车带着我拖行了10来米，劫匪把包扔了。”张博说，那时他的右手快失去知觉，就放开了。这时，张博赶紧将包捡起来，在地上坐了1分多钟，才勉强站起来。

此时，被抢女子赶到，张博把包交给了女子。被抢的张女士称，两劫匪抢包时，把她拽到在地，她赶紧呼喊，随后她看到后面一位男子追了上去。“等我从地上爬起来追过去时，发现追劫匪的男青年坐在路面，腿和手都流血了。”张女士说。她要带男青年去医院治疗，但被拒绝了，张女士一再表示对张博的感谢。“其实没啥，这种人我碰到一次修理一次。”张博说。

原载于《郑州公交》2012年6月30日2版

通　讯　类

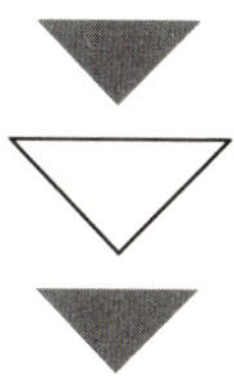

获奖名次：图片类二等奖

标　　题：《赤几项目部组织员工和当地修理工进行汽车修理技术大比武，进一步推进属地化管理》

作　　者：邵峰

原 载 于：《筑港报》2012年8月11日3版

76秒，他用生命诠释责任

——平民英雄、杭州长运驾驶员吴斌感动中国

贾刚为　刘　洋　康信茂

今天，整个杭州只有一位司机；

今天，所有的事情连同西湖的水光都只是乘客；

今天，司机用生命把客车停靠在岁月的宁静里；

今天，离开的是死亡，留下的是责任、爱和伟大的平凡；

今天，叫吴斌。

——诗人潘维

一块铁片意外飞来穿透挡风玻璃，被砸成重伤的他，在昏迷前76秒极其疼痛的状态下和极其宝贵的时间里，以超人的意志力和职业素质，完成一系列非常连贯的操作，把正在高速公路上行驶的大客车安全地停下来，挽救了车上24名乘客的宝贵生命。自己却因伤势过重，不幸殉职。

浙江省杭州长运客运二公司驾驶员吴斌，一名普通的交通职工。通过一段76秒的视频，他的壮举迅速传遍了大江南北，感动了全中国。网络、微博上关于他的留言多达数百万条，成千上万的民众纷纷以各种方式甚至自发前往吴斌的家里表达对他的悼念和敬意。浙江省委书记赵洪祝作出批示，要求广泛学习宣传吴斌同志的敬业精神和崇高品德。浙江省交通运输厅党组授予吴斌同志“交通英模”称号，在全省交通运输行业开展学习吴斌同志先进事迹的活动。

最美司机感动中国

2012年5月29日11时40分，吴斌驾驶“浙A19115”大客车从无锡返杭途中，突然有一块约30厘米长、5公斤重的铁块，像炮弹一样从空中飞落，击碎车辆前挡风玻璃，砸向他的腹部和手臂。危急关头，吴斌强忍剧痛，换挡刹车将车缓缓停好，拉上手刹，开启双闪灯，并站起来转过身提醒乘客：“注意安全！”这是他留给人世间最后的一句话，说完这句话，吴斌就突然倒下，陷入昏迷。他以一名职业驾驶员的高度敬业精神，完成一系列完整的安全停车措施，确保了24名旅客安然无恙。而他虽经全力抢救，却因伤势过重于6月1日凌晨3时45分不幸去世，年仅48岁。

根据视频录像，76秒，吴斌耗尽最后一丝生命，用惊人的意志完美诠释了交通人的责任与担当。最美司机感动了中国。

送恩人一程

“我们总算找到恩人了，如果不是他处置得好，很可能发生车毁人亡的惨剧。”66岁的孙锡南是车上24名旅客中的一位。他眼眶通红，在吴斌的遗像前三鞠躬后，哽咽着说：“吴师傅，我们不会忘记你，车上所有乘客都会记得你的。”

孙锡南是江苏无锡人，6月2日特地赶到杭州送别吴斌。他强忍着悲伤回忆那惊险的一幕：出事那一刻，坐在后排的他，听到驾驶室传来一声巨响。不一会儿，大客车就稳稳地停下来。他走上前去，看到吴斌身上都是血，瘫坐在座位上，连说话的力气也没有，痛苦地呻吟着。

“过了好一阵子，大家才明白发生了什么事情，我们都被吴师傅的壮举深深震撼了。”孙锡南哽咽着说。当时，大家想上前帮忙也不知该做什么，直到救护车把吴斌接走，才忐忑不安地继续坐车来杭州。

6月2日一早，孙锡南从新闻中看到吴斌不幸去世的消息。于是，他和其他3名乘客马上通过各种渠道四处打听，好不容易才找到位于杭州朝晖五区的吴斌家里送恩人一程。

大客车监控系统记录了这震撼人心的短短一分多钟：吴斌受伤后，出于本能痛苦地按了一下腹部，马上换挡减速，让车缓缓停下，拉上手刹、开启双闪灯，然后艰难地站起来，跟车上乘客说些什么，最后倒下……

“他留给我们最后7个字：别乱跑，注意安全！”孙锡南说。

“一般情况下，客车紧急制动，车辆会失去控制，乘客碰伤或撞伤，而这辆大巴没有一名乘客受伤。”去现场处理事故的一位交警说。

“如果他不是意志坚强，根本做不到这些。”据医生介绍，吴斌在这次飞来横祸中，80%的肝脏被击碎，肋骨骨折，肺、肠均严重挫伤。

最后一刻做了最伟大的事

在杭州朝晖五区吴斌的家中，一张白得透明的布，将他与亲人分隔在两个世界。

“以后再也没有机会和他一起旅行、看电影了。”妻子汪丽珍守在丈夫身旁，伤心欲绝，嘴里不时念叨着丈夫答应她却来不及兑现的承诺。

在出事前半个小时，吴斌还在休息间隙给妻子打来电话，说今天路上比较顺利，晚上可以赶回来一起看电影，并叮嘱妻子不要忘记把电影票提前放包里。特别是两人聊到5月30日准备去云南旅游时，开心不已。

吴斌16岁的女儿悦悦泣不成声。5月29日早上，父亲像往常一样去上班，出门前还答应她说“会早点回来陪你们”。

吴斌妻子汪丽珍的妹妹汪丽敏说，姐姐结婚18年来，姐夫从未带姐姐去外地玩。每逢节假日，大家有空约他们一起出去旅游时，姐夫总是在加班。他们结婚时，连蜜月都没有，这也成了吴斌心中的愧疚，所以前几个月，好不容易排上假期的他订好旅行社和机票，计划补上迟来的蜜月。谁想到，这次迟到的旅行，还没有开始，就残酷地画上了句号。

“他特别有孝心。”汪丽敏说，吴斌家的房子只有60平方米左右，他考虑到父母身体不好，特地把靠窗的房子让给他们住，另一间卧室则用玻璃门隔开，女儿靠窗睡，夫妻俩挤在仅放得下一张床的地方。

同事王旭明对吴斌强壮的体格印象深刻。他说，吴斌很喜欢健身，车上都带着哑铃，有空的时候就操起来练两把。这次他能在遭受重击后救下一车人，很可能就得益于此。稍微瘦小点的人，肯定当场就不行了。

在工作上，吴斌尽心尽职。杭州长运客运二公司经理孟联建说，吴斌已安全行驶了100多万公里，从未发生交通事故，也从没有过交通违章，更未接到旅客投诉。

“我弟弟这一生都很平凡，在最后一刻却做了最伟大的事。”吴斌的姐姐吴冰心强忍着悲痛说。

向英雄致敬

6月2日上午，吴斌家楼下临时搭建的一个悼念棚内，已摆满上百个花圈，除所在单位、同事和亲朋好友外，还有一些素不相识的市民也前来悼念：“英雄司机吴斌，交通行业楷模。”“吴斌，一路走好！”……

在网络上，吴斌的事迹和瞬间处置突发事件的视频成为最热的关注。处置此事的一名无锡交警在微博上说：“大客车刹车拖印是笔直的，一个肝脏被突然刺破的司机，要用怎样的意志力才能做到这一点啊……我们纪念老吴，纪念他深扎在心底的崇高职业道德……”

还有网友自发发起“点一盏蜡烛”活动，从2日9时许至20时，已有近20万名网友“点燃”祝福的“蜡烛”，相关评论3万条：“您真的是英雄！是我们中国人最值得尊敬的英雄！一路走好！”“向英雄致敬！在生命最后一刻，您彰显了一名普通司机的专业水平和职业道德。”“您最后一刻的坚持，震撼了所有人的心灵！”“普通百姓身上的正直、善良、大爱从没远离，更没丢失，也永不会失去，总能给人们带来欣慰和心灵的震撼。”……

2日，浙江省委常委、杭州市委书记黄坤明作出批示：吴斌同志在危急时刻用生命履行了职责，为我们树立了坚守岗位、舍己为人的光辉榜样，向“平民英雄”致敬。杭州市决定授予吴斌同志杭州市道德模范（平民英雄）荣誉称号。

浙江省交通运输厅党组书记、厅长郭剑彪2日作出批示：“平凡岗位，职业行为，交通骄傲，弘扬光大。”浙江省交通运输厅党组副书记、副厅长徐纪平3日下午代表省厅看望慰问吴斌家属，并称吴斌为“旅客群众的好司机，交通行业的好职工，司机朋友的好榜样”。

浙江交通运输系统的干部职工纷纷表示，吴斌同志在危急时刻能够勇于担当、坚守岗位、舍己为人，事迹感人。面对突如其来的灾难，他强忍剧痛，换挡刹车将车子停好，并不忘打开双闪灯提醒后方车辆，展现了多年学习工作中养成的职业道德和高尚品格，在关键时刻体现出了强烈的社会责任感。他的壮举和崇高精神将激励大家继续前行。

原载于《中国交通报》2012年6月4日1版

用平民视角写平民英雄

杜迈驰

我关注这篇通讯，是从它发表的第一天开始，一直跟踪到相继评上中国产经新闻奖、中国新闻奖和全国交通运输好新闻奖。

看到吴斌事迹在中国交通报连续报道的第三天，我有些坐不住，心中有股要写点什么的冲动，便打电话给通讯作者之一的贾刚为站长，了解事件的大概情况和他采访的经过。此外他还告诉我，报社编辑部为了及时发表这篇文章，周日加班把周五已经清样的版面重新编排，去掉部领导重要活动的新闻和其他稿件，把这篇通讯和吴斌车上监控录像的照片排了上去，同时配发了评论。我问他还有没有稿件要发，小贾说起码还可以发两期报纸。我鼓励小贾说，好好写，准备去拿中国新闻奖。

接着我给中国产业报协会《产经报纸通讯》写了中国交通报连续报道吴斌情况的草稿，并让报社副总编靳扬把后两期报纸报道吴斌的内容加上回传给我。后来，寄往中宣部、新闻出版总署、中国记协等主管部门的《产经报纸通讯》，报道了中国交通报不惜版面宣传平民英雄的情况，《交通新闻通讯》封二也用了这篇稿件。中国产经好新闻评奖时，包括我在内的10位评委都给了这篇文章高分，在消息、通讯、评论等五大种类作品中，以总分第一名的成绩获得一等奖。后来产业报协会推荐这篇作品参评中国新闻奖，结果如愿以偿。

我之所以把作品背后的故事告诉大家，旨在提醒各位同行，把先进典型推向全国，不是靠一篇文章就能做到的，而是通过包括出简报、参评奖项在内的各种途径持之以"新"的宣传。

这篇作品的可贵之处是：用平民视角写平民英雄，没有着意拔高为"高、大、全"；采访平民，用他们所见所闻还原事件真相，还原英雄平凡而伟大的事迹；行文结构虽然有倒序、有穿插，但材料组织并不凌乱，主线步步深入。

文章开头用诗人潘维的五句诗歌画龙点睛，接下两段描写英雄牺牲的现场及其壮举迅速传遍了大江南北、感动中国的情况。这种诗歌语言高度概括和典型场景相结合的写法，很容易吸引读者眼球。

第一个小标题《最美司机感动中国》下的第一段，交代了时间、地点、人物、行动的新闻要素，详细再现英雄牺牲前救人的现场。"76秒，吴斌耗尽最后一丝生命，用惊人的意志完美诠释了交通人的责任与担当。"这句评论升华了吴斌壮举的意义，既扣文章的主题，也起到承上启下的作用，让文章层层深入。

第二个小标题《送恩人一程》下的几段，通过现场处理事故的交警和抢救医生介绍，从不同角度丰富并强化了吴斌的事迹，虽然着墨不多，但很有分量。特别是通过江苏乘客孙锡南亲眼所见再现英雄牺牲的动人情节和细节，以至于感动得他和其他3名乘客执意找到吴斌家里送恩人一程。这一部分完全是作者的客观报道，因此内容显得真实可信。

第三个小标题《最后一刻做了最伟大的事》下的几段，通过吴斌妻子、妻妹、女儿、姐姐、同事等人的悲痛回忆，再现吴斌爱家人、爱自己、爱工作的一面。这些人情味浓烈的场景介绍，完善了吴斌的平民角色，再次丰满了英雄形象并感动读者。

最后一部分介绍了社会各界特别是网民沉痛悼念吴斌、高度评价吴斌的情况，介绍了当地政府和主管部门领导的批示、当地交通运输系统的干部职工的表态，不但与前三部分环环相扣、层层递进，而且进一步深化了主题。

一篇文章，得三大奖，名副其实！

（作者系中国交通报社原总编辑、中国交通报刊协会副会长）

30亿人民币，对于一项工程来说，是巨资，而对于一次环境污染的灾难赔偿来说，是多还是少？

30亿，能否给渤海溢油画上句号？

李 薇

2012年4月27日17点47分，国家海洋局网站上的一则消息，把已经渐渐淡出人们视线的渤海溢油事件又勾回舆论的视界：蓬莱19-3油田溢油事故海洋生态损害索赔“取得了重大进展”——康菲石油中国有限公司（以下简称“康菲中国”）和中国海洋石油总公司（以下简称“中海油”）将总计支付16.83亿元赔偿金。

在这则消息中，没有公布溢油量、赔偿依据。

加上年初农业部的13.5亿渔业资源赔偿协议，至此，2011年6月中国最大海上油气田蓬莱19-3溢油事故（又称渤海溢油事件），官方索赔以30.33亿画上了句号。

和当初渤海溢油事件被揭发之前一样“低调”，整个事件的赔偿和处理结束得非常“冷静”，同时，悄然进行的还有被勒令停产近八个月的蓬莱19-3油田复产准备工作。

真相与瞒报交织

2011年6月4日，位于渤海海域的蓬莱19—3油田发生事故，B平台开始少量溢油。6月17日，蓬莱19—3油田C平台及附近海域大量溢油。

这一切，并未立即向外界公开。时隔近一月，2011年7月1日，任该油田作业者的康菲中国才通过中海油向社会披露此事故。

2011年7月5日，国家海洋局召开媒体记者会，渤海溢油事件开始由官方口径对外公开。

一时间，舆论哗然：一起严重污染生态的溢油事故，为什么被隐瞒了一个月之久？

压力之下，中海油与康菲中国在2011年7月6日上午和下午连续举行了两场新闻发布会，对外通报了漏油进展。但是两者都表示没有瞒报。2011年7月13日，康菲中国对外公布溢油量信息时，英文信息中写明溢油量为“1500~2000桶”，中文信息中，康菲中国则称“溢出的石油和油基钻井液总量约1500桶（240立方米）”。在外界提出质疑后，康菲中国才在15日将英文公告修正为与中文公告一致。

30亿与1000亿的悬殊

根据国务院要求，2011年7月，由国家海洋局牵头成立了溢油事故联合调查组，7月5日召开新闻发布会通报：本次溢油单日最大分布面积达到158平方公里，蓬莱19－3油田附近海域海水石油类平均浓度超过历史背景值40.5倍，最高浓度达到历史背景值的86.4倍。溢油点附近海洋沉积物样品有油污附着，个别站点石油类含量是历史背景值的37.6倍。同时，蓬莱19-3油田溢油事故已形成劣四类海水面积840平方公里，对海洋环境造成了一定程度污染损害。

经调查认定，康菲石油中国有限公司是造成上述溢油事故危害的责任方。

漏油事故将对渤海生态环境造成怎样的影响？中国能源网首席信息官韩晓平表示，渤海是封闭的海，油基泥浆一旦泄漏，会被冲得到处都是，因为风向随时变化。加上这次漏油中有很多是重质原油，重质原油沉在海底，短期内在海面上清油是清不掉的，但随着风浪可能逐渐被冲到海岸。这一污染会长期影响渤海。

其实，当人们面对渤海溢油30亿人民币的赔偿时，很容易想起墨西哥湾、里约热内卢海岸漏油事件这两个处理样本。

2010年4月，英国石油公司租赁的位于美国墨西哥湾的“深水地平线”钻井平台爆炸，引发了大规模原油污染。最终，英国石油公司同意建立一个赔偿基金用以支付与墨西哥湾原油泄漏事件相关的索赔请求，基金总额为200亿美元，分4年注资，每年赔付50亿美元。依据英国石油公司此前的年均盈利，这一高昂赔偿意味着在此后的4年里，英国石油公司必须在每年的盈利中拿出约1/4来为漏油事故善后。但按照专家估计，英国石油公司可能最终赔偿超过1000亿美元。

如果说，渤海溢油事件与墨西哥湾漏油事件的严重程度没办法“相提并论”，那么，几乎与渤海溢油同一时间，雪佛龙公司位于里约热内卢海岸油田也发生石油泄漏，巴西政府提出106亿美元的赔偿，并保留进一步提高赔偿金额的权利。

尤其是，其中两组数据值得人们玩味：中海油、康菲中国的渤海溢油泄漏量约为3400桶，雪佛龙的巴西漏油量为3000桶。

“模糊”的赔偿

一些专家和媒体纷纷表示了对渤海溢油事件原因、赔偿金额和方式的质疑。

问号之一：“注水作业导致地层压力增大，油藏流体联通到了钻井附近的一个自然断层，然后上升到海水中。”康菲中国油藏部经理马克在发布会上告诉媒体。对康菲的这一说法，外界存在疑问。有专家认为，有一种可能是：由于康菲对海底情况掌握不够，或者是已经掌握但为了保持产量而有意无意忽略了相关的关键信息，强行采油而最终引发事故。

问号之二：海商法专家、大连海事大学法学院院长单红军教授认为，农业部的13.5亿渔业资源赔偿协议至少有两方面存在较大疑问：“一个正常的赔偿形式应当是有各种相对人的，比如清污方面的赔偿，相对人应当是海洋局；渔业产业的损失赔偿，相对人是养殖户个体；渤海整个渔业环境的损失赔偿，相对人是农业部。最终，给渔民赔偿是多少？”

问号之三：30亿元的赔偿，究竟是根据什么算出来的？赔偿的依据是什么？

问号之四：赔偿是否和复产有关？一位石油业内人士表示，尽管溢油事故后的赔偿与复产从程序上确实并无关联，但客观上却能起到相互背书的作用，“赔偿终结意味着复产合理，而一旦复产则表示赔偿阶段性结束”。在山东大学海洋学院副教授王亚民看来，复产务必慎重，在赔偿方案尚无清晰解释之前，事故油田仅因技术、程序合理就启动复产，会因“数额不少但道理不清”的赔偿糊涂账而遗留隐患。

原载于《中国水运报》2012年5月9日2版

作品评析

真实客观是批评报道的立足点

杜迈驰

批评报道的立足点在于客观陈述事实，让读者通过了解客观事实后自己下结论，记者千万不要在文中站出来说三道四，否则，真相失实、细节失实，记者又用了感情色彩浓郁的倾向性很强的词汇，就很容易遭到被批评方的非议，甚至吃官司。广西日报传媒集团出版的《我们错了》一书中就有几个例证。

从这篇作品来看，作者完全靠客观事实说话，没有感情色彩很厚的过头话。虽然用了“损害索赔‘取得了重大进展’”、“赔偿和处理结束得非常‘冷静’”和“低调”等词汇，但少许辛辣并不尖刻，并不刺激被批评方，因而站稳了脚跟，并被评委看好而获奖。

引题“30亿人民币，对于一项工程来说，是巨资，而对于一次环境污染的灾难赔偿来说，是多还是少？”主题“30亿，能否给渤海溢油画上句号？”连续的质疑，既是对问题的否定，也是吸引读者看下去的手段。

正文开始，作者采用见报前几天发生的事实即国家海洋局网站发布的消息作为新闻由头，展开了事件原委。四个自然段文字不长，但一石多鸟：既介绍事件的大体经过，也披露了事件最新进展——复产准备工作悄然进行；既为后面三大部分内容做了铺垫，又吊足了读者接着看下去的胃口——这么草率的赔偿没有结束就准备复产，原因何在？

第二部分作者介绍了油田B平台、C平台分别溢油的真相，但近一月后油田作业者才通过中海油向社会披露此事故，这里明显存在瞒报。7月5日国家海洋局召开媒体记者会对外公开了渤海溢油事件真相，但中海油与康菲中国两场新闻发布会公布的中英文本溢油量不一致。用小标题《真相与瞒报交织》概括，恰如其分。

第三部分谈到赔偿时，作者拿渤海溢油与墨西哥湾、里约热内卢海岸溢油作了对比。泄油量多、造成严重危害的前者赔偿少，泄油量少的后者赔偿反而多。这样的赔偿合理吗？读者自有结论。

最后一部分提出了事故原因、渔业资源赔偿协议、赔偿的依据、赔偿是否和复产有关四个方面的质疑，这确实需要责任方进一步明确回答。不知作者做了跟踪报道没有。

纵观全文，四大部分通过摆事实层层深入，最后一部分提出问题，值得读者期待，再次吊了读者胃口。这里可以看出作者在写这篇通讯时安排材料的匠心独具。

一般而言，通讯允许作者抒情和议论。但在批评报道中，不抒情、不议论反而更客观。这一点，作者也做得天衣无缝。

（作者系中国交通报社原总编辑、中国交通报刊协会副会长）

勇气，震撼筑城

——记贵阳市“1·17”勇斗劫匪的英雄李春来、于勇

王 杨

“你是那寒冬里一团火焰，照亮了黑夜，驱散了邪恶。舍生忘死，不离不弃，两个人的勇敢，温暖了一座城。你是那冬日里一枝腊梅，傲雪绽放，散发着清香。携手互助，伸张正义，两个人的勇敢，温暖了一座城。”

2012年2月1日，贵州交通广播电台的大厅反复播放着这首名叫《因为有爱》的歌曲，歌里所歌颂的是1月17日冬夜勇斗出租车劫匪的英雄李春来和于勇。此刻，刚出院的于勇微笑着坐在交通广播电台的大厅里，在歌声中接受媒体的采访。蓦然间，那寒冷冬夜惊心动魄的一幕，似乎就在眼前。

的哥遭抢反抗　与见义勇为者浴血斗劫匪

1月17日凌晨2时许，贵阳市大多数市民都已步入梦乡。但如同大多数跑夜班的出租车驾驶员一样，贵阳市出租车驾驶员李春来还在路上奔波。李春来搭载一名男子从小十字前往贵州大学蔡家关校区。行至蔡家关草坝村荒僻路段时，这个男子突然掏出匕首对李春来实施抢劫，李春来惊慌之余，迅速冷静下来，一边同劫匪周旋，一边寻找脱身的机会。

紧挨公路旁的草坝村27岁小伙子于勇，听见屋外吵闹声后，连衣服都顾不得穿，穿着一条裤衩就冲出屋外，“你干什么？”听见于勇的呼喝声，惊慌失措的劫匪忽然举刀猛扑过去，已被捅伤的李春来见状立即下车同于勇一起赤手空拳与劫匪展开搏斗。凶残的劫匪手持匕首朝两人猛刺，李春来、于勇没有丝毫退缩，与劫匪展开殊死一搏，一人抱住劫匪的腿，一人去抠持刀的手。寒风凛冽，细雨袭身，尽管两人已连中数刀，身上的血水混杂着地上

的泥水，浑身血污，他们仍死死按住劫匪不放。

在闻讯赶来的村民帮助下，歹徒终于被制服。

就在大伙刚松口气，于勇却因失血过多倒下。李春来对村民们说：“打120来不及了，大家快把他抱上车，我开车去医院。”

李春来不顾自己也身负重伤，浑身是血，连胳膊都抬不起来，忍痛支撑了10多分钟，将已休克的于勇送到最近的贵阳市第四人民医院，一进医院，他也终于坚持不住昏倒在地。

医护人员立即对二人实施抢救。经诊断，李春来身中7刀，右肺和左肾两处受伤严重，病情危急；于勇身中11刀，其中两刀紧邻心脏，稍微偏一点就将致命。两人立即被送入重症监护室救治。

两个人的勇敢　引发全城如潮爱心

1月18日，贵州交通广播接到消息后，率先播发了这条新闻，贵州各大媒体纷纷跟进，李春来、于勇勇斗歹徒、互助互救的感人事迹，迅速传遍贵阳大街小巷和全省各地，温暖了寒冬中的贵州，引发了社会各界如潮爱心。

的哥的姐感动了。“我们不冷漠，贵阳不会冷漠。”在的哥罗军的倡议下，出租车驾驶员对凡是打车去捐款的乘客一律免收车费。曾经也遭劫过的简志强师傅捐出了全天收入300元，他握着皱巴巴的钱交给工作人员时说：“这是我刚跑的车钱。”听到这句话时，在场的人感动得掉下眼泪。38岁的哥张霖除了捐款，还为于勇制作一张终身免费打车的乘车卡。驾驶贵AU2098的颜泽忠师傅得知记者从医院看望李春来回来，说什么都不收钱，他说：“都是同行，李春来出事的那天，我也还在外面跑车，上次出事的是他，下次可能就是我。感谢你们对出租车驾驶员的关爱，也让我出份力。”

热心市民被感动了。一拨又一拨热心市民自发涌向医院看望或打听病情，主动捐款。一位60来岁从白云区赶来的老太，赶到医院，不能见到正在抢救的英雄，便伫立在深夜寒风中等待了解伤情，默默祝福英雄早日脱离危险。一位开着车来捐款的女士掏光了自己钱夹里所有的钱，一个“背篼”在东山捐赠点看到募捐活动，踌躇了一会儿，走上前来，默默地在捐款箱中放入了几张发皱的钞票。春节期间，一对80多岁的盲人夫妇把炖好的土鸡汤送到医院，看望两位英雄。

整个城市被感动了。贵州交通广播、贵阳交通广播、贵阳市见义勇为基金会、贵州黔运交通集团贵阳汽车客运出租车公司等社会各界组织现场捐款并开通爱心账户，阴雨、凝冻、大雾等天气几乎将贵阳市笼罩，但挡不住市民们奉献爱心的热情。贵阳致远城达出租车公司黄总得知消息后当即捐款5000元，更有许多出租车、私家车驾驶员都专程来到现场表达对李春来、于勇的爱心，还有从贵阳、遵义、安顺等全省各地赶来的干部、群众、小孩甚至有农民工，3万，6万，18万……募集款数字急速攀升，截至1月21日，企业、单位、个人的爱心捐款达324335元，所有捐款都第一时间送到两位英雄手中，让英雄流血不流泪。

两位平民英雄，得到贵州省委、贵阳市委领导高度重视。1月20日，省、市领导崔亚东、谌贻琴、庞鸿来到贵阳市第四人民医院探视，充分肯定两人见义勇为、维护正义、互助友爱的精神，并表示两人的治疗费用将由政府解决。同日，受省交通运输厅厅长程孟仁委托，省交通运输厅副厅长刘扬和省道路运输局局长欧小海一行也专程来到医院看望慰问。刘扬首先来到于勇病房对他表示感谢，他说："于勇见义勇为的行为将极大鼓舞出租汽车驾驶员队伍，让更多的出租汽车驾驶员感受到社会的温暖，并以更高的热情和更加优质的服务投入到出租汽车运营服务中去。"之后，刘扬副厅长来到李春来的病房前说："你面对歹徒毫无畏惧，体现了出租汽车驾驶员的优良素质和勇敢精神，希望你能早日康复，早日回到出租汽车队伍。同时，刘扬副厅长要求全省出租汽车驾驶员要向李春来学习，坚强勇敢、宏扬正气，用更加优质的服务，回报社会。"

1月20日，贵阳市政府授予李春来、于勇"贵阳市见义勇为先进分子"荣誉称号。

据悉，贵阳市公安局公交分局刑侦大队连夜突击侦查，参与出租车抢劫的3名嫌疑人均已落网。

感谢英雄　你们是2012年最美的迎春花

于勇的病房在李春来隔壁。因为这份"过命交情"，两家人有了一种特殊的情谊。每天李春来的妻子何敏都会把自己做的饭菜分成两份，一份给李春来，一份给于勇。两家人也经常在相邻的两个病房之间“串门”，互相询问和关心着对方伤者的恢复情况。现在于勇伤愈出院，李春来仍在住院治疗。

记者在病房见到李春来在妻子和女儿的搀扶下，下床稍微活动活动。“于勇年轻，恢复得好快，他一出院，我一个人真是躺不住了。”李春来因肾挫伤，病情较重，还需要在医院静养，需三个星期后才能出院。

对于李春来来说，能跟妻子女儿一起过春节也是件不容易的事。“往年春节，即使是除夕，我几乎都在外面跑车，妻子女儿就在女儿外婆家过年。即使在平常日子，我们一家三口也没有朝夕相处过那么长时间，也算是因祸得福，终于全家过了一个团圆的春节。”

虽然不能出院，李春来还是嘱托妻女与于勇向帮助过他们的单位一一道谢，并送去锦旗，以感谢媒体和全社会对他们的关心和帮助。在现场，贵州省见义勇为基金会理事长林连华代表全社会给两位英雄深深的一鞠躬。林连华动情地说：“我们应该感谢你们，你们以自己的模范行为，为2011年迈入全国文明城市行列的贵阳树立了一个道德的标杆，为我们这个城市的文明增光添彩。我们这个社会，主流道德价值观还是积极向上、向善、向美的。无数见义勇为，敢于奉献的勇者是我们这个社会的脊梁。”

我们更应该感谢贵阳的市民，在得知这个事件后，许多市民、许多的哥的姐，纷纷捐款，奉献爱心。一些企业也启动了爱心行动，伸出爱心之手，予以捐赠。这份爱心，温暖了见义勇为者的心，也温暖了社会的心，这是2012年最美的迎春花。

原载于《贵州交通》2012年第1期

作品评析

如何讲好大爱故事

杜迈驰

新闻报道讲故事，最近成为频率很高的一个“热词”。

习近平在去年8.19全国宣传思想工作会议上强调，多宣传报道人民群众的伟大奋斗和火热生活，多宣传报道人民群众中涌现出来的先进典型和感人事迹，让群众爱听爱看，产生共鸣。讲好中国故事，传播好中国声音。交通运输部政策法规司副司长王海峰在一次研修班上要求，做好交通新闻宣传就是讲好交通故事。没想到《福布斯》的出版人李奇·卡尔嘉德在一篇文章《故事的力量：英雄之旅》中说：“什么能流传下去呢？最精彩的故事。”

看来，在新闻报道中讲好故事，是“让群众爱听爱看”且“能流传下去”的重要手段之一。《勇气，震撼筑城——记贵阳市“1·17”勇斗劫匪的英雄李春来、于勇》获得通讯类一等奖，在于故事生动，讲得生动。

文章开头用倒叙手法推出贵州交通广播电台反复播放的《因为有爱》歌词，不但概述了故事梗概，升华了故事的重大意义，而且引出故事发生的时间、地点、主人翁、英雄事迹等新闻要素。这种常见的开头办法，与同样获得通讯一等奖的《76秒，他用生命诠释责任——平民英雄、杭州长运驾驶员吴斌感动中国》一样，先留悬念吸引读者。

接着，作者在第一部分详细叙述了故事全貌和医院救治两位英雄的情况。故事到此并未结束，更动人的是两人勇斗歹徒的感人事迹经过媒体传播后，“迅速传遍贵阳大街小巷和全省各地，温暖了寒冬中的贵州，引发了社会各界如潮爱心”。

“的哥的姐感动了”一段，介绍了一批的哥捐款的现场和对打车捐款乘客一律免收车费的倡议。

“热心市民被感动了”一段，介绍了包括送鸡汤到医院的80多岁盲人夫妇在内的热心市民自发看望英雄和捐款场景。

“整个城市被感动了”一段，介绍了贵州企事业单位等社会各界组织现场捐款和贵阳之外的遵义、安顺等全省各地赶来的干部、群众、小孩、农民工捐款情况。

接下来是贵州省委、贵阳市委领导到医院探视、两人的治疗费用由政府解决的表态、贵阳市政府授予两位英雄荣誉称号的表述。

第二部分事实详实生动，表明了作者采访的深入和选材的功力。

特别值得大家借鉴的是，用“的哥的姐感动了”、“热心市民被感动了”、“整个城市被感动了”这样的排比句式作为自然段开头，很有冲击力，这种方法在人民日报近几年的获奖通讯作品和系列报道中很常用。特别是“所有捐款都第一时间送到两位英雄手中，让英雄流血不流泪”的评论，画龙点睛，对弘扬见义勇为精神起到推动作用。

故事讲到这里本可以结束，但是在最后一部分作者介绍了自己亲眼所见的主人翁两家人亲切交往，再次彰显了大爱力量的延续。贵州省见义勇为基金会理事长林连华向两位英雄深深鞠躬后的一段话，紧贴十八大提出的让社会主义核心价值体系深入人心的要求，再次深化了主题。文章结尾结合春天的时令，总结出“这份爱心，温暖了见义勇为者的心，也温暖了社会的心，这是2012年最美的迎春花”，留有余味，别具一格。

综上所述，讲好故事的关键在于有人情味的主题——一人遭劫时另一人英勇救助，两人受伤后同行捐款、同城全款、全省捐款，“滚雪球”式大爱养成的正能量逐步壮大；有典型的选材和感人的情节、生动的细节——第二、三部分尤其突出；有巧妙的构思——引人的开头、优美的结尾和层层深入中间三个部分。这与我讲课时讲的通讯的八大要素——主题鲜明、选材典型、情节感人、细节生动、气氛烘托、构思巧妙、议论抒情适当、语言优美相当吻合。

（作者系中国交通报社原总编辑、中国交通报刊协会副会长）

一身转战三千里

刘文杰

2012年8月1日，夏日的北京热浪滚滚。下午三点，位于建内大街11号的交通运输部大楼成为媒体聚焦的中心。中共中央组织部副部长王尔乘受中央领导同志委派，宣布中央关于杨传堂同志任交通运输部党组书记的决定。并对近几年的交通运输工作和李盛霖同志给予了充分肯定，对交通运输部新的领导班子和今后的交通运输工作提出了明确要求。

杨传堂在部机关的第一次亮相，给人的印象是平和而持重，寡言却不失机敏。睿智的目光中，透出几分豁达和干练。他随后的表态发言也是简单明了。杨传堂真诚地表示，“要虚心学习、认真履职，科学发展、求真务实，牢记宗旨、为民谋利，精诚团结、同心同力，严于律己、勤政廉洁，在历届班子特别是李盛霖同志为班长的班子奠定的良好工作基础上，力求有发展、有创新、有作为、有成效，不辜负党中央的信任，不辜负同志们的期望，不辜负全系统广大干部职工的期望。”

曾经是“路专员”、“路主席”、“路书记”

因为工作关系，本刊记者曾经跟杨传堂书记有过几次接触。印象中的杨传堂具有超凡的人格魅力和工作能力，他精力充沛，为人豪爽，善于用最简单的语言或者事例说明一个深奥的道理。对39岁就走上省部级领导岗位；49岁就成为“封疆大吏”，出任青海省长；50岁担任西藏自治区党委书记的杨传堂来说，他传奇的经历和引以为豪的政绩、政声早已广为人知。要不是在他52岁的当打之年因病魔的侵袭，不得不暂时离开他所挚爱的高原雪域、离开他所熟悉的工作岗位，也许他的人生会书写更加辉煌的篇章，也许就没有他走进交通运输部的这份机缘了。当然这一切都是假设。

事实上，杨传堂与交通的缘分由来已久。早在1992年他担任山东省德州行署专员的时候，就在山东省率先开启了农村公路建设热潮，那句流传甚广的“书记修路，县长栽树”民谚就发源于德州，德州的农村公路也因此长期在山东省居于先进行列。多年后，记者去德州采访，当地干部群众依然深情地回忆起当年带他们修农村公路的“杨专员”。

从1993年11月西行拉萨，担任西藏自治区党委常委、常务副主席，到2006年5月离开西藏自治区党委书记的岗位。杨传堂在青藏高原奋战了十几个春秋。他曾经长期分管西藏交通工作，为此他几乎走遍了西藏交通系统所有的基层单位。在他担任青海省委副书记、省长期间，更是经常现场办公解决修路架桥所面临的资金和技术等问题。2004年1月召开的“青海省交通工作会议”上，身为省长的杨传堂有一番慷慨激昂的讲话，可以看出他对交通的重视和发展交通的气魄：“长期以来，交通基础设施落后是制约青海经济发展和对外开放的重要因素，交通‘瓶颈’影响着我省与外界的经济联系和文化交流。国家实施西部大开发战略，带来了千载难逢的历史机遇， 我们要力争经过几年的艰苦努力，把青海公路交通搞上去，实现由瓶颈制约到初步改善、由严重滞后到快速发展的历史性跨越。”

杨传堂在西藏工作期间，正逢中央召开第三次、第四次西藏工作座谈会，西藏经济社会发展迎来了历史性的机遇。在这两次会议上分别确定了 62项和117项重点工程，其中大多数是基础设施建设项目。有代表性的是青藏铁路建设、青藏公路整治、贡嘎机场改扩建、 “两桥一隧”（即在拉萨与贡嘎机场之间修建两座桥、一条隧道）等重大交通工程项目，对这些事关西藏未来的建设工程，杨传堂时时刻刻挂在心上、落实在工作中。他还聘任了时任交通部公路司副司长王玉、长安大学教授胡长顺等一批国内著名专家，作为自治区顾问，协助解决工程遇到的技术问题，确保工程质量、进度和概算。

脱胎于封建农奴制社会的西藏自治区，囿于条件限制，水运发展缓慢，铁路以客运为主，航空业正在发展，90％的进出藏物资和80％的客流量都是靠公路来完成的。早在2005年，杨传堂曾经说过这样一段话，随着青藏铁路的建成和青藏公路整治工程的完成，将对西藏的经济结构、社会结构和人们的思想观念发生革命性的转变。同时带来几个方面实实在在的变化：一是结束了西藏作为一个省级行政区没有铁路的历史，使西藏的综合交通立体框架初步形成；二是能够促进沿途沿线的经济发展，减少运输的成本，优化投资环境和条件；三是交通基础设施建设对当地经济具有很好的拉动作用，建成之后将促进第三产业和特色产业的形成和发展。

站在地方领导的角度，杨传堂较早对综合运输体系建设和交通运输服务性功能有了清醒的认识。

爱高原、爱西藏、爱交通，更爱养路工

杨传堂对于交通的偏爱，也许正是基于他对西藏交通落后面貌的深刻体会。他在西藏工作的十几年当中，跑遍了74个县、市、区中的71个，三个没有去成的都是因为交通十分不便。一个是全国唯一不通公路的县——墨脱，另外两个是昌都地区的左贡和芒康，那边靠近云南，处于地质断裂带上。

由于长年在路上奔波，他的车子每年都要跑5万公里以上。在西藏的雪峰和峡谷之中，在崎岖而颠簸的砂石路面上的5万公里，每一米的延伸有时候都会很艰难。他在接受中央电视台记者白岩松采访时，曾经讲述了去阿里的故事，那一次调研来回用了一个多月的时间，光爆胎就爆了七个。由此可见道路的艰难状况以及交通落后给出行带来的风险。

西藏自然环境恶劣，给公路养护带来了难以想象的困难。养路工人绝大多数常年生活和奋战在平均海拔4000米以上的雪域高原，这里气候无常，空气稀薄、高寒缺氧。由于受强烈地壳运动影响，频繁的泥石流、雪崩、水毁随时威胁到公路畅通。再加上公路技术等级低，等外公路占公路总里程的75%，这都意味着西藏公路交通人要付出比其他地区多几倍的努力。

记者曾经听到这样一个未经证实的故事：1994年10月，王玉带着专家组到西藏实地勘察确定川藏公路整治方案，身为自治区常务副主席的杨传堂亲自陪同专家们调研。沿途看到许多道班破旧不堪、缺水缺电，养路工生活条件非常艰苦，大家心里很不是滋味。尽管西藏自治区党委、政府多年来非常注重解决养路工生产生活中的实际困难，每年从有限的地方财政中挤出两三百万元，也只能改造5至10座道班，这使杨传堂也感到十分为难。

离开拉萨的时候，王玉等人留下3500元钱，请杨传堂转交给道班工人。这件事情被随行记者写成新闻报道和内参，在《中国公路》等行业媒体上进行了报道。回到北京后，王玉专门向时任交通部部长黄镇东作了汇报。交通部党组研究决定，在当年的全国交通工作会议上向全国交通系统发出倡议，开展为西藏道班工人“送温暖”活动，活动得到热烈响应，很快29个省、自治区、直辖市就筹集资金3945万元，为西藏援建了157座道班。

在随后的三年期间，杨传堂每到一地，都要抽时间去看援建道班的建设进展情况，他对交通厅的同志们说，要用好全国各地捐赠的每一分钱，把道班建设好，把路养好，回报全国人民的支援，也向交通部有个交代。

2001年，交通部再次动员全国交通系统，开展“援助西藏公路机械活动”。交通部直属单位和全国交通系统40个单位，共援助资金 2944万元，为西藏公路养护部门捐赠养护机械75台（套），中国公路杂志社还捐赠了一批笔记本电脑。这次活动极大地增加了西藏公路养护的科技含量，减轻了工人的劳动强度。

许多公路人都认识“传堂书记”

杨传堂与西藏养路工的殷切情意更是令人感动。作为自治区的“一号首长”，他出差途中经常会在道班或养护工区停下车来，进去转转、看看，握着藏汉养路工带茧的双手嘘寒问暖。他可以叫得出许多养路工的名字，许多养路工也认得这位脸庞黑红的“传堂书记”。

1995年，西藏公路管理局青藏分局当雄养护段养路工人顿珠，得知家乡那曲县恩尼村的孩子上学困难后，拿出自己多年的积蓄，捐建了家乡历史上第一所小学。杨传堂知道这个消息后，特别高兴，他亲自打电话给有关部门，希望他们给办学提供必要条件，还委托身边的工作人员，给孩子们送去了学习用品。在各级领导的关怀下，顿珠又分别于1999年和2006年在家乡建起了两所希望小学，168个孩子在这里完成了学业。

2005年8月，本刊记者采访杨传堂时，他曾深情地指出，公路在西藏经济社会发展中一直发挥着重要作用。西藏的公路养护管理队伍，诞生于川藏、青藏公路修筑之日。在中央关心和全国人民的大力支持下，在自治区党委、政府的高度重视下，伴随着西藏公路的延伸不断成长。创造了“人在路上，路在心上；养路为业，道班为家；艰苦创业，无私奉献；甘当路石，奉献终身”的西藏养路工人精神，谱写了一曲曲无私奉献的动人乐章，丰富和发扬了“老西藏精神”，这是时代精神和光荣传统的集中体现。我也深刻体会到，公路职工在艰苦的条件下勇于拼搏、无私奉献的事迹非常感人，他们中涌现出的先进集体和先进个人非常有影响，宣传他们很有说服力，你们《中国公路》要多写写他们。

杨传堂还要求全自治区宣传思想战线要以高度的责任心和深厚的感情，认真总结和宣传道班工人的先进事迹和高尚精神，宣传道班工人，学习道班工人，用道班工人的先进事迹和高尚精神来鼓舞教育西藏广大党员干部和各族群众。

正是在杨传堂书记的亲切勉励和支持下，西藏自治区交通厅、公路局始终把改善养路工生产生活条件，激发养路工爱岗敬业放在突出位置。先后涌现出“109道班”、加加“铁姑娘班”、青藏公路24工区等一批先进集体和以全国劳动模范巴恰、节节、小多吉，优秀共产党员扎朗，全国“三八红旗手”边巴卓玛为代表的英模群体。2005年夏天，在西藏自治区党委、政府和交通部的共同努力下，西藏养路工英模报告团走下高原，来到北京和全国许多地区进行巡回演讲，所到之处受到了英雄般的欢迎，他们的模范事迹在全国公路交通系统产生了巨大反响。

记者注意到，在8月1日交通运输部领导干部大会上，中组部王尔乘副部长对杨传堂有一段介绍。他说，杨传堂同志政治上坚定。经过多岗位特别是复杂艰苦环境的锻炼，领导经验丰富，熟悉党务和经济工作。思路清晰，组织领导和驾驭全局的能力比较强。敢于负责，处事果断，推动工作力度大。事业心强，工作热情高，重视调查研究。作风民主，善于听取各方面意见，注意调动大家的积极性。为人正派，团结同志，要求自己严格。中央认为，杨传堂同志是交通运输部主要领导的合适人选。

查阅了许多重大人事任免的资料，在领导干部履新时有如此全面的评价，还是不多见的。

记者想起了唐代诗人王维的两句诗：一身转战三千里，一剑曾当百万师。这不恰恰是杨传堂在高原上那些难忘岁月的写照吗？作为交通运输部的主要领导，在未来综合运输体系建设和现代交通运输发展的伟大进程中，全国交通职工期待他引领行业劈波斩浪、奋勇前行，迎接更加灿烂的明天！

原载于《中国公路》2012年8月15日第16期

作品评析

如何写新闻人物介绍

杜迈驰

一旦新总统上任，创造世界纪录的体育明星诞生，得了奥斯卡金奖的影星出炉，西方新闻媒体常常推出一种叫Profile的体裁介绍他们。这个英文单词，字典里把它翻译为“传略”，我觉得叫作“新闻人物介绍”更恰当。

西方的Profile，往往介绍主人公的经历、特点、爱好、家庭情况等。敢于冲破世俗观念，作者的这篇人物通讯很有Profile味道，但又不完全是Profile。我们完全可以拿这篇获奖作品分析一下新闻人物介绍的写作方法。

交通部新部长杨传堂上任，广大交通干部职工最关心的恐怕是他搞过交通没有，对交通是否在行，能不能管好交通。正是基于日积月累养成的新闻敏感，通讯作者从大家关心的问题入手，详细介绍了新部长的交通情缘，这很有利于大家熟悉这位新领导，文章服务性一下子凸显出来。

作者选择了文章的主人公在山东、西藏、青海省任职期间抓交通及其业绩进行叙述，而他在国家民委、全国供销合作总社的事提也没提。从这一点看，写新闻人物介绍在选择主题和典型材料时，应该抓住一点，不及其余。

一旦主题确定，接下来就是围绕主题选择典型材料了。从三个小标题曾经是“路专员”、“路主席”、“路书记”，爱高原、爱西藏、爱交通、更爱养路工，许多公路人都认识“传堂书记”来看，新部长起码有三个特点：与交通接触较早，重视交通建设且取得巨大成效，赢得较好口碑；努力改善基层养路工的艰苦工作环境、生活环境，收到很好的连锁反应；与群众打成一片，有较强的群众观点和扎实的工作作风。这些突出特点与文章开头第二自然段他在部机关第一次亮相给人的印象，与倒数第三段中组部领导对新部长的介绍，融为一体，相辅相成。因此，写新闻人物介绍要抓住主人公与众不同的特征、特点、特色进行叙述，否则事无巨细，平均用墨，材料堆积，年表罗列，就很乏味，且容易“脸谱化”。

在每个小标题下的事实展开部分，作者拿自己跟主人公几次接触说话，包括去德州采访时当地干部群众回忆“杨专员”带他们修农村公路的场景，2005年8月作者采访时杨传堂提出多宣传西藏养路工无私奉献精神的希望，以及作者几次跟部领导到西藏看望主人公时了解的交通建设、希望小学、援藏情况等等。这篇作品材料很实、写得很实、个别典型场景很生动。因此，写新闻人物介绍要靠真实材料支撑，从而增加文章的可信度、对主人公的可信度。

这篇作品的新闻语言显示了作者有较强的文字驾驭能力，读者从文章的开头和结尾可以看出来。写新闻人物介绍不像一般的人物通讯，叙述多，写实多，但写实与生动、语言优美似乎有些矛盾。如果新闻人物介绍能用比喻、对偶、排比、比拟、象征等多种语言修辞手段，把主人公写得活灵活现且恰如其分，岂不锦上添花？

（作者系中国交通报社原总编辑、中国交通报刊协会副会长）

他把公交当成自己的第二个“家”，在驾驶员这个岗位他一干就是30年。朴实无华的岁月中，他一步一个脚印用汗水编制着自己的梦想。他珍藏着自己在企业获得的每一个荣誉，收藏着自己的每一张工资单，他用行动和爱勾画出公交10年发展的“大世纪”，他就是公交集团自治区级劳动模范——李新民。

110张工资单见证乌鲁木齐公交10年发展

陈　卉

2002年10月工资单，驾驶员李新民月工资实发额 1728.71元；2012年9月工资单，工资实发额为4972.80 元。

公交集团经营三部驾驶员李新民每月都把自己的工资单收留起来，这些带着岁月印记的数字，还被一笔一笔登记在一本蓝色的笔记本上。从2002年至今，10个年头过去了，他的月工资将近翻了两倍，工资收入已经位列全国公交前列。但是李新民依然继续保留着他的工资条，一张张工资单，一页页翻过，是一段难忘的历史，记录着公交10年不平凡的发展历程。

李新民还记得，2003年3月，乌鲁木齐公交总公司打破以往的工资模式，实施岗位效益工资。按照 “以岗定薪，岗变薪变，多劳多得”的分配制度，一线驾驶员的工资进行单车成本核算。那以后，60%的驾驶员工资有不同程度的上升，岗位效益工资成为当时他和同事们讨论最多的字眼。

记者看见李新民2003年4月份的工资单，实发额2867元 。“这是实施岗位效益工资的第一个月，我领的工资，可是全车队最高的工资。当时，公交总公司实行把驾驶员节约下来的油、材料奖励给个人，所以，收入的提成和油、材料奖是驾驶员实行效益工资最好的拿钱方法。”李新民说。

此后，乌鲁木齐公交总公司以“三新”品牌为基础，开始分批推出规范化服务线路，并首次面向社会承诺五项服务。随着规范化线路的推出，公交总公司开始按照线路划分驾驶员工资，其中：一类线路月工资为2250元，二类线路为2150元，三类线路为2050元。李新民回忆说，我当时跑的是1路景观线路的观光车，被划分为一类线路，工资分配额为2250 元，这个工资我一直拿了8年。

“在这几年，我身边开始有同事因劳动工作量大，工资待遇低离开公交，看着他们离开，我心里真的很不是滋味。说实话，如果不是迫不得已，他们也不想走，毕竟和这个企业有感情了。”李新民动情地说。

2010年10月31日，911路公交车因驾驶员短缺致使线路摆车一事被媒体报道后，公交驾驶员短缺现象再次被推到了公众关注的“风口浪尖”。2010年10月，李新民应发工资为2450元（含加班364元），这个数字当时只达到2010年社平工资的83%。

为了解决公交车、出租车从业人员收入待遇低的问题，2011年1月6日，乌鲁木齐市委、市政府召开新闻发布会，宣布出台惠及出租、公交的一揽子措施。给公交企业每名从事营运的公交车驾驶员发放一季度（90天）的严寒补助费，每人每天补助50元。从这个月起，李新民的工资有了上升，扣完五险一金实发为 3751元。

2011年4-5月通过政府支持给公交借资，公交在册职工按人均2656元发放两个月增资补助，驾驶员人均工资达到3380元。

8月12日上午，乌鲁木齐市常务副市长李宏斌在公交集团规范公交行业服务座谈会上，向公交干部职工传达了市委支持公交发展采取的七项利好措施。3家国有公交公司的一线驾驶员月工资平均增至4800元。2011年9月，也就是新工资方案实施的第一个月，李新民扣完五险一金拿到手是5200元工资。

李新民说：“得知这个消息时，我们很多驾驶员都不敢相信自己的耳朵，拿到这个工资真的知足了，这让我们再也不像以前了，今后不但开开心心地上班，下班后，还可以邀请朋友高高兴兴地聚会。”

2011年，更让李新民记忆犹新，由于工作业绩突出，李新民荣获自治区级劳模。同年，李新民还荣获乌鲁木齐市城市客运服务质量规范年“服务之星”称号。30年来，细细数来，李新民共荣获自治区级、市级、公司级各种荣誉28项。对于李新民来说，荣誉之外，每个月5000 元的收入，更让自己成为公交行业名副其实的“白领”。

现在，开着2010年更换的新式309路公交车，行驶在自己熟悉的大街小巷，李新民工作的更加细心和热心。李新民表示，110张工资条，是自己多年来工作生活的缩影，他会一直保存下去。提及未来，李新民眼里有了无限憧憬。邀上几个知己好友，利用休假的时候，开车游历新疆南北疆美丽风景，是李新民目前最大的想法。

原载于《乌鲁木齐公交》2012年9月29日 1版

何谓以“小”见“大”

杜迈驰

以“小”见“大”是新闻报道的常用手法。“小”既可以是事物的一个侧面、一个细节、一个场景，也可以是一个人的动作、语言、穿着，等等，这些因素具体、实在、生动、鲜活，洋溢着生活气息；“大”是“小”折射出的党和政府方针政策带来变化的时代重大主题，包括新理念、新思想、新作为、新变化、新业绩、新经验等。

以“小”见“大”需要记者将自己的视角“下移”，用“平民视角”即从普通百姓生活的角度，观察事物、分析事物，加强报道的生活味和服务味，从中引出指导性，彰显重要性。以“小”见“大”也需要记者深入实际、深入生活、深入群众抓“活鱼”，以流畅的“点”、“面”结合和亲切生动的细节，表现重大的主题。

以“小”见“大”的优秀作品改革开放后逐渐增多。1980 年6月15日《孝感报》获得的中国新闻奖作品《会计伢嫌我的油壶小》，以生产队分油时会计嫌王二婆拿的油壶太小的对话场景，反映生产队当年取消“大锅饭”后实行联产计酬带来的变化，折射出十一届三中全会精神给农村经济带来蓬勃生机。同样荣获中国新闻奖的1994 年4月26日《中国青年报》作品《取下神像挂地图》，从农家中堂悬挂物的更换，道出中国农民从思想、观念到行动上的变化，主题不能说不深刻、不重大。

《110张工资单见证乌鲁木齐公交10年发展》也是以“小”见“大”的优秀作品。我在写这篇点评稿件时打电话向作者进一步了解采访情况。作者告我，原来她和另一位同志共同采访劳模李新民，准备写一篇人物通讯。采访中李新民无意中提到他还把10来年的工资单都存着，这一细节立刻引起了作者的注意，于是顺藤摸瓜深入挖掘，写成了这篇作品，另一同志写了人物通讯。从这里我们可以看出作者的新闻敏感，看出作者另辟蹊径的匠心，看出作者要当“富记者”的勤劳。

110张工资单反映了劳模的变化。公交总公司实行岗位效益工资，实行节油、节材奖，劳模领了全车队最高的工资，说明他为公司挣得的效益最高，而且是节约能手；总公司推出规范化服务线路后，李新民拿了8年一类线路工资，说明对规范服务的长期坚持； 28项荣誉、5000 元的月收入让劳模成为“白领”，说明了只要好好干，普通驾驶员的地位同样能够得到提升。

110张工资单反映了公交总公司经营管理的变化。从分配制度改革到单车成本核算，从分批推出规范化服务线路、向社会承诺五项服务到驾驶员跑不同类别线路的工资落实，从给职工上“五险一金”到公交车更换，表明了总公司与时俱进的改革决心，对职工、对社会的高度责任感。

110张工资单反映了当地市政府顺应民系的执政理念的变化。乌鲁木齐市委、市政府出台惠及出租、公交的一揽子措施，包括发放严寒补助费、政府借资给在册职工发放两个月增资补助等，从而解决了公交车驾驶员缺乏，车无人开的交通堵塞问题。

上述三大变化从侧面反映了国家改革开放的进程和成效。从这个意义上说，以“小”见“大”见得足够“大”，且产生一石多鸟效应。

（作者系中国交通报社原总编辑、中国交通报刊协会副会长）

“平稳得让我感觉像是在飞翔”

肯尼亚人的中国路

田　恬

非洲大陆热情而奔放。肯尼亚雨季晚霞渗透出湿润的质感，首都内罗毕东北环城路的岔路口上，一群当地居民正在拍摄一部音乐舞蹈短剧。见到我们是中国人，这个微型剧组的全体人员立刻绽放出开心的笑容。他们说，每天最开心的时光就是下班后聚在这条新路旁边新开的小酒吧里，一起分享每天的快乐和收获。

在得知我们就是中路公司的工作人员后，一位剧组的工作人员把一直抱在怀里的录音和录像设备直接放在了地上，在T恤上用力地擦净了手上的汗渍，庄重而兴奋地争相与我们握手：“我们真的非常非常喜欢中国人为我们修筑的这条路，它的出现让我们的生活变得有了质量。我们录制的这部音乐短片，是对这条路的感谢，也是对我们现在快乐生活的感谢。”

这是一个月前我在肯尼亚的经历。

从3个小时到30分钟

2006年11月，中国政府在中非合作论坛北京峰会上承诺：三年内向非洲提供100亿美元优惠贷款。为了切实支援非洲建设、携手共促繁荣，落实中国政府承诺，根据肯尼亚人民需要提升交通运输质量的迫切需求，中路公司开始内罗毕东北环城路建设。这条52公里长的公路2009年4月18日开工，2012年3月30日通过业主初步验收。

住在东北环城路旁边的温蒂是一位腼腆的中年妇女，对这条道路的感情直观而深厚："东北环城路建成前，沿线一带没有一条可以供车辆和行人顺畅通行的公路，我每天上班要花3个小时在路上。每次经过这个地方，都像是经历一场噩梦。"

"这场噩梦现在终于醒了，我们终于可以睡个安稳觉了。我不必每天在凌晨4点起床，一条平整顺畅的道路让我可以在早上6点起床后，轻松地吃过早饭，再洗个舒服的热水澡，乘车20分钟准时到达上班地点。中国人修筑的这条路像一条彩虹，即使在曾经令内罗毕人民出行最头疼的雨季，也让我们畅通无阻。"

温蒂说，她的孩子今年14岁，每天放学都会和同学们一起沿着东北环城路开心地回家。孩子正在努力学习中文，他最大的愿望就是在长大后可以去中国留学。

说到孩子，温蒂露出了灿烂的笑容。

从50万先令到300万先令

肯尼亚内罗毕环城路是该地区修建的第一个环城道路项目。包括已建成的东北环城路项目、正在建设的南环城路项目和正在筹备的西环城路项目。作为这条环城路的重要组成部分，内罗毕东北环城路不仅为便捷当地交通起到了举足轻重的作用，也明显地带动了当地经济的蓬勃发展。

内罗毕东北环城路建成前，交通设施的落后让内罗毕城东北部郊区一带长时间处于荒凉和落后状况，配套生活设施稀缺。沿线居民购物、求医以及上学等各项基本生活需求均要乘车数小时前往内罗毕市中心。

东北环城路的建成通车，让沿线的生活焕然一新。学校、医院和众多店铺鳞次栉比，车辆通行无阻，损毁和油耗也明显降低。当地人的资产以及商机增加了4倍以上，地价也节节攀升。

内罗毕省国会议员瓦提图说起东北环城路时非常激动："在东北环城路沿线，一块1英亩的土地，在道路建成前价值约为50万肯尼亚先令，而伴随道路的建成，价值已经超过300万先令。这样一条高水准的公路不仅改变了我们的交通，更让大家生活的心情变好了很多。所以我们相信，中国人是我们真诚的朋友。”

一条高水准的中国路

公路给肯尼亚人带来快乐，但对建设者而言，恶劣环境下修筑一条高水准公路，其间多有困苦艰辛。

内罗毕属肯尼亚中南部的高原地区，途经地区有大量遇水膨胀、失水收缩的黑棉土和大片的沼泽地，严重影响了路基的稳定性，给施工带来了很大困难。

在每年长达5个月的雨季中，几乎每天下午到晚上都会有猛烈的降水，瞬时降雨量可达到每小时50毫米。建设者往往需要用很长时间处理雨后泥泞不堪的施工断面，并且还要为随时可能到来的下一场降雨而做好道路的封面工作。同时，东北环城路项目北线路段的施工便道主要为红土路，每逢下雨格外湿滑泥泞，造成施工车辆通行受阻，严重影响了施工进度。

与雨季相比，干旱少雨的旱季便成了肯尼亚道路施工的黄金时期。但旱季的日晒强度很大，对于来自中国的施工人员，每天多于12小时的日照是严峻考验。高温晕厥、皮肤晒伤成了家常便饭。同时，因干旱少水，旱季施工时便道上大量尘土飞扬。一天工作结束，施工人员已经被晒伤的皮肤上都会附着大量的尘灰，刺痒难忍，清洗后又会转而灼热疼痛，浑身不适，无法入眠。

谈及这些，内罗毕东北环城路项目年轻的油料工程师蒋林潘，黝黑的面容上却露出轻松的笑容：“在我的经历中，这里的施工困难是最大的，但也是给我们更多的成就感。困难并不可怕，只会让我们变得更加勇敢。”

蒋林潘在肯尼亚工作已经有整整7年。7年前，他还是个青涩小伙子。孩子出生时，他在工地，正在手把手地教会肯尼亚当地工人如何进行施工车辆的应急维修。

在内罗毕东北环城路项目中，和蒋林潘一样远离故土与亲人的中国员工共有34位。他们始终没有放弃对工程质量的严格要求。“我们都是沿着老一辈中国建设者的足迹求索前行的接班人。”内罗毕东北环城路项目总经理束毅力说。

项目监理、肯尼亚工程专家说："我们对项目的整体质量进行了仔细的分项检验，即使施工过程中困难重重，但是中国建设者的全力以赴，让这条路成为了一条高质量、高标准的道路。"

中路公司肯尼亚办事处总经理李强讲了一个故事："2000年，我们在肯尼亚建了一条连接首都内罗毕与东非第一大港蒙巴萨的高等级国道。那条路因为我们公司的英文名称而被肯尼亚当地人口口相传，被命名为'中国路'。 2003年，中国与肯尼亚建交40周年之际，肯尼亚政府发行了以"中国路"为主题的邮票。

"平稳得让我感觉像是在飞翔"

33岁的肯尼亚小伙子阿伦在中路公司肯尼亚办事处工作了13年。如今，他已经成为一名经验丰富的优秀工程管理人员。"来中路公司工作之前，我住在贫民窟，甚至没有钱娶妻生子。而这份工作彻底改变了我的生活，更让我成为一个有用的人。在这里，除了丰富的工程和管理知识以外，我学习到更多的是中国人的优秀品格。和他们在一起的日子，我能感觉到自己在不断地进步。现在，我有了妻子和两个孩子。"稳定的工作和充裕的薪酬还让他在2001年领养了一名当地孤儿："以前，我从没有想到自己能走出贫困，并且还能有能力帮助身边那些穷苦的同胞。"

该项目共雇佣1300多名当地工作人员，他们既有一线的操作工人，也有大量的工程技术人员和管理人员。项目进展中，很多当地员工都可以独立负责相关管理及技术工作，在与中国工程技术人员的合作中掌握了大量实用的技能，更体会到工作带给他们的充分快乐，成为肯尼亚国家建设的主力军，也改善了自己的生活。这是中路公司人才属地化培养的成果。

在距离内罗毕环城路项目营地不到10公里的一个闭塞的小村庄里有一所特殊的儿童学校，学校的学生大多为患有艾滋病或被家庭遗弃的孤儿。2003年，并不富有的当地的爱心人士玛丽（Mary）女士创办学校，将自己用来养老的房屋改作教室，为这些孩子们提供食宿、医疗和基本的教育。从最初的几名儿童，到目前的147名学生，日益增长的儿童数量让Mary女士不堪重负。在肯尼亚最寒冷的7月，孩子们只能以冰冷的食物勉强度日。

得知情况后，内罗毕东北环城路项目部立即决定有针对性地对学校和孩子们予以帮助。针对孩子们学习和生活最急迫的需求，项目部为学校捐赠了4卡车的木材和油漆等建筑材料，用以修缮孩子们赖以学习成长的教室房舍。

“那些物资运来时候的情况，它们像一座大山堆放在我们狭小的学校里面。孩子们从来没有见过这么多的木材，高兴地在这座大山旁边捉迷藏。9年来，我从来没有见过他们那么开心的样子。”每当回忆起当时的场景，学校的创始人Mary女士都会语带哽咽。“这里现在已经成为了一座完整的学校，再也不是原来的那座破旧的棚子了。”

在内罗毕东北环城路项目即将完工时，学校的孩子们乘车沿环城路前往肯尼亚总统府，为总统献歌。“我们的车到了那条宽阔平整的大路上，可以看到很远的天边，再也没有颠簸，平稳得让我们感觉好像是在飞翔。”12岁的孤儿约翰（John）闭上眼睛，张开了细弱的双臂，脸上洋溢出幸福的笑意：“那天，我对总统说，我终于远离了疾病和歧视，感受到了爱和希望。我会继续努力地生活下去。”

原载于《交通建设报》2012年7月26日第142期4版

天高云淡，望断六盘山

胡恩燕

秦汉的萧关，“苦瘠甲天下”的西海固，都在历史的云烟里渐渐远去。

这里是固原！这里是一条条公路线串起的城镇！

回京一周，思忖良久，终于动笔写下这篇纪行，写下我对固原、对那一抹抹橘红色的深深的眷恋。

身着橘红色标志服，当一周养路工，我们的感念将贯通于今后的岁月，我们的思念则定格在六月的固原。

固原，我们来了

固原养护中心中河作业站，是我们的驻地。

一周的实践活动结束了，回忆起固原之行的点点滴滴，回忆起中河作业站的工作和生活，每一个片段都是那样美丽。在那遥远的地方，有一群我们思念的朋友。

军人出身的马平，是中河作业站的站长。几日的劳动、生活中，他话不多，但英俊的脸庞总写满笑容。

每天早晨上路劳动前，马站长都会进行5分钟的安全动员，这也是宁夏公路管理局固原分局统一规定的一项工作步骤。5分钟时间看似很短，但对于每天在公路上劳作、与行驶车辆擦肩而过的养路工来说，对安全的一遍又一遍地叮咛是十分必要的。

养路工是公路上最辛苦的人，也是危险系数最高的人。他们日复一日地所出现的地方，都是不利于车辆安全通行的路段。他们所要应对的，除了繁重的劳动，还有对面车道上行驶着的各种车辆。

我们12名队员与中河作业站的18名养路工共同完成的第一项任务，就是清理国道309线上的塌方。对于多山地、丘陵的固原来说，塌方是公路上最常见的病害之一。我们拜师学艺，向养路工学习如何更好更快的劳动。

当红白相间的锥形桶沿着公路中线整齐地摆开，形成一条好看的曲线时，一天的养路工作便悄无声息地开始了。曲线的一边是临时封闭的工作区，另一边则是驰骋往来的车水马龙。扫把、铁锹在坍落下来的砂石堆上挥舞着，不一会儿，一张张晒得黝黑的脸上就挂满了汗珠。

看着大家忙碌的身影，我的视线有些模糊。

一种难以言喻的感动，伴随着曲线里的那一团橘红色，不断跃动。此刻，来自中央国家机关的青年们，与最可爱的养路工在一起劳动；此刻，30个橘红色的身影，拼成了一幅热火朝天的养路画卷。

在共同劳动中发生的故事，还有很多很多。

在省道101线的文明示范路段，“灌缝”任务正在进行中。马师傅手把手地教会我们每一个人使用灌缝机。小小一台灌缝机，看上去原理十分简单，可当我们亲自上手操作时，它便不那么“听话”了。180摄氏度高温的灌缝胶，必须准确地填充进路面裂缝。稍有疏忽，便会在路面上形成一个难看的“补丁”。

在公路桥梁病害和危桥调查工作中，“第四十九团”的几位有专业基础的年轻工程师与基层单位的技术员们一起探讨问题，一边向他们请教实践中的经验，一边为其他团友答疑解惑。那一刻，站在桥拱下，站在沙堆边，他们专注的神情镌刻在年轻的脸上，显得格外动人。

在路面修补现场，刚刚加工成的沥青混合料散发出刺鼻的味道，与炙热相随而来的是层层烟雾，只见一簇橘红色的身影在烟雾中若隐若现。

累了，便在路边擦把汗；渴了，便蹲在田埂上喝口水。被骄阳和沥青烘烤得热辣辣的脸上，写着相互之间的信赖。

当一天紧张繁忙的劳动结束时，回到驻地，工友们已经帮我们打好了洗脸水。我们12个人分住在6间女养路工的宿舍，宿舍的主人们没有因为我们的到来而感觉不便，反而是像姐姐一样照顾我们几日的生活起居。我入住的那间，是两位名叫“彩霞”的姐姐的宿舍。刘彩霞性格爽朗，王彩霞腼腆爱笑。后来才知道，刘彩霞的父亲就是曾经获得“全国劳动模范”称号的六盘山养路工刘秉义。两代人对公路养护事业的执著和坚守，让我感动。

每个清晨，我们在汽车的鸣笛声中起床；

每个夜晚，我们在汽车经过时的轰鸣声中入睡。夜里，道班的庭院静悄悄的，唯有门口那盏灯彻夜长明，路徽和“养好公路、保障畅通”八个大字在灯光的映射下更加醒目。道班的大门是从来不关的，这里随时都是过往驾驶员的临时港湾。

轻车直上六盘山

“天高云淡，望断南飞雁，不到长城非好汉！”去往六盘山的路上，我默默地吟咏。

77年前，毛泽东主席曾来过这里，率领中国工农红军长征翻越最后一道屏障，在秦时长城汉时关的六盘山上，临风寄景，写下了不朽的词章。两年前，也是在这里，交通运输部直属机关党委与宁夏公路管理局固原分局党委结成了党建共建的对子。六盘山，是历史的见证，也是友谊的见证。沿着国道312线前行，一路驰骋，我们到了隆德县境。这块远古戎狄部落的游牧地，如今因拥有丰富的石灰石、石英砂等建材资源，以及独具风姿的六盘山旅游资源，渐渐富庶起来。而纵贯隆德东西的国道312线，宛如一条绸带，蜿蜒于丘壑、梯田之间，它是中原西去的大动脉，也是串起六盘山两麓经济发展的纽带。正是它，把一车车建材资源带出大山，正是它，把一位位游客带进隆德。

不仅是隆德。在整个固原，公路都是经济发展的生命线。

“左控五原，右带兰会”的固原，古时是兵家必争的战略要地，如今也是国家公路179个运输枢纽之一。福银高速、国道309线、国道312线、省道101线、省道202线、省道203线等8条国省干线纵横穿越，共同构成了固原公路网的主骨架。

在广阔的山间，在一层一层的梯田边，在926公里的公路线上，宁夏公路管理局固原分局的职工们发扬着“六盘山”精神，编织了一个“畅洁绿美安”的公路网。

车行至山前，我的思绪渐渐被拉回。我们穿过2385米长的六盘山隧道，盘旋而上，到达山之巅。青山磅礴，天高云淡，三面巨型红旗雕像涤荡得每一位青年——澎湃的心。在这个象征着红色革命、长征精神的地方，第四十九团的12名团员重温了入党誓言，接受精神洗礼，坚定理想信念。

六盘山，作为红色记忆中的关键词，早已载入史册；六盘山，作为集中连片特困地区的定语和冠词，正在悄悄地发生变化。

六盘山集中连片特困地区包含的范围十分广泛，几乎囊括了固原的每一寸土地。几日来，我们不仅看到了建设成果丰硕的国省干线、高速公路，更看到了一些正在修建过程中的公路。

在六盘山西麓，在素来背着贫困县包袱的西吉，我们见证了一条条在建公路的雏形。车行之上，分外颠簸，在飞扬的尘土之中，橘红色的作业服上"中国公路"四个大字在阳光照耀下格外醒目。在扬尘中、在烈日下，公路人正在铺设一条条康庄大路。相信，有他们汗水的浇灌，不久的将来，这些连通最偏僻的乡野的公路，将变得平整而美丽。也相信，在这一条条新路的连通下，被称为文学之乡、马铃薯之乡的西吉，终有一日会摘掉贫困县的帽子，跻身于"骑在公路上"的新兴市县行列。

刚回到北京，我便得到一个令人振奋的消息："日前，宁夏回族自治区政府专门出台政策支持六盘山连片特困地区的交通建设，将中央代发地方债向公路交通建设项目倾斜，每年安排部分国家以工代赈资金用于六盘山片区公路建设。"

根据宁夏六盘山片区公路发展要求，到2015年公路总里程要达到1.8万公里，基本实现建制村通班车的目标。

"到时候你们再来固原，一定会有新的收获。"固原公路分局副局长祁朝晖信心满满地说。本欲畅想六盘山片区未来的样子，脑海中却只剩下毛泽东那壮志凌云的诗句——"今日长缨在手，何时缚住苍龙？"

感动的背后是坚守

向沙沟中心小学捐赠"安康图书馆"，是"第四十九团"的规定动作之一。在中央国家机关团工委的大力支持下，我们申请到了中国少年儿童基金会提供的5万元经费。6月12日，调研团来到位于固原市西吉县沙沟乡沙沟村的沙沟中心小学（这里也是固原公路分局的定点扶贫对象），为"安康图书馆"授牌。捐赠仪式后的座谈会上，我们把从北京带来的文具和教具分送给孩子和老师，这些每天上学、放学都要走上一个小时山路的孩子，这些在贫困地区几十年如一日传道授业的老师，身上都有一种难能可贵的品质——坚守。这种品质，恰恰是我们这些来自大城市的青年所日渐缺失的。

成立于1986年的城郊女子作业站，是一支挂满荣誉的队伍，15名女养路工承担着国道309线及省道101线共计28公里的山区公路的养护任务。这是一支“铁娘子护路队”，无论严寒酷暑，她们身穿反光背心、头裹围巾，一团团尘雾中，夹杂着她们的汗水，天性爱美的她们用脏和累换来了公路的干净整洁。在城郊女子作业站的先进事迹报告中，我们曾几度潸然泪下。上一任站长王侠因长期饮食不规律，不幸患胃癌去世。大年初三，噩耗传来，固原公路分局的全体员工为她送行。据固原公路分局的陈亮副局长介绍，如今，王侠的儿子也成长为一名公路人，在收费员岗位上继承着母亲的遗志。15名女养路工中，有一位特殊的成员，她叫郜利香，她的丈夫曾经是一名养护作业站驾驶员。在一次养护工作中，一辆超载车辆违规驾驶与养护车相撞，车祸夺去了郜利香丈夫年轻的生命。为了供养两个孩子读书，郜利香接过丈夫手中的工具，加入了养路工行业。坚持，是她们不可磨灭的品质。虽然她们的皮肤被晒得很黑，但她们的笑容是最美的，她们是真正的“公路天使”。

在养护工作间隙，调研团的几位成员无意间发现了沿路的一所条件十分艰苦的希望小学。

学校只有两个班，一名执教30余年的老人是学校唯一的教师，虽然至今每个月仍然只有60元的补助，但老师的满足和坚持让我们每一个人动容。

我们应该学习这样的品质，虽然实践活动结束了，但是第四十九团的使命将被继续坚持。团友们商定，返京后也要继续关注这所我们意外发现的小学，哪怕每人出一点微薄的力量，也能为改善孩子们的学习环境尽一份心。

每天在路上工作的公路人，早都把路当成了家，那种责任意识是深入骨髓的。从学校回驻地的路上，行驶在省道101线上，我们前面的引路车突然停车，陈亮副局长下车跑到路的对面。这时我们才注意到，路面上有几捆干苜蓿散落，陈亮副局长将它们拾起，扔在路边的田埂。看到这一幕，我们都深受感动。正是有这些心在路上的公路人随时随地清除公路上的隐患，车辆才能放心、安全地行驶。细节之处见感动，感动的背后是坚持。他们认为这些是小事、是习以为常的举动，但日复一日、年复一年的对小事的坚持，便足以给人带来巨大的感动。

橘红色的眷恋

6月15日，是我们在中河作业站的最后一个夜晚。

我们和养路工一起包了顿饺子。职工食堂的不足10平方米的厨房里，可能第一次容纳这么多人。笑声从调饺子馅到吃完饺子，从未间断过。大快朵颐之后，离别还是如期而至。我们默默地回到房间，打起行囊，笑着互道珍重。工友们说，“以后，一定要再来！”我们说，“到北京，一定要联系我们！”这是我们养路工生活的最后一个夜晚，快乐中带有一些忧伤。共同的生活和劳动，把这一周拉得好长好长。生活中的每一点感动、劳动中的每一滴汗水，都在时光结成的网上熠熠生辉，那是一生用之不尽的宝藏。

在渐渐凝重的夜色中，我们放下挥酸的双臂，终于踏上归程。道班门口镌刻的“养好公路”四个大字在暮色中越来越远，却在我们心里越来越亮……固原之行在青春年轮上留下的烙印，将伴我此生。

一周的相处，让我们更为真切地认识了这个群体——养路工，他们是最质朴的人，也是最可爱的人。他们是交通运输事业最基层的工作者，也是最牢固的根基。他们的奉献精神，让我们感同身受也心怀敬意。

一周的实践，让第四十九团的12名青年脱胎换骨，皮肤在阳光和汗水的磨砺下变得黝黑，眉宇之间更是浸润了养路工特有的果敢和坚毅。实践活动结束了，任务还在继续。离开固原的那一刻，第四十九团肩负起新的使命：牢记六盘山上的誓言，坚定理想信念，努力用专业知识为人民服务、为公路服务。

我们深深地知道，这一周的所见所闻所感仅仅是全国400多万公里公路线上的一个极其细微的缩影。在960万平方公里的神州大地上，50多万名养路工为着我们共同的公路事业，奉献青春、挥洒汗水，他们是不断延伸的公路线上跃动着的橘红色音符，他们正用劳动谱写一首壮丽的公路赞歌！

再见了，固原！再见了，道班！

黄土地上的丘壑填满了深深的思念，梯田上的青苗成长着崭新的希望，沙沟中心小学的朗朗读书声还在耳畔回响……固原，从此成为我灵魂寄居的另一个故乡！

在我们居住过的地方，在我们战斗过的地方，那一抹橘红色，成为心底最深、最深的眷恋！

原载于《中国公路文化》2012年第7期

库区“学生渡”牵动众人心

甘　琛

俗话说，隔山易隔水难。三峡大坝蓄水后，原本可以走过的低洼地被淹没，可以淌过的小溪流变成深水湖泊，可以行走的人行索桥也沉于河底，昔日的山脉被隔成孤岛，宽阔的水面成了出行的障碍。库区部分学生娃只能乘船上学，那么，他们乘船安全吗？近日，记者走访了三峡库区的万州、云阳、巫山等地，学生娃上学的艰辛，家长焦急等待的表情，令人久久难以忘怀。

“妈妈，请在渡口等我”

龙洞乡九年制学校，位于重庆市云阳县龙洞乡，由于地处云阳、奉节交界处，该校承担了两县6个乡镇部分农村学生的义务教育。学校设有小学、初中共9个年级，在校学生3000多名。为了学生上学方便，更为了学生安全，该校实行上10天课休4天假。

5月中旬，记者去龙洞乡九年制学校实地采访。下午1时左右，记者乘车从云阳县城出发，一路上崇山峻岭。“这里的山路弯曲得很，乘车久了就会头晕。”随行的云阳海事人员告诉记者。果然，不到1小时，同车的另一人就开始呕吐。车在山路上行驶，眼前除了山就是谷，车子开了2个多小时才到达学校。“我们乘车都这么辛苦，小孩上学该有多苦？”记者在心里盘算着。

到学校后，记者见到了负责学生安全工作的主任朱长清，他讲述了学生娃上下学的苦。10年前，学校放假时，学生娃上午5时就得起床，然后排好队，由校保队和老师带到码头。

“为什么那么早放假？”记者有些疑问。

朱长清解释说，要乘船的学生多，可是渡船又不够，只能早点去，“天黑看不见，我们就用稻草扎成火把。”

而据他介绍，即使到现在，渡船仍不能满足学生乘船需求。今年该校有492名学生需乘船上下学，如果算上陪读的家长，需要乘船的人员就达到700多人。而整个龙洞乡承担学生乘船任务的渡船和客班船只有590人的定额。“这还算上其他学校的学生以及过江的群众数量。”

“学生娃乘船安全到达渡口并不代表安全到家，有些学生还要走两三个小时的山路才能到家，有些学生到家时已是深夜。”朱长清叹口气说，山里学生娃上学真苦！学生娃苦，家长也苦，每次收到学校放假短信后，有些家长就守在渡口等，一等就是几个小时。“最让人心疼的还是那些留守儿童，爸爸妈妈都外出打工，爷爷奶奶年纪大，根本不可能去渡口接他们。”

有个学生娃在作文里写道：“回家之路难啊难，妈妈请一定要在渡口等我，如果你不来，我希望有一双翅膀，能够自己飞回家。”

“为了孩子们的安全，我们什么都愿做”

库区学生上学难。因此，确保他们的乘船安全，就成为当地政府、长江航务管理局（以下简称长航局）、学校等部门一项重要的安全监管任务。记者了解到，为实现三峡库区学生“平安渡”，长航局所属的长江海事部门配合当地政府，开创了“学生渡”监管的“1+5”长效机制，即县乡人民政府统一领导、交通依责监管、教委和学校负责学生护送、船公司负责安全、海事负责现场监督、全程维护。“通过明确各方的责任，形成了‘学生渡’安全监管的合力，有效消除了学生挤渡、抢渡、拥堵、超载等安全隐患。”一名万州海事人员告诉记者，“为了孩子们的安全，我们什么都愿意做！”

为了确保孩子有船可乘，缓解学校集中放假期间运力不足的矛盾，部分学校实行“错时放学”方案。如龙洞乡九年制学校小学部中午先放学，中学部次日早上再放学，错开学生流，让学生一到渡口就能上船。“只能让船等学生，绝不可以让学生等船！”这是当地政府提出的要求。

每次放假前一天，学校会通知当地政府、海事等部门做好“学生渡”维护工作。放假当天，由学校老师或保安分批次护送学生到达渡口，海事、渡管员等在渡口维护秩序。渡船装满学生后，由海事人员、渡管员、老师等清点人数并签字发航，防止学生超载。渡船开动后，海巡艇全程护航，避免碰撞事故的发生。

据了解，为确保渡船质量，地方政府也做了不少工作，重庆市交委就提出：今年12月31日前，重庆市所有客渡船都要完成标准化改造。

“渡口改造经费哪里来”

近10年来，库区“学生渡”未发生一起伤亡事故，但记者仍发现不少安全隐患，其中，渡口基础设施差，急需改造需要重点关注。

坝上渡口，龙洞乡九年制学校的学生都从这里上船，可是这个渡口极简易。渡口通道是水泥阶梯，坡度很大，记者目测大概有60多度，通道又长又窄，宽只有约60厘米，通道两边也没有护栏。“学生一推一拉就容易出大事故！”云阳海事处副处长黄建明告诉记者，以前条件还差些，连阶梯都没有，只是一条斜泥巴路，下雨根本不敢走。

记者随后又从云阳县港航处获悉，该县共有235处渡船停靠点，原来基本是自然坡岸，通过数年来的努力，改造了100余处，尚有100余处没有改造。据介绍，渡口改造每处约需资金20万元，共需资金约2000余万元，这是一笔不小的开支，而云阳是国家贫困县，目前缺乏经费。

不只是云阳，万州、巫山、巴东等地的渡口也存在严重问题。以巴东的纸厂沟渡口为例，据当地的渡船船长张世平介绍，由于常年受到风浪冲刷、泥沙淤积以及水位涨落变化引发的地质灾害等因素影响，该渡口损坏严重，给当地学生出行带来极大不便。记者在渡口看到，泥沙堆积在通道上，通道两边没有护栏，一下雨，走路就容易打滑，严重影响学生上下码头乘船安全。另外，该渡口虽建有一个约5米长、1米宽的简单候船亭，但据介绍，遇到大风大雨，候船亭根本不起作用。

在采访过程中，记者还发现部分承担学生渡运的客渡船“三差两难”（即船舶安全技术状况差、船员安全意识差、渡运经济效益差，安全管理措施落实难，缺陷整改难）现象突出。老张的船就锈迹斑斑，据他介绍，该船船龄超过10年，由于过渡人员逐年减少，渡船的经营十分困难，现已无钱对船上的安全设施进行投入改造。

每个学生都是家长心中的宝，每一次放假都牵动着各方的心，库区“学生渡”，期待着更加标准化的渡口、更加安全的“校船”、更加规范化的管理。

原载于《中国水运报》2012年5月30日1版

渤海湾生死大营救

——北海第一救助飞行队迎战首场大寒潮纪实

冯小荧　张　宁

飞机终于平稳降落在辽宁省大连市周水子飞行救助基地。救助直升机副驾驶秦义斌脱掉连体救生服，一下子坐到椅子上，一坐就是一个多小时。

秦义斌成为救助直升机副驾驶后第一次参与执行救助任务，便与4名队友成功救起8名海上遇险人员。兴奋！而更多的却是梦魇一般的回忆。

直升机迎“锋”而上

大寒潮即将袭击渤海湾！2012年11月2日，北海第一救助飞行队的气象员向所有机组、航务、机务人员发布预警信息。

受暖湿气流和较强冷空气共同作用影响，雨雪、大风、大浪恶劣天气在渤海湾水域生成并逐步加强。

人员全部集结部署到位，装备全面调试检查到位。11月3日晚，飞行队所有值班人员早早上床就寝，准备迎战即将到来的一场“恶战”。

11月4日4时，海上狂风肆虐，导致一艘无动力工程船的锚链断裂，船随风浪漂移，在山海关老龙头东偏南300米海域搁浅，随时有倾覆的危险，船上8名人员被困。

北海第一救助飞行队大连救助基地机组接到秦皇岛市海上搜救中心转发的求救信息后，迅速商讨救援方案。

气象资料显示，救援现场风力8级、阵风9级，飞行路线将穿越强冷空气冷锋锋面，并伴随中到大雨。

“8条人命危在旦夕，冒险也得去。”北海第一救助飞行队教练机长许凡决定5日日出时立即起飞。

5时50分，“B-7313”救助直升机腾空而起。秦义斌说：“副驾驶需要密切观察地面及周边情况以协助机长操作飞行，但是到300英尺左右我已经完全看不到地面情况。”

直升机从东南往西北飞行，与过境冷锋锋面相遇，机身左右摇晃坡度达30度，剧烈颠簸，下降率达每分钟1700英尺。

低空悬停冒险救人

45分钟后，直升机飞临遇险船只上空，机组人员多次呼叫，船上急救遇险频率都无应答。直升机只好下降到300英尺（离海面大约100米）进行低空搜寻，能见度很差。

终于找到了遇险船。8级以上的狂风掀起5米高的巨浪猛烈撞击着近百米长的大船，船身剧烈摇晃，船上8个人随时有落水危险。

救援环境糟糕透了！船上立着高高的吊车，上边还拉着钢缆，甲板上堆着履带，就连供救生员登船的平整区域都很难找到。

在救援过程中，巨大的浪涌此起彼伏，许凡几次产生错觉，感觉船已经贴到了直升机。

“救捞功臣”王浩被空降到船上，虽已身经百战，不过，这次被空降下去后，他还是重重地摔在甲板上。

绞车手曹煜快速收放钢索、高绳，4次成功吊运，8名遇险人员顺利登机。

成功野外迫降

如果原路返回大连基地，还要遭遇冷锋锋面，机组不想让8名获救人员一起冒险，随即决定飞往山海关机场着陆。但是，后方很快传来消息：山海关机场云底高度不足500英尺，能见度不到0.5公里，无法降落。

时间紧迫。许凡决定“野外降落”，经过空中侦察后，直升机最终在山海关附近的一处简易停车场备降成功。

8名获救人员被当地海事人员接走了，成功脱险，而机组人员仍处在危险中。强冷空气冷锋锋面已过大连，正急速向山海关方向逼近，雨势在加强，海浪在增高，临时停靠点离海边只有100米左右。

机组决定尝试返航大连。飞行15分钟后，又一次与冷锋锋面相遇，所幸这次只是擦肩而过。

前方已可以看到海面，太阳也出来了，黑压压的乌云终于被抛到了身后。“那一刻，感觉特别舒服特别安心。”秦义斌说。

生死接力化险为夷

11月4日，同样在渤海湾水域，北海第一救助飞行队蓬莱基地的“B—7312”、“B—7309”救助直升机和北海救助局的“北海救111轮”也在解救遇险人员。

11月4日，在平均7级以上的大风、4级以上的大浪中，北海第一救助飞行队全体值班救助人员连续奋战了18个小时，共成功救助27名遇险人员。

山东威海荣成爱连湾海域，“英轮”游艇由大连驶往青岛。由于不熟悉当地海域情况误入石岛蜊江港附近养殖区，船上4人被困，船小浪大，随时有倾覆危险。“B-7312”救助直升机紧急出动，成功救起船上4人，并将他们安全送至威海机场。

山东威海石岛海域，油轮“金源油16”抛锚期间发生走锚，漂流搁浅，船舶机舱进水，船上12名船员被困。“B-7309”救助直升机出动，成功救起遇险人员，并将他们安全送至威海机场。

4日2时25分，巴拿马籍货船“KING ACE”轮在大连南5海里处发生主机故障，船舶失控，因现场风力达6级以上，船上16名菲律宾籍船员处于危险中。接到信息后，北海救助局救助指挥值班室立即派遣“北海救111”轮前往救助，于7时将“KING ACE”轮拖至大连港，船上人员全部获救。

原载于《中国救助与打捞》2012年第 11期

88小时记者体验：探寻长途客运安全真相

乌鲁木齐—兰州　历时32小时探寻之旅　一路向东

王　涛

客运站：安全管理三重保险

2012年8月31日17时20分　乌鲁木齐碾子沟客运站

碾子沟客运站是新疆数一数二的大客运站，因为特殊的地域条件、亚欧博览会召开以及“8·26”事件的影响，客运站全面加强了安全管理。

进站前的通道两侧，站了几位戴红袖章的工作人员，密切注视着进站客流。车站入口，是宽大的安检仪。

“大包小包全部通过安检仪，超过100毫升的液体不能带进站内。”安检仪边上的工作人员不断重复提醒乘客。而一些有疑点的行包，还要再通过安检员的手检。安检仪后面的储物台上，摆满了乘客放弃的饮料瓶。据工作人员介绍，因为南疆一起意图将汽油带上长途车的事件，全疆都禁止自带超过100毫升的液体进站，乘客可以在站内购买到饮品。

记者看到，从进站口到候车室的通道上，还有好几位安检员拿着手检仪在抽检。

17:50，从候车室进入车场，登上兰州交运集团甘A23221号客车。这是宇通53座的坐式长途客车，各项配置都还不错。

车上的安保设备还算齐备。有两个上下车门，后车门放了三个灭火器。车厢内有四个安全锤插槽，其中一个是空的。驾驶员说，安全锤经常丢，每个月这四把安全锤都要丢一轮，他们昨天就发现丢了一个，但必须得回到兰州的公司库房后才能补上。每个座位上都有安全带。

临近发车时，客运站的两位安全人员登车检查，一人检查安全设施情况，另一人手持安检仪，随机抽查。两人下车前，提醒乘客系上安全带，“只要上车就系好安全带，这是对自己生命负责”。临开车，驾驶员再次提醒，并要求所有乘客系上安全带。

检查完毕后，车辆发动。但因为票务问题，车子在出站口停顿下来，多方往返交涉。

驾驶员：一有时间就睡觉

19时　发车

从乌鲁木齐至兰州，全程1800多公里，沿途主要节点有吐鲁番、鄯善、哈密、嘉峪关、酒泉、张掖、武威等。据驾驶员介绍，本车是乌鲁木齐到兰州的专线车，正点的话，全程要24小时左右。但目前凌晨要停车休息，而且沿途路况不好，晚点很严重。

本车配备有两名驾驶员，一位董师傅，一位苏师傅，轮流开车和休息。按规定，1000公里以上的线路应该配备三名驾驶员。董师傅解释，目前公司驾驶员的缺口很大，新的驾驶员还在培训中，不敢轻易上路。他们两个都是老司机，搭伴很顺手，公司对他们比较放心。

在市区行驶的时候，车上的广播开始播放安全乘车常识以及监督驾驶员的联系方式。首先开车的是苏师傅，记者就和躺着休息的董师傅聊了起来。

董师傅是甘肃临洮人，跑了12年运输，开大客车也有好多年了。从去年开始，他和苏师傅搭伴，专门跑从乌鲁木齐到兰州的专线。虽然车上涂的是兰州交运的名称，但其实是由私人老板承包的。这个承包老板总共有9辆车，每辆车每个月要向兰州交运集团缴纳6000多元的管理费。

董师傅说，往返一个来回，包括油费、过路费和他们的工资等，成本在11000元左右。一趟往返下来，至少要有55个以上的乘客，承包老板才能挣到钱。

拿这次来说，共售出18张票，每张票350元，总共有5950元的票款，由于是通过碾子沟客运站售出的票，客运站要提成，这一次车他们承包老板能拿到的票款只有3800元，远远抵不上这一趟的开销。不过，从兰州回乌鲁木齐时基本都满座，两下一平均，承包老板还是能挣不少钱。

在董师傅看来，运输企业收管理费，但出了事故，企业要承担主体责任；承包老板要承担经营风险，如果乘客不多，就会赔钱；只有客运站是风险小，收入高，赚钱最稳当。

作为熟练驾驶员，董师傅的收入并不高。他和苏师傅两人搭伴，一个来回算一整趟，每人能挣到700元工资，其余食宿等开支都由承包老板解决。一个来回要5天时间，如果客流好，他们一个月能跑六七趟，有四五千元的纯收入。在淡季的时候，不需要跑这么多趟，承包老板就会给他们开3500元一个月的基本工资。两位师傅的家都离兰州市区100公里左右，但一直都在乌鲁木齐和兰州两个城市间跑。一年能在家呆的时间，不超过十天。

20时左右，董师傅到小床铺上休息，“有时间我们就抓紧时间睡觉，为了我们的身体，也为了整车人的安全”。

休息站：不怕人多 只怕缺水

21时25分　吐鲁番城郊休息站

这是即将进入哈密市区的休息站，因为到了饭点，休息站的客车和乘客很多，工作人员一片忙碌。

据常坐长途车的乘客介绍，高速公路隔段距离就有服务站，这是和高速公路同步建设的，大多由高速公路部门经营，各项设施都很好。与之对应，国道和省道上大多是私人经营的休息站。

因为路途中聊得投缘，董、苏两位师傅邀请记者一起吃饭。苏师傅介绍，公路边的休息站或者高速公路的服务站，对长途客车驾驶员及其带来的朋友都极为优待，除了吃饭免费外，一般还会帮着驾驶员灌开水、打扫车辆，甚至还会送香烟、饮料等小物品。

这个休息站的马老板是回民，和董、苏两位师傅是熟人，见面就聊个不停。“这几天生意太好，我真是累坏了。昨天整个休息站的饭菜卖个精光，我自己都没得吃。”他知道这是因为国家对客运安全的管理更加严格，现在所有经过的客车几乎都要在他这里停车休息。按之前的配置，休息站的各项设施都不够用了。

“我们马上就新增服务员，只要有人，再多的乘客我们也照顾的来。”马老板说，他不担心饭菜供应不上，但是担心厕所不够用，而更根本的，还是担心冲厕所的水不够用。这个休息站远离市区，用水都是用车从外地运过来。他说，他的休息站是沿路近一百公里内唯一一个可以冲水，也可以洗手的厕所。但是运水需要投入人力和车辆，让他很为难。

据记者的经历，从乌鲁木齐直到兰州，有水洗手的地方，真是不多。

吃饭时，两位师傅又说起来近期的“8·26”事故和最新的安全管理政策。“8·26”之后，公司严格强调凌晨2时到5时必须休息，交管、运管等部门也在夜晚上路检查。

“这是好事，对我们驾驶员和乘客都是极为必要的。不过，从这几天我们的观察来看，很多地方的配套设施远远不够，这一措施的可持续性会有问题。比如，现在天气还好，如果到了冬天，这边可是经常零下几十度，驾驶员和乘客肯定都没法在熄火的车里呆着了，但是又能去哪里？就算有地方住下来，这个费用谁来承担？”董师傅说。

董、苏两位师傅都是有十多年从业经历的老司机，性格沉稳，开车谨慎。他们认为，安全管理有很多方面。现在政府是瞄准了安全管理的目标，强制要求凌晨必须停车休息，但是如果配套不跟上，这种措施必将难以持久。

交警：扣证是为了切实保证休息

9月1日凌晨2时　哈密一碗水服务区

一碗水收费站是进出哈密市的重要节点，这里收费站、交警检查点、高速公路服务区三点聚集。一般是在车辆缓慢进入收费通道时，交警上车检查，检查过后交费，交完费就直接进入服务区停车休息了。

在这里，记者见识了交管部门对凌晨停车休息最严格的执行力。

记者乘坐的车辆进入收费通道后，就看到几位交警分别登车检查。特别是对客车，交警登记后，会暂扣驾驶员的驾驶证和车辆行驶证，并强制要求车辆进入服务区休息。在凌晨5时后，交警会交还证件，客车这时才能重新上路。

交警张成海是记者所乘客车的检查员，他向记者解释了这一措施的目的：“‘8·26’之后，我们对在凌晨2时前没法到达下一个收费站的所有载客客车，全部查扣驾驶证和行驶证，强制休息，5时后再还证放行。这样保证驾驶员休息，也最好地保证了安全。”

张成海只有23岁，但是已经在一碗水的交通检查岗工作了三年，他对客运安全有自己的总结，“客车不安全的因素，一是疲劳驾驶，二是超速，三是超载。特别是疲劳驾驶，我们中队管理的这一百多公里，发现大多数事故都是因为疲劳驾驶造成的。现在强制客车驾驶员凌晨停车休息，我觉得效果很好。”

不过，张成海也确实担心冬天来临后的问题。从乌鲁木齐至兰州沿途的基础条件，冬天时几乎不可能让长途客车停下来休息。“这个确实很难办，最好是晚上就不让走了。火车线路在冬季就少发点货车，多发客车，把夜班长途客车的客流分担起来最好。”他说。

凌晨5时10分，董、苏两位驾驶员从张成海手中领过驾驶证和行驶证后，从一碗水服务区出发，继续向东行驶。

乘客：长途客车是出行的唯一选择

12时10分　瓜州

从哈密一碗水出发后，甘肃瓜州是遇到的第一个城镇。这一路近五百公里，路侧几乎全是茫茫戈壁，不要说城镇，就连像样的村子也没有。

休息期间，一位24岁的张姓小伙子和记者聊了起来。他是甘肃天水人，正要去山东青岛。

由于之前工作在乌鲁木齐，老家在天水，他经常要乘坐从乌鲁木齐到兰州的长途客车，“我也不想坐长途客车，但是从乌鲁木齐到兰州的火车票太紧张了。我好几次提前十天去排队，也经常是只剩下站票。太费劲，就只好坐长途客车了，尽管贵点，但是票好买，基本能随到随走。”

说到长途客车的安全问题，他也知道其中的厉害，“我在电视上看过了，但也没办法。只能自己在安全上多注意点，希望驾驶员能真正负起责任吧。”

刚刚18岁的孙小姐是车上唯一的女性，这也是她第一次坐长途客车。两周前，她乘飞机去乌鲁木齐看亲戚。要回家时，正好碰上亚欧博览会，最近一周的机票、火车票全部卖光。又赶时间回家上学，就只好坐长途客车了。

“原来以为是卧铺车，这样至少能躺着睡觉，没想到是这种座位的，一天一夜真是太难熬了。”她说。聊起卧铺车的安全以及近期的“8·26”事故，她认为坐这种车的，基本都是买不起机票和买不到火车票的人。每个人都在乎自己的安全，但是确实没有太多选择。

这时苏师傅正在换班休息，他介绍，原先卧铺车很多。从去年冬天以后，兰州交运跑乌鲁木齐到兰州线路的卧铺车就全部退出市场，取而代之的是现在这种软座车。“至少我们公司，以后再也不会有卧铺车了，能换的都换了。”他说。

车祸多源于疲劳驾驶

18时58分　甘肃永昌

行至甘肃永昌县境内，前方车祸，封路，车辆排起几公里的长队。

车祸现场一片狼藉，两辆货车的驾驶室完全变形，伤者已经被送走救治。交警正在现场勘查处理，声称通车时间还不能确定。

现场交警大致描述了事故经过：最前面的一辆大货撞上路边的压路机，将压路机撞下路面，货车驾驶室报废；第二辆大货车发现前面的车祸，猛向左打方向盘，撞上中间护栏，驾驶室报废；后面紧跟的一辆小货车和一辆公路工程车紧急避让，慌乱中撞在一起。“初步估计，第一辆大货车驾驶员可能是疲劳驾驶，把路边的压路机撞下路面并横过来堵塞道路，直接导致了后面的连环车祸。”这位交警说。

又是疲劳驾驶。在货车驾驶员们身上，这一行为也时常发生。

现场聚集的驾驶员也在谈论这起事故。一位货车驾驶员说，这一段几百公里的路面看起来平坦，但是经常有超远距离的下坡，车辆在不知不觉中加速，超速了都毫无察觉。万一遇到变故，才发现那时候根本刹不住车。

在路边的山坡上远望，因为车祸封路，已经堵起了好几公里的车队长龙。幸运的是，交警很快清理出一条车道，长龙缓慢疏散。

19时55分，至甘肃永昌服务区吃饭，休息，停留约一个小时。

22时30分，在距离兰州约200公里处，看到当天的第三起车祸。一辆大货车撞上路侧的岩壁，一条车道因此封闭，车行缓慢。

9月2日凌晨1时20分　兰州

因为客运站已经关门，董师傅将车停在车站附近的停车场。停车场里停满了各地的长途客车，工作人员介绍，这些都是因为进城太晚，不能进客运站的车辆，每辆车每晚需要交纳30元停车费。

至此，第一段行程结束。因为凌晨停车休息、车祸封路、堵车等因素，这段行程比计划晚点8个小时。

原载于《中国交通报》2012年9月6日特2—特3

九州通衢 “九头鸟”涅磐重生

——湖北综合运输体系助推“祖国立交桥”建设纪实

高 斌 石 斌

2012年10月1日10时许，睡足了懒觉的荆州市邹同一家人来到高铁站，坐上10时30分开往武汉的动车，1个小时10分钟，他们到达武汉火车站，在与火车站一墙之隔的杨春湖客运换乘中心吃完午餐，乘上直达黄冈大别山天堂寨的旅游直通车。

邹先生原计划自驾游的，但考虑国庆期间小客车免费通行，高速路上车多行车不安全。湖北越来越多的出行方式，让邹先生出门旅游有了更多的选择。

重引领 重设计 “一主二副”示范奋进

“打牢发展大底盘，建设祖国立交桥。湖北建设综合运输体系，将为湖北中部率先崛起插上腾飞的翅膀。”厅长尤习贵说。

今年8月15日，一个庞大的投资计划拉开大幕——省厅与武汉市签订协议，投资3131.49亿元，共同建设“祖国立交桥”。

加上此前省厅与宜昌、襄樊等九个市州开展的共建项目，湖北交通亮出了综合运输体系建设的大手笔。

湖北正由“九省通衢”向“九州通衢”迈步，“九头鸟”将涅磐重生。

民间，有人把武汉比喻成“九头鸟”的头部，宜昌、襄阳则是“九头鸟”的两只翅膀。

省委省政府给出的概念是——“一主两副”，即发挥武汉全省中心城市龙头作用，建设宜昌、襄阳两个省域副中心城市。

引领发展，综合发展，科学发展，创新发展，湖北创新交通发展理念，按照全省“一元多层”经济社会发展战略部署和“打牢发展大底盘、建设祖国立交桥”的交通运输发展战略，加强综合运输体系的顶层设计，服务“一主两副”中心城市跨越发展。

随着厅市共建的深入推进，三市先行示范。

武汉市重点建设82个项目，项目总投资3131.49亿元。综合运输体系建设全面铺开，畅通大通道，构建大枢纽，振兴大水运，发展大物流，大武汉出手堪称大手笔；全国性铁路路网中心、高速公路路网重要枢纽、国家重要门户机场、长江中游航运中心，4大中心，武汉当仁不让。

以十大工程、106个项目为支撑，投资273亿元，宜昌按照“交通引领城市发展”先导战略，推进现代运输体系建设。截至目前，启动项目68个。项目的实施，将有力助推宜昌建设长江上游区域性中心城市。

襄阳市141大项目、建设规模高达316亿元。目前已开工项目12个。建设500亩的空港物流园，推进市县客运企业重组、更新和新增1200台清洁能源公交车……曾经“南船北马”的襄阳古都，将成为鄂豫陕渝毗邻地区区域性交通枢纽城市。

零换乘　无缝衔接　一体化服务拱立“立交桥”

构建多种运输方式衔接配套的现代综合交通运输体系，目标之一就是要实现客运的“零换乘”和货运的“无缝对接”。

在高速公路实现以武汉为中心的半日经济圈和相邻省会城市一日经济圈后，武汉作为中部“带头大哥”，武郑高铁的通车，武汉铁路运输也进入2小时都市圈。加上此前开通的武广高铁，湖北高铁在全国铁路路网中地位日臻重要。省际，武汉至上海、南京、西安、合肥动车陆续开通；省内，汉宜铁路率先建成，武汉至孝感、咸宁、黄石、黄冈四条城际铁路加紧建设。省内城市半小时至2小时，至长三角、珠三角等全国重要经济区3~4小时快速客运圈形成。

湖北高铁快速发展，公路客运枢纽与高铁同步配套。湖北决策者着眼于综合交通全局谋划交通发展，建起设计、协调、督办、落实一条龙的综合交通发展工作机制。

武广高铁刚开通时，旅客换乘时间都赶得上出趟远门了。

杨春湖客运换乘中心作为全国首批公铁换乘中心，成为湖北公铁换乘的样板工程，长途班车、高铁巴士、商务快车、旅游服务，加上公交、的士进站，换乘成了一件十分方便的事。

继武汉杨春湖北客运换乘中心投入使用后，宜昌投资近3亿元的换乘中心今年7月1日也投入使用，襄樊、荆州、黄石、恩施、咸宁等综合客运枢纽的新改扩建工程加紧建设，运输枢纽与交通通道正在更大范围实现无缝对接。

目前，武汉正努力建设“四大中心”，打造国家中心城市。在天河机场三期工程建设中，投资30亿元的交通中心成为建设国家重要门户机场的亮点工程。武汉长江中游航运中心上升为国家定位，武汉新港以"一区两港五城十二园"为核心，建设集疏运系统，在长江中上游率先跨入“亿吨大港”行列。在武汉以港兴城、港城互动建设模式示范下，全省沿江城市“一城一港两区”（物流园区、工业园区）建设提速。宜昌、襄阳以滨江、公铁枢纽城市和机场优势，多种运输方式齐头并进，建设衔接配套的综合运输体系，打造三峡物流中心和鄂西北物流中心。荆州以北煤南运大通道建设为契机，打造国家重要煤炭转运基地。

尤习贵介绍，综合交通运输体系是一项长期而艰巨的任务，湖北将在继续注重交通路网基础设施建设的同时，突出综合交通、枢纽交通、智慧交通、绿色交通建设，促进交通网络架构更加完善、运输结构更加合理、枢纽衔接更加顺畅，全面提升交通运输支撑服务、一体化服务、资源节约和绿色发展、综合管理等水平，努力提高交通运输满足社会经济发展便捷性、舒适性、安全性、支撑性要求的程度。

原载于《湖北交通新闻》2012年10月15日1版

四次回乡　四次来港

——丁肇中教授的港口情

陈　军　李业超

1985年6月28日，丁肇中教授回家乡参观正在建设中的石臼港煤码头；

2002年6月13日，丁肇中教授第二次回到家乡参观日照港；

2005年6月18日，丁肇中教授第三次来港参观，在刚刚建成的港口展览馆，面对建设中的西港区，丁教授连连赞叹："这是国际化的大港口，这样海的优势就发挥出来了。"

悠悠天宇旷，切切故乡情。时隔七年，2012年7月16日，怀着对故乡浓浓的眷恋和牵挂，带着故乡人民对他深深的情谊和期盼，这位蜚声海内外的物理大师、诺贝尔物理学奖获得者丁肇中教授第四次回归故里，在市委副书记、市长李同道等有关领导的陪同下，第四次走进日照港，亲身感受一个港口的巨大变化，触摸家乡发展的脉搏。

"这里，我来过。"一走进展览馆，面对眼前不断成长的日照港，面对日照港日新月异的变化，现年76岁的丁教授不禁对集团公司董事长、党委书记杜传志感慨说道。

日照港，是丁肇中教授每次回故乡必来的一站。然而，这个自己专业之外的双亿吨大港，在他的眼里，还是那么神秘。

在港口展览馆一楼沙盘前，杜传志董事长介绍了日照港近年来的发展情况以及港口的优势特点和发展定位。杜传志董事长介绍，面前这个沙盘和2005 年丁教授来港参观时相比，面积虽没有增大，但是港口吞吐量却增加了3倍多。凝望着眼前分区清晰的港口沙盘，丁教授专注听着，若有所思，频频点头。日照港的每一个巨大变化，丁教授都要亲自给家人讲解、翻译。特别是听到杜传志董事长说日照港吞吐量现居全国沿海港口第9位、世界港口排名第15位时，丁教授问起鹿特丹港排名，当听说吞吐量世界前几位的都是中国港口，鹿特丹是第四位时，丁教授给家人翻译着，脸上带着骄傲的神情。

从一楼沙盘前往五楼观光平台时，在日照港主要腹地形势及区域经济位置示意图前，丁教授突然停住脚步。他慢慢走上前，仔细看着。“这就是我们日照港的位置，顺着这条欧亚大陆桥线往西，经过阿拉山口出境，一直连接到鹿特丹港等欧洲的一些港口。”杜传志董事长仔细介绍着，丁教授专注地听着。他注视着地图中的日照港，环视着欧亚大陆桥和祖国万里海疆，关切询问着，在地图前久久伫立。

站在港口展览馆五楼观光平台，看着眼前蔚蓝的大海、高耸的门机、繁忙的作业场景，这位一向严谨的诺贝尔物理学奖获得者笑了起来，高兴地和杜传志董事长交谈着。丁教授夫人甚至拿出手机拍下这美丽的港口风光。当杜传志董事长告诉丁教授这是他上次来访时照过相的地方，丁教授孩子般挥舞着右手，兴奋说道：“对对对！就是这里！”接着，热情地拉起杜传志董事长一起合影留念。从观光台东边走到西边，杜传志董事长仔细介绍着港口货种、装卸流程、集疏运体系等，丁教授边走边听，并不时询问着。“这个蓝色的是什么？”“这是输油管线。”在日照港腹地图前，丁教授指着一条短短的标蓝的线，问道。特别是看到排列整齐的集装箱，丁教授饶有兴致地向杜传志董事长询问有关集装箱业务的开展情况，对家乡、对港口的关心关怀之情溢于言表。

对国家，他一直充满关怀，“每年都要回国访问、讲学”；

对故乡，他有着无限眷恋，“人们常说，树高千丈，落叶归根；我是树高一丈，也要落叶归根”；

对港口，他总是饱含深情，四次回乡，四次来港，“这里，我来过”。

原载于《日照港报》2012年7月20日1版

船舶融资的中国猜想

随着中国金融资本逐渐接近世界航运业，各种挑剔却不时传来

涂　华

随着金融危机的深入，许多西方船东及金融界将目光聚焦到中国资本，这其中有善意的期待，但也不乏激烈的指责。那么，中国船舶资本到底将如何迎接世界挑战？危机中的商机，犹如火中取栗，如何才能趋利避害？谁又能成为中国资本的宠儿？

挑战与暗战

回首本次危机的起因，从美国次贷危机到欧洲的债务危机，银行系统的漏洞成为本次危机的始作蛹者，并不断使危机蔓延。在这一背景下，船舶融资环境持续恶化，至去年3月，全球19个船舶融资银行中13个已停止了船舶金融项目，船舶融资越来越难获得。此时，更多的目光聚焦到在危机中独善其身的中国资本，Tsakos执行总裁Nikolas Tsakos表示，在欧洲无法获得船舶融资的船东开始趋于依赖中国的船舶金融项目。而越来越多的国际声音希望作为世界第二大经济体的中国，能够承担起相应的责任，支撑起世界经济的半边天。

然而，随着中国金融资本逐渐接近世界航运业，各种挑剔却又不时传来。雅典的航运公司Safe Bulkers认为中国的银行船舶贷款成本过高，其总裁巴马帕斯表示，中国的银行贷款利率比伦敦银行同业拆息高3.5个百分点，比其他贷款商也要高1个百分点。更有外国媒体报道，距离中国设立希腊船舶发展专项资金的时间已经过了20个月，但达成协议的订单仅为10亿美元。希腊最大的航运公司Danaos主席John Coustas斯表示，“获得贷款的过程漫长而痛

苦。”

面对世界的种种诉求和不和谐声音，中国的银行应该如何对待？工银金融租赁董事总经理张澄波认为，目前，这些诉求不单单是反映在航运金融领域，在其他行业的融资方面也存在着对所谓的中国资本的渴望。这当中折射出三个问题，一是我们的金融机构对国际业务参与的程度还较浅，还缺乏这方面的经验；二是我们金融业目前所掌握的资金资源已经能够对国际市场产生相当大的影响；三是全球航运金融当前资金十分缺乏，因此对中国资本的期望值非常高。航运金融本身就是一个非常国际化的业务，而我们的金融机构对这项业务的参与程度与我国在造船和航运方面对世界的影响力相比还是很不相称的。这当中既有一些政策性的限制原因，也和我们金融机构国际化整体进程相关。但他个人认为通过航运业务来拓展国际业务是很好的一个选择。航运金融是针对资产的融资，而船舶资产的流动性和通用性又比较高，受国别风险等影响较小。此外，航运金融的外部环境较为完善，制度配套，我国金融机构可以通过开展这类融资来深化国际规范的业务。

从这个角度看，中国的金融机构提高在航运金融方面的市场份额是一个趋势，不应受到外部因素的影响，而应该有自己的步骤安排。在这一过程中，传统的航运金融机构应该保持耐心，将自己在航运金融方面的经验和心得与中国的机构进行分享，让中国的金融机构能够对这一市场有全面和客观的认识，既不掩盖问题，也不夸大问题。中国的金融机构也应该保持清醒的头脑，根据自身的条件和发展战略，制定长期的发展计划，做好一些基础性的工作。在项目选择上，可考虑通过银团参与或联合融资等方式，先小后大，先易后难，逐步适应和掌握业务发展。

面对世界航运业，以及西方金融界对中国资本欲加之“责”，中国资本开始更加理性地对待。对于无理的“已所不欲，反施于人”作法更是给予了有力的回击。

危机与商机

西方资本的退出，为中国船舶融资市场提供了空间。危机中的商机若隐若现，那么，中国资本是应该迎难而上，借欧洲银行收缩船舶融资份额之机，抢占这一市场，还是应该与世界银行保持一致，紧缩银根，防范风险？

张澄波认为："对于这样的问题各家机构会有不同的答案。应该说此次调整对于希望进入或加大对航运金融投入的机构来说存在着很多机会，但这些机会总是青睐有准备的人。采取什么样的行动还是应该与机构的长期战略相符合，这样可以降低行为的投机性和短期性，降低风险。与扩张市场份额相比较，可能更重要的是通过有选择地操作一些项目，做好基础工作，建立与市场各相关方的合作，扩大客户基础。有准备的机构可以抓住这次市场调整的机遇，发展更快些。没有准备或准备不足的机构反而需要更加谨慎。欧洲银行对航运提供融资有相当的历史，我们需要严肃认真地分析他们退出的原因和考虑，以免重蹈覆辙！"

危机打开了市场的空间，然而，商机乍现的早春，早有春江水暖的"鸭先知"了。目前，大量的私募基金已经嗅到了市场低谷的商机，据大公报报道，随着欧洲银行淡出船舶融资，大部分国际船公司正逐渐转向"求助"私募股权融资，以填补高达2490亿美元的融资缺口。而越来越多私募基金正逐渐将目光投向极度深寒的航运市场，希望捷足先登，从中获取胜人一筹的回报率。其中，欧洲Triton基金便计划将24亿欧元资产投资于航运业，包括集装箱、油轮及干散货运输。那么，对于这样的商机，中国资本是否认同呢？

中国第一家船舶产业基金——中船产业基金负责人认为，目前航运市场的确在低迷中前行，从经济周期理论讲，以11年为一个经济周期，从2007年的经济高点，到目前全球经济危机的底部，已经持续了5年半，这意味着经济已经见底了，从现在开始，经济应该走向上升过程中，也就是说未来1~2年，经济或许增长不多，但大趋势还是增长的，未来3~5年后，即2015年后的3年里，全球经济还将在高点运行。许多专业机构一致认为2013年国际航运市场会好转，2014年国际航运整体好转，这是有一定道理的。

从造船市场来看，预计2012年全球新造船订单要比2007年减少将近75%。国内许多大型国有船厂呼吁，造船目前处于微利困顿的边缘，毛利润仅2%，实际上是亏损。几个大船厂已经连续6~8个月没有接到订单。目前进入造船市场的时机基本成熟，是时候该抄底了。而目前入市的一个优势是造船技术也比前几年有了更大的进步。

但危机中的商机，犹如火中取栗，从中国金融机构的角度，如何看待这种商机？如何操作才能成功趋利避害？中船产业基金认为，当前基金的操作模式概括讲就是“顺势而为，反周期操作”。从经济学周期理论上讲就是在航运市场或宏观经济低谷期，大量低价购置资产或股权，在市场高峰时期抛售、租赁等将会带来可观的回报。

当然，低买高卖，逆市操作永远是正确的市场操作原则。但看到市场机遇和把握机遇之间存在着很大的差别，这也是为什么有些公司可以把握市场周期变化，而有的公司却被周期变化所吞没。船舶资产价格在低谷时固然是投资的好时机，但同时也必须接受运费水平较低的现实。船舶资产的投资是一个资本密集和长期的过程，在投资之初就必须做好在一段时间内经营资产的准备，并且为经营船舶资产准备好后续的资金投入。因此张澄波认为，“即便是有市场资金希望投入航运资产，最好也要通过对航运有认识和了解的机构来进行投资，并做好相关的市场管理和运营准备工作。在欧债危机未除，全球经济不明朗下，市场千变万化，我们要头脑清醒，掌控风险，胆大心细，灵活反应，做好资源配套才能在今天不确定的环境中成功地趋利避害吧。”

宠儿与弃儿

置身于竞争搏杀的“修罗场”中的造船企业，深刻体会到从“宠儿”到“弃儿”的残酷转变，那么，如何才能得到命运的救赎？除了靠自身坚苦卓绝的奋斗之外，外因的驱动将起到决定性的作用。当前业界其实更想知道的是，谁来拯救造船？船东，这是传统意义上的第一、且唯一的答案，然而，如今船东的自顾不暇仿佛并不能成为最佳人选，那么，从来都不甘寂寞的资本力量的介入将大大提振造船行业的信心。“新造船指数”大胆推论，新造船市场的复苏未必总是滞后于货运市场，此次很可能比货运市场提前复苏，即船舶与货运的供求关系并未达到平衡之时，亦有机会实现复苏，拐点的出现取决于银行何时重开“水龙头”。

除了银行的传统融资功能外，融资租赁方式也越来越广为人知。在中国，目前已经成立的银行系融资租赁公司就已经达到7家，总注册资本规模接近300亿元。此外，除了天津的中国船舶产业基金已经正式成立外，目前市场传闻即将成立的航运基金还有3家，预计总规模将达到400亿元。上述金融机构均以融资租赁为主要业务模式，其大规模介入船舶融资市场，已在中国形成一股独立的力量。此外，自船市进入低谷以来，世界各国不断有所谓"blind-pool"基金发行，而坏账不断的航运界也给予了此类资金大量的投资机遇。如达飞集团在遭遇债务危机后被卡塔尔投资局以及法国Butler Capital Partners等投资公司视为猎物。船舶基金市场的机会主义者们，在一定程度上确实缓解了船舶市场资金短缺的问题。

那么，这个资本的宠儿是谁呢？首当其冲的是新船，从某种意义上来讲，新船是老船的终结者。就当前的航运市场而言，无论中资外资、民企国企，船舶管理成本的控制并无显著的差异，燃油费用的上涨也非船公司能控制，于是资本项目的费用对船公司的生存和发展就显得格外重要。如果在市场低位时获得了优惠的融资条件，那么这个船东已经先赢了第一步，反之亦然。前几年造的高价船在初始资本这个项目上已经先输掉了。新船赚钱了，老船还在亏损，加上相对更高的油耗，它们在自然的市场环境下就很难存活了。从这个角度来说，新船无疑是宠儿，而高能耗的老旧船舶终将被抛弃。

反周期操作成为资本投入的不变法则。2009年底，船舶产业投资基金成立，根据"国轮国造、国货国运"的理念，先后与国内4家船厂签下30多艘船的订单，为国内船厂补充了约370万载重吨的订单。经过两年来的建造，已经交付的订单20多艘，共计约200多万载重吨，其中以大灵便型、超巴拿马型、好望角型散货船为主，同时还拥有2艘改装的半潜船。这些船舶资产大都是在造船市场低谷时期，以较低价格订购而来，比起高点时期，船价低40%~50%，符合基金逆市反周期操作的理念。基金已经接收的船舶多数用于为国内大企业运输物资，其中有铁矿石、煤炭、粮食、镍矿石等，每年约在1000多万吨。船舶服务的对象主要是国内的大型钢铁公司、物资公司、粮油公司等与国民经济有重大关系的客户，包括程租、光租、期租、长期合作等方式。

从中国资本的投资经历来看，国内船东为主的散货船是绝大多数资本的"宠儿"。有商业银行的负责人表示，商业银行是一个天生保守的金融组织，它不喜好高风险。所以就航运来说，散货船继续被看好，主要是因为银行不得不考虑抵押物的流通性问题。虽然现在散运很不景气，但是散货船是所有船舶里流通性最好的。以LNG为例，银行处置LNG船舶非常困难，这一点是银行不愿意看到的。另外，有船舶融资租赁公司已经开始对集装箱船和海工辅助船列入投资范围。

原载于《中国船检》2012年7月第7期

警惕“倒下的烟囱”

李 鹏

科技的进步正在让“天堑”的标准不断提升。曾经，我们把大江大河、崇山峻岭称为天堑；而今，出色的架桥与隧道施工技术已经让江河与山峦不再成为阻隔，大型桥隧工程技术的发展已经把渤海湾通道纳入了规划的蓝图。

与此同时，桥梁与隧道也正在如雨后春笋一般出现在普通百姓的生活当中，它们在缩短街区之间的距离，在提升交通运输的效率，但不容忽视的是，它们也在增加我们的出行风险。

近年来，桥梁垮塌的事件时有发生，事故的起因与后果都令人不胜唏嘘，并引发了公众舆论的广泛关注。在频繁的事故把人们的目光引向桥梁时，我们不应忽视，作为常常与桥梁相提并论的隧道，其安全运营同样需要我们时时提高警惕。

就在2012年5月，台湾雪山隧道就发生了通车6年来最严重的一起火灾事故。援引台湾《联合报》报道，事故中2人烧死、31人被浓烟呛伤。逃出的民众形容，高温与浓烟让雪山隧道像是倒下的烟囱，数百名旅客脱困后，脸上几乎都留下烟灰的印记。

虽未亲临现场，但从平面媒体的图片和语言描述上，从电视媒体的画面上，我们都能感受到事故发生时隧道内的混乱、恐惧与炙烤，滚滚浓烟从隧道口喷涌而出，那一瞬，一度让台湾人引以为傲的雪山隧道成为了真实的人间炼狱，“倒下的烟囱”也许将成为所有脱困民众此生最难忘的映像。

痛定思痛，当岁月一点点平复了伤者的伤口和逝者的哀思，我们重又回到当年的事故现场，希望从半年前的这场惨痛的事故中找寻教训并敲响警钟。

雪隧启示录

在一片浓烟的环境中，邱启峰紧握徐莉婷的双手，并对徐莉婷说，“我在你旁边，我一定会带你出去，不用担心，等过了这关，我们就去公证结婚！”

上面这一幕，发生在台湾雪山隧道事故现场，而邱启峰和徐莉婷是这场事故的亲历者和幸存者。他们是事故发生后，受困于隧道内的约400人中的两位。这起事故发生于2012年5月7日13时27分，火势在14时左右被控制。17时左右，受困人员疏散完毕。而提起这起事故，那些亲历者无不心存余悸。

还原事故现场

亡羊补牢，犹未晚矣！事故发生了，其结果是我们所不忍回首的，但其过程，则是一起足以令人警醒和给人教训的经典案例，需要我们条分缕析，以便预防，以及在今后再次发生事故时，有足够的经验和信心，让灾难的损失降到最低。

当日13时27分，雪山隧道内一辆小货车发生爆胎，货车驾驶员缓慢行驶，准备寻找路边的紧急停车带，后面的两辆小客车以及一辆噶玛兰客运巴士紧急减速避让。但随后跟进的一辆首都客运巴士避让不及，与前面的一辆小客车及噶玛兰客运巴士相撞，首都客运巴士与被撞的小客车起火。据台湾当地媒体报道，事故发生后，雪山隧道的最高限速90公里/时以及安全车距的限制成为了人们争论的焦点，在这种双向四车道的长大隧道中，90公里/时的限速是否过快，以至于当前方出现紧急状况时，后车避让不及。众所周知，隧道内的照明条件与正常公路有很大区别，因此，在交通责任部门制定限速额度时，需要仔细考察隧道内的照明情况，如果隧道照明不够理想，则对限速问题必须谨慎对待，并且对于超速超限车辆给予严格地警示及管制。

13时27分，事故发生的同时，负责雪山隧道交通监控工作的坪林行控中心第一时间接到通报，并做出救援安排。

13时29分，雪山隧道执行南北向全线封闭，救援工作开始。应该说坪林行控中心的这个动作非常及时，事故发生后，交通管制措施可以有效保证救援工作的正常开展，并且可以为民众的逃生提供宝贵的时间。

13时50分，事故车部分乘客由噶玛兰客运大客车协助先行载离。

14时8分，火势扑灭，开启隧道排烟模式进行排烟。在不到一个小时的时间内，消防部门就完成了灭火的工作，可以说这个成绩是相当不错的。但事故伤亡情况的统计也表明，100%的伤者都是由于浓烟所造成的吸入式创伤，显然，这表明该隧道的通风系统还不足以应付这样的火灾。雪山隧道通风系统是以隧道上方的喷流风机顺车行方向送风，之后以轴流风机连结竖井排出；竖井进气、排气分离，确保平时与火警逃生时均能有正常的空气质量。在火灾发生时，雪山隧道的标准作业模式是灭火之后再启动排烟系统，因此，在事故发生后，雪山隧道的先灭火、后排烟的模式也成为了媒体争论的一个焦点。

14时45分，隧道排烟完毕。

17时左右，受困人员疏散完毕。

次日清晨，雪山隧道在起火17个小时之后恢复全线通车。

问责与反思

隧道内发生火灾事故的频率与隧道长度、交通流密度、平纵线形及车辆组成等因素相关。日本学者吉田幸信在《公路隧道的防火设备》一文中曾介绍说，每1亿车公里发生事故50起，其中火灾0.5起，长度1公里的隧道，当交通量为2万辆/日时，约50年发生一次火灾；英国的通风专家阿列克斯·西特则统计，每1亿车公里发生火灾2起，对于长度2公里的隧道当交通量为5万辆/日时，每年可能发生一次火灾；按国外资料统计，隧道内火灾频率为10~17次/亿车公里，平均为13.5次/亿车公里，而我国的《公路隧道设计规范（JTG D70−2004）》隧道火灾事故频率取4次/亿车公里。据此分析雪山隧道长度为12.9公里，随着其车流量的逐年增加，从统计学上看，每年发生1~2次的火灾事故都是正常范围内的。因此，在事故发生后，我们可以看到台湾某些文化背景的荒诞，例如有些专家将车祸归结为隧道破坏了风水；但同时我们也可以学到台湾同仁对事故的认真以及对事故原因严肃的问责。这场台湾首见的公路长隧道大火灾，后果虽然惨烈，但所幸伤亡并不算严重，其中的一些状况有部分幸运的因素，但也不能埋没台湾同行平常的预防得力。

其一，起火点距隧道出口仅两公里，让高温浓烟得以迅速找到宣泄出口，循热气流上升原理排出；假如起火点近隧道中段，通风系统又因断电无法运转，隧道内温度势必迅速窜升。1999年连通法国与意大利的勃朗峰长隧道火灾，即因延烧两天，记录的高温超过摄氏一千度，造成极严重的人员伤亡及财物损失。

其二，雪隧深层防御的安全设计奏效。深层防御原本是核能电厂的安全设备，运用在危害性不那么高的公路设计，势必增加成本，但12.9公里的雪隧采用了这种设计，有28处人行联络道、8处车行联络道，加上东西洞口，让最大逃生距离降到350米，大大增加逃生成功机率。

其三，当年因施工地质条件不佳，先行开挖探测工程环境的导坑，在火灾时发挥了高度的救援作用；通过人行联络道及车行联络道与主坑连接，以高于主坑的空气压力，相当程度阻绝了火场浓烟窜入，且支持、救灾车辆得以避开起火主坑，迅速赶抵现场，把握救灾第一黄金时间。

其四，台湾民众用路素质渐臻成熟。雪隧火灾起火点后方长达10公里的车流，绝大多数的驾驶人均能自律或遵循指挥，将车辆靠边停放，离开车辆逆向逃生；几乎没有车辆掉头试图反向驶出；接近起火点的中型货车更是冒险扮演救援撤离角色，这都是急难中的重要生机。

但这场火也暴露许多防灾缺失。首先，在这场火灾中，排烟系统启动是在大火扑灭之后，这是雪隧的标准作业模式，37分钟完成排烟也确实是不错的成绩。但问题是若这场火不是在40分钟不到即扑灭，而是持续延烧一段更长的时间，是否排烟系统仍应按兵不动？雪隧最长的逃生距离仅350米，却造成了30余人吸入性呛伤，这显示这套排烟SOP作业仿真情境与现实状况脱节。

逃生信息不足也是大问题。长隧道火灾发生时，最迫切需要的是明确的逃生指引，但从历劫归来的民众还原现场情况，却是浓烟、漆黑、高温、没有及时讯息广播，甚至紧急避难方向指示灯也看不到，试想在那样的危急环境，需要的信息全无，只能摸着隧道壁逃生，是多么惊恐的情境？

雪隧的不断电设计在这场火灾中也失去作用。雪隧东西出口都有柴油发电机，可持续供电24小时；两端的不断电系统也有15分钟的供电能量；但火灾发生后，防灾逃生指示系统却完全停摆；不断电系统该上阵时却未发挥作用，这绝不可等闲视之。

承载量及限速是另一个问题。雪隧的防灾设计是以小型车事故为设想模块，完全不符合开放大型车行驶后的现况；大型车的用路面积、排热是小型车六倍以上的“当量”，若计算酿灾能力的“冲量（质量乘以速度）”，恐怕是小型车的不止十倍，因此，雪隧的流量统计不能是大车小车都算一车，必须要有更精确的计算。大火之后舆论再提降低雪隧限速，这其实与流量多寡紧紧相扣，当车流量逐年上升时，一成不变的限速并不合适。

居安思危

对于公路隧道的运营管理者来说，他们清楚地知道，在公路隧道发生的事故中，火灾所占的比例并不大，尤其是长度在3公里以下的高速公路隧道，自通车以来从未发生过火灾的也不在少数。每年隧道中发生的碰撞、侧翻以及货物洒落的事故要显著高于火灾发生的概率。那么，我们为什么还要特别对隧道火灾提高警惕?

近年来，我国高速公路建设的步伐不断加快，公路隧道的发展也取得了令人瞩目的成绩。据不完全统计，目前我国已建和在建的3公里以上特长公路隧道已经超过80座，其中，秦岭终南山隧道以18.02公里的长度位居其首。同时，随着城镇化进程的加快，公路隧道也距离居民的生活越来越近，隧道交通量随着城市私家车数量的提升而显著提高。正是这两种趋势——隧道长度、交通量提升，让我们不得不面对隧道火灾频率快速上升的问题。此外，我国绝大多数的隧道还没有对载有可燃危险品的车辆采取有针对性的措施，这也使得公路隧道的危险性进一步增加。

而对于火灾来说，其发生虽然有一定的偶然性，但从长期的统计数据上看，汽车每行车1000万公里发生火灾的次数高达0.5~1.5次，其频率是相当高的，尤其在交通量大幅上升的背景下，隧道火灾更是不容小视。然而，在现阶段，我们显然还没有对此给予足够的重视。一方面，我国目前的公路隧道既没有安全等级划分，也没有安全设施设计标准；另一方面，一旦发生火灾，如何转换隧道运营通风与防灾通风，如何在火灾发生后进行探测与监控，如何展开救援工作，目前国内还没有统一的规范与指南。

症结所在

与交通体系成熟的发达国家相比，我国的隧道建设起步晚、管理水平不高、隧道灾害事故抢险救援体系还不健全、各种救援力量不足、驾驶人员安全防范意识不强，以及广大民众在灾害事故发生时，自救和营救他人的意识和能力还不强，在这样的背景下，我们更要加强对火灾等重大事故的警惕。然而，从运营管理的角度，我们还存在着明显的问题。

例如，对隧道灾害事故抢险救援工作的认识不足。由于公路隧道管理体系相对复杂，既有交通部门，也有公安部门、安全监管部门，而且多数高速公路是跨地区的，牵扯到的地方政府也较多。这就造成了政府部门对高速公路隧道灾害事故抢险救援工作的认识不清、安全防范意识不强，在防范事故灾害上还有不少漏洞，经常在出现事故后“头痛医头，脚痛医脚”的现象。对建立一个完善的灾害事故抢险救援工作机制缺乏应有的认识。

此外，管理的硬件设施落后、信息化管理水平低，也是影响隧道安全的因素之一。正是由于管理上的特殊性、复杂性，抢险救援工作的机制建设、装备投入等较难落实。

目前，我国公路隧道灾害事故抢险救援体系尚不完善。在大型公路隧道灾害事故中，需要到场救援的部门较多，如路政、公安交警、消防、卫生、安监等。这就需要这些部门形成灾害事故应急救助的合力，形成一个救援主体单位，在事故救援中统一指挥，保障应急措施的及时有效。而现在面临的问题是，有时虽然各部门都参加救援行动，但是由于缺乏战术应用性训练，应对措施不足，未形成救援合力，且救援装备缺乏，造成救援能力较差。

信息化所发挥的作用

冰冻三尺非一日之寒，管理体系的问题牵一发而动全身，必须从长计议，逐步梳理。而目前，我们能够做到的是，在公路隧道的运营管理上，继续完善信息化水平，让信息化充分发挥出隧道防灾救灾功能。

——建立隧道火灾报警系统

随着公路隧道内的防灾体系不断完善，火灾报警系统也成为了隧道监控系统中的一个必不可少的子系统，它由火灾探测器、区域控制器、通信系统、集中火灾报警控制器、报警装置等组成，为中控系统提供火灾信息，在火灾的早期探测上，起着不可或缺的作用。

——完善火灾时通风控制

据测试，在火灾环境中，烟的蔓延速度超过火的5倍，同时受隧道空间的影响，烟的扩散速度更加惊人，一般在火灾发生后5分钟左右烟雾开始扩散，15分钟时浓度达到最大，同时使能见度降低，并且夹杂着无色、无味、有强烈毒性的可燃气体一氧化碳，危害性极大。当一氧化碳的浓度达到0.5%以上时，几分钟内就会导致人员死亡。

因此，通风控制就成为了长大公路隧道的灭火救灾过程中的重中之重。通风系统在火灾中必须做到：①防止烟流逆流；②尽快排出隧道内的有毒烟雾；③快速降低隧道温度；④为逃生通道和避难场所提供新鲜空气；⑤为消防员灭火提供新鲜空气。

——保障救援中的通信联络

解决特长隧道火灾事故救援中的通信联络问题，要充分利用隧道内部通信设施，迅速组建火灾现场通信网络，确保有线、无线通信畅通。

隧道内部通信设施分为专用通信设施和公众通信设施。其中专用通信设施又分为：隧道调度通信系统、交通信号控制系统、消防自动报警系统、视频监控系统和广播扩音系统；公众通信设施有：公众有线电话通信系统、无线电通信系统。借助现有的隧道调度专网（有线）和公众移动通信公网（无线）可作为初期消防救援的通信指挥手段，但不能仅仅依赖上述系统，在火灾情况下，消防部队还必须配备地下移动通信设备，能在上述设施失效的情况下，继续组建现场通信指挥网络。

——建立应急联动机制

发生隧道火灾后，隧道应急指挥部门应马上组织应急资源做出应急联动响应，同时动员消防、医疗、公安、环保等社会各方力量，迅速形成应急处置合力对突发事件进行处置。在当地政府以及公安消防部门到达后，应当将处置指挥权交由当地政府或消防部门作现场总指挥，隧道应急指挥部门负责为抢险救援工作提供交通保障和技术支持。

——建立防灾救灾预案

国外关于公路隧道运营管理和防灾救灾预案的研究，起步较早，也经历了许多挫折，可以说每一次的重大火灾，都对研究有一次大的推动。欧洲、美洲、日本等国的一些特长隧道都有自己专门的运营管理手册和防灾救灾预案。特别是勃朗峰隧道、陶恩隧道和圣哥达隧道发生火灾后，改建了原来的隧道通风与防灾救灾系统，并制定了比较完善的救灾预案。我国台湾的八卦山隧道、坪林隧道，香港的海峡隧道也都有自己的防灾救灾预案。

因此，对于长大公路隧道，必须认真开展防灾救灾预案研究，研究必须从公路隧道的运营情况和通风方案的实际情况出发，研制一套适合于各公路隧道防灾救灾紧急预案。研究的方法可采用理论分析、归纳综合、数值模拟、物理试验、现场测试的方法。

寻找方向感

在刚刚过去的“十一”黄金周期间，央视《新闻联播》播放的一组关于幸福的采访颇受争议，并引发了网民的一次大规模的集体调侃。暂且不说这种对受访者单刀直入的提问是否恰当，也不论网民的调侃出于何种心理，单看问题本身：你幸福吗？当各级政府的发展目光都牢牢地盯住GDP的时候，幸福对于普通百姓来讲已经越来越像一个虚无飘渺的东西了，笔者更愿意相信，央视只是用这样一个办法来帮助我们找回正确的方向——政府应摒弃唯经济数据论转向以人为本，而百姓则应从日益物欲的生活方式中清醒过来。

回过头看我们的交通基础设施建设。重建设轻运营就像徘徊在整个行业上方的一个幽灵，它正在引领我们的隧道通车里程不断向前延伸，却也一点点地增加着运营的风险。那一起起业已发生的惨痛事故不仅提醒着我们卓越的工程质量有多么重要，而且在帮助我们寻找正确的方向感。无论到什么时候，我们都应清醒：交通基础设施的建设是为了公众安全、高效、便捷、绿色的出行而服务，它既不是某些利益集团的营利工具，也不是为小部分人歌功颂德的政绩工程。从这一角度讲，公路隧道在设计立项阶段就必须充分考虑其通车后，安全、畅通、经济的运营问题，把运营的能力放到建设初期的考虑中来，真正让隧道回归到为出行服务的本质上来，也只有这样，才能让灾害的频率降到最低，让其带来的损失减到最小，让公众不再为那些难以预见的突发事件而感到忧心忡忡。

链接：隧道的风险

◇因隧道的密闭式结构设计，容易对内部人员造成不安感、压迫感或恐惧感等负面心理因素。

◇与大规模地下密闭空间结构相似，隧道同样具有避难出口数量、位置及大小等明显受限的问题。

◇隧道系封闭式构造且通风供给有限，一旦发生火灾事故将形同一座天然的大烤炉。

◇整座隧道沿线内部结构观景设计雷同，难以让人确切掌握本身所处位置或造成行进方向的混淆。

◇多为无开口设计，自然采光受限，一旦隧道内部发生断电，而紧急照明进行切换瞬间或紧急电源无法有效供电时，将造成隧道全面陷入黑暗，增加行人不安感等负面心理因素，导致发生重大车祸事故之可能性增高。

◇因无法进行自然通风换气，隧道内易蓄积车辆尾气或弥漫火灾所产生之浓烟等有害气体。

◇因受地形、距离及硬件设施等影响，隧道内、外相互间的通讯联络及状况掌握均很困难。

◇隧道空间狭小局限，无法同时间容纳大量人员及器材设备进入内部救灾且限制了救灾机具在隧道内的操作空间。

原载于《中国交通信息化》2012年第11期

连远流体：小巨人的练成

郑晓峰

1994年，民营企业“扩张、再扩张”的狂热气息在空气中蔓延。三株口服液把标语刷进了中国所有的乡村，巨人集团正试图再一次几何级的扩张，潘宁雄心勃勃地打造他的科龙品牌。这一年，《经济日报》称：“乡镇企业已成为中国经济最大的增长板块”。相对应的是国企的黯然。国务院发展研究中心的一份报告显示，当年国有企业亏损面超过40%。在这一年诞生的连云港远洋流体装卸设备有限公司——一家由纯粹国有企业创立的全资子公司，多少显得有些不合时宜。但凭着对市场的准确认知，凭着年轻人的勇气和信心，连远流体以50万元的注册资本开始了创业征程。

18年，三株、巨人、科龙……许多曾经显赫一时的公司，如今雪散云消，明日黄花。但连远流体却活了下来。不但活了下来，还活得异常精彩。从90万元年产值的行业新兵，一跃成为2010年手握1.6亿元订单、年销售额过亿元的行业翘楚，成长为了国内同行业中规模最大、技术最先进的企业。今天的连远流体正一步一个脚印，沉稳有力地走向全球知名的流体设备生产厂家和行业的引导者。中远集团副总经理叶伟龙对连远流体给予了高度肯定。中远集团党组纪检组组长宋大伟在参观了连远流体之后，称赞这是“一家自主创新、精益管理、勇攀高峰的小型巨人企业”。

18年，呱呱落地的孩子长大成年。18年，连远流体从无到有、从弱到强，从毫不起眼到成长为小型巨人企业，这成长的蜕变是如何练成的呢?

硬实力——技术创新引领可持续发展

制造业的核心竞争力是技术创新。尤其装卸设备制造行业。这是一个近乎零门槛的行业，凭借两三个技术人员就可以拉扯一只队伍，建厂卖货。连远流体公司的管理层深刻认识到，必须摆脱这类低端竞争，否则公司永远处在利润曲线的最底端。

“用技术提升产品竞争力，用质量提升客户信赖度，以压倒性优势的综合竞争力获得市场的高度回馈”成了公司上下一致的目标。公司专门建立了技术研发中心，不断加大自主研发力度。中远集团也给了连远流体一场“及时雨”，在集团研发中心白培军书记的提议和支持下，连远流体成立中远集团研发中心分中心。

2011年6月30日，中国石油江苏液化天然气有限公司LNG项目槽车装车工程正式竣工投入使用。消息传出在中国LNG行业里引发了强烈震动，同时也让连远流体欢呼雀跃。因为，该项目的核心设备——10套LNG装车撬正是由连远流体公司独立研发制作。

在此之前，中国输送LNG的装卸设备都是由国外进口，购买价格极高，而且供货周期漫长。连远流体公司研发的LNG装车撬（专门用于批量装卸液化天然气罐车的设备）无疑填补了这个空白。

宝剑锋从磨砺出，正是多年来对技术创新孜孜不倦的追求，才使得LNG装车撬设备大获成功。既为公司争得了“面子”——品牌，又为公司赢得了“里子”——利润。

栽下梧桐树，迎来金凤凰。转年3月，凭借LNG装车撬的过硬技术和良好品牌，公司又赢得了中海油的青睐。中海油表示将在以后中海油的项目中推广使用连远流体的技术，同时双方还商定在LNG卸料臂项目进行合作开发，由中海油提供技术支持和测试基地，连远流体进行开发和制造，尽快完成LNG卸料臂的国产化。公司雄厚的技术实力由此可窥一斑。

如今，公司手握低温流体装卸臂、低温流体装卸臂紧急脱离阀等12项实用新型专利及低温陆用流体装卸臂、独立可控大转角电液伺服摆动液压缸2项发明专利。公司年产5000件的流体装卸臂项目被连云港市列为制造业振兴规划的重点项目。江苏省将公司列入高新技术企业名册。

技术创新为连远流体带来的是丰厚的回报，例如，公司在船用类别的设备方面，按保守估计，至少占领着全国70%以上市场份额。按照国务院国资委公布的优秀企业利润率水平参考标准，公司利润率已高于一般机械制造类别企业的平均水平。

普通的企业适应市场，优秀的企业引领市场。公司不断在市场上找寻创新的灵感。以市场已有产品尤其是国外企业产品为起点，通过不断地改进创新，研制出让消费者更加满意的产品。针对国内超低温LNG设备主要依赖进口的现状，积极研发了自己的超低温LNG设备。最终，公司的产品从技术性能上可以替代法德日等发达国家的同类产品，而售价却不到国外产品的三分之一，再一次引领市场，一经推出就受到众多国内客户的欢迎。

更为可喜的是，公司凭借过硬的技术水准与创新能力。2008年，当国家发展和改革委员会下达重新编制《液体装卸臂工程技术要求》行业标准时，公司被指定为唯一的参编企业，成为了标准的制定者。

目前，公司正积极筹备三期工程。当该工程完工时，不仅现有生产规模得以扩大，而且将改善精度机械加工的硬件条件，保证超低温产品的研发和生产质量的需要，公司的领先优势将更加稳固。

软实力——精益管理成就基业长青

参观过装卸设备行业调试现场的人，往往会对场地的杂乱、破旧、废水横流感觉不佳。但去过连远流体调试现场的人，却个个竖起大拇指。调试场地美观、整齐，配重块放置架上、防爆控制系统、液压系统等调试用品摆放井然有序，压力试验废水沿着一根根管线“听话”地流进了回收水箱，地面清爽干净。

一个普通的调试现场展现的是连远公司生产流程的严密，内部管理的严格。无论市场如何变幻，对连远流体而言，始终如一的是完善内部管理机制，促进企业管理提升。

管理同样是生产力，连远流体紧紧抓住每一个促进管理的契机，向同业的对手学管理、向集团的兄弟单位学管理，只要是有利于公司管理的，他们兼容并蓄，为我所用。在这次“管理提升”活动中，他们就确定了“深入开展精细化管理，全面提升管理能力”的四十条具体措施。把重点放在技术研发、科学排产，定额消耗、保证质量，努力将生产成本降下来，向精细管理化生产模式推进。

为此，公司制定了许多切行可实的措施，通过推进各项管理改革，建立全面的风险管理体系，健全一整套符合企业发展并能引导和带动企业发展趋势的高效管理机制。同时通过开展总计划管理模式下的生产车间、班组分层计划管理模式，细化科学的工时定额管理、现场管理、质量管理等基础管理工作，为企业的发展夯实基础，再通过更加科学全面的各部门及员工的绩效管理体系，将正激励与负激励有效结合，使公司上下有了极强的执行力，管理制度成了每个员工的行为准则和工作的指导原则。

由于船用大型输油臂产品高达20~30米，重达20~30吨，因此露天调试过程中登高作业动作的频次和吊装作业频次很多，是公司安全生产重点控制的环节之一，也是大臂组装班日常工作时刻需要重点注意和防范的工作之一。大臂组装班全体员工牢固树立“安全第一”的思想，经常性地开展安全教育培训，查隐患、促整改成为工作常态，严格执行登高作业的有关操作规程，积极配合公司组织的安全演练，分组调试，互相监督。他们历次安全演练都会认真模拟、分析事故隐患的苗头，商讨整改和应急措施，力求尽量减轻事故和降低损失，并坚持按照“四不放过”原则，将模拟事故当成真实事件进行研究，做到原因不清不放过，责任不明不放过，措施不力不放过。通过全员参与、全员重视，保持了班组多年来安全生产无事故的良好纪录。

为了鼓励广大员工刻苦钻研，树立终身学习的理念。连远流体推陈出新，从旧时的私人学徒的传承中找到灵感，去芜存菁，推出了“师傅带徒弟”活动。公司大力推行营销、技术、生产等方面的传、帮、带工作，通过签订协议，以一带一、一带多的形式，使经验少、技能水平低的员工能够迅速地胜任岗位要求，塑造优良的职业道德，加速职工队伍建设和高技能人才培养。为使师徒结对工作扎实有序地开展，流体公司还出台了相应的“师傅带徒弟”工作的考核办法，对各师徒明确了责任，确保“师傅带徒弟”活动真正取得实效。

作为共产党人，吃苦在前、享乐在后是连远流体的管理者们的一贯传统。

为了签成第一份订单，流体公司最初的创业者们东奔西跑，上东北、下江南，风餐露宿、历经了艰难，千方百计，使尽了招数，顶风逆雪在业主家门口守候六个小时，只为实现有效沟通。为了尽快拿出第一台样机，公司管理层带领技术人员和车间工人全力以赴，吃住在车间，不分昼夜，连续半个月进行攻关会战，数吨重的备件搬运无机械设备，他们就带头肩扛、手搬；临时租用的厂房狭小，他们就在露天挑灯夜战，终于在最短的时间内拿出了样机，并一次检验成功。几经波折，流体公司终于拿下了第一份订单。为了公司资金的及时回笼，他们深入偏远油库清欠货款，一呆就是几个星期……流体公司每一张订单，都付出了管理者们超人的努力。

“其身正，不令而行”，领导者的表率感染着公司的每位员工，也将连远流体的员工紧紧地团结在了一起。“勇于吃苦、敢于担当、甘于奉献”成了每名公司员工的座右铭。

“作为公司的一名员工，我最关心的是为公司更多创造效益的同时，又能为公司节约多少成本”，公司生产车间的向明万说到做到。由于合同多，工作忙，在设备老化，同时设备使用经常超负荷运转的情况下，机器出现“罢工”现象，为了按时按期交货，他不断地琢磨，凭着多年工作经验，决定在机器零件上下功夫，同时大胆创新，对零件进行了改进，使得本来接近报废的设备又能正常运转。针对公司登船梯产品现场调试时间长、进度慢的问题，公司的王为周主动前往现场，不断地查看、研究和实验，最终找到了增加的调试程序、完善设计软件的方法，使产品调试时间缩短了一半，从而节省了大量的安装施工时间，增加了产品作业时间，为客户、企业创造了效益。

启示——企业勇攀高峰的路径分析

如果将连远流体作为一范例，从中，我们可以获得诸多的启示。

第一，国有企业大有可为。现今，一些媒体爱炒作国企效率低下、国企不如民企、国企盈利来自垄断等充满武断与臆想的结论。连远流体用自己的业绩给了这种说法以响亮的回击。在充分市场竞争条件下，国企依然大有可为。毕竟在市场经济条件下，市场看重的不是体制，是实力。而这种实力的来源，可以简单地归结为“现代企业制度”。这种制度对国企、民企一视同仁，谁的制度建设好，谁就能在竞争中胜出。这也就是为什么连远流体活下来，而三株、巨人倒下的根本原因所在。

第二，技术创新才是企业的安身立命之处。如果现在是改革初期，可能通过有力的市场营销，企业还有获得成功的可能。但在全球化的眼下，在与跨国公司在全球市场正面厮杀的今天，技术落后将是企业国际化的一大无法克服的瓶颈。任何一个怀抱全球理想的企业都要有自己的制胜法宝——技术的领先优势与产业化的能力。

第三，企业管理者如履薄冰的危机意识将是企业之福。即便是有了今天的市场地位，连远流体也没有想过躺在过往的功劳本上回想荣光。他们对自己的问题从不回避，而是一针见血地指出要害所在，他们自己总结。现在的流体公司并不是一流企业，与世界上的一流企业间存在较大的差距。对于竞争对手的动向，优劣势，他们了若指掌。正是这种危机意识，让连远流体始终积极追求高品质、高水平、高要求的企业之路，保持着不断向上的力量。

第四，擅于借力将促成企业的事半功倍。连远流体不大，单靠自己的发展，很难形成竞争优势。他们巧妙地借助中远强大的品牌资源，敲开大门，赢取信任。在他们准备拓展海外市场时，又想到了借助中远海外网点的优势，逐步建立公司产品出口外销网络，促进流体公司产品在国外的销售，开辟成熟产品的新市场。五十余年的积淀，给了中远足够深厚的资源与影响力。如果各下属企业能够擅加利用，必将形成一方面使自己事半功倍，另一方面又为中远添彩的双赢局面。

连云港坐落黄海之滨，海边极目远眺，一艘艘巨轮破浪前行，虽然前路有风雨、有海浪，但谁也挡不住前进的方向。一如今天怀揣“世界一流企业”梦想的连远流体，前行之路必然遇挫折、遭挑战，但方向已成，勇者何惧。

原载于《中国远洋报》2012年8月31日1A

走出山区高速节约环保新路子

——承秦高速公路秦皇岛段多动脑筋少动自然实现科学发展

李书岐　刘丽莲　张海洋　曾庆伟

山区高速公路建设沿线植被丰富、地形地貌复杂、土地资源奇缺，如何保护生态环境、解决施工建设场站问题是建设者需要攻克的难题。河北省承秦高速公路秦皇岛段创新工作思路，走出了一条独具特色的高效、节能、环保之路。

"最小破坏、最大保护，最小投入、最大节约，尽最大努力减少建设过程中的资源浪费，这是承秦高速公路建设中始终遵循的理念。"承秦筹建处处长刘建民介绍说，他们将预制梁场、拌和站、料场等基础设施建在路基、互通区、服务区内，通过合理利用有限的土地资源，在最大限度减少环境影响的同时，节省了建设资金，加快了工程进度。

据统计，承秦高速公路秦皇岛段全线共利用路基、互通区建设桥梁预制场28个，节省占地513.41亩，节约投资1741.46万元；利用路基、互通区、服务区建设沥青拌和站、水稳拌和站、料场15处，节省占地318.52亩，节约投资624.25万元；利用弃渣场作加工区、拌和站等方式节省占地215.5亩；利用弃方共计843.39万立方米，节省占地493.25亩。

科学安排减少占地

承秦高速公路秦皇岛段全长99.2公里，其中90%地处山岭重丘区，山高林密，土地资源奇缺。在施工建设中，筹建处秉承“尽量就地取材，尽可能保护耕地，利用已有资源”的理念，通过工序调整，将预制梁场、拌和站、料场等设施建在路基、互通区、服务区内，不多占用一亩耕地，不多浪费一分资金，不多丢弃一平方可以利用的土石方资源。

这样做的效益有多大?

以路基12合同段为例，该段将预制梁场建设在预先填筑成型的路基之上，项目总工赵记昆给笔者算了一笔账：“与先前计划的在几公里外平整土地建设预制梁场相比，节约了占地40亩，节省占地费用70万元。由于缩短了预制梁到大桥的运输距离，省去了修建便道这一环节，还减少了运输成本及设备、人力等费用的支出近30万元。”

这样会不会影响工期?

赵记昆给出了明确的回答：“为不影响后续施工，我们有针对性地设计出一整套科学的施工方案。预制梁场需要T梁276片，大盖需要5个月的时间，我们集中人力、物力预先填筑出一段路基，并在5个月内完成T梁预制，既不影响后续施工，又不需要额外占用土地。”

利用永久性占地作建设场地，节约了临时占地，减少了工程费用，降低了施工成本，这一模式在秦皇岛段广泛应用。

9月3日上午，笔者来到承秦高速秦皇岛段路面4合同段，这里位于青龙满族自治县，地处燕山深处。在现场我们看到，项目部坐落一片空地之上，而周围正在进行服务区房建工程。“项目部所占土地是规划中的北寨服务区停车广场和绿化带，再过不久将会拆除，进行统一绿化，为通车做准备。”4合同段经理胡军这样介绍项目部的基本情况。

按照以往高速公路建设程序，项目部属于临时占地范畴，需要施工单位自行协调解决用地问题。而在山区内，寻找到这样大面积的场地非常困难。承秦筹建处创造性地开展工作，允许施工单位将项目部、拌和站、料场等设施建设在服务区这一永久性占地范围内，省去了临时占地这一环节，节约了土地 113.32亩，节省了建设资金208.2万元。

据初步估算，承秦高速公路秦皇岛段共利用路基、互通区、服务区建设沥青拌和站、水稳拌和站、料场、桥梁预制场43处，约占土地875亩，节省资金2366万元。

多动脑筋少动自然

站在路基12合同段向远眺望，心情格外舒畅。蓝天、白云、青山、绿水，还有公路两侧被保留的果树，皆有自然之美，公路恰如其分的镶嵌其中，路景相融相依，如若不是偶尔出现的摊铺设备，很难相信这是一条尚未完工的高速公路。

指着错落有致的服务区建筑，刘建民介绍了承秦高速的设计理念："服务区依山就势而建，将建筑物处于山区，并依据实际地形，将大型车停车区、小型车停车区、综合楼等分三层错层布置，不仅使整体设计增加了层次感与韵律美，而且减少了挖方量，把对环境的破坏降到最低。"

承秦高速公路秦皇岛段沿线地处山区，种植大量苹果树、桃树、栗子树等经济作物，如果大量征用临时占地，必定会对生态环境造成破坏，即使将来复耕，要恢复到破坏前的生态水平也需要漫长的时间。筹建处对沿线做了深入细致的调查，充分考虑到当地自然资源丰富、环境优美的特点，从生态环保、安全节能的角度进行服务区设计，减少了约77.93万立方米的挖方量，降低了施工成本、减小了施工难度。

多动脑筋，少动自然！承秦高速公路秦皇岛段沿线植被丰富，果树品种多样，生态环境良好。承秦筹建处以"不破坏就是最大的保护"为基本理念，改变原有占地界内清除所有植被的作法，对于不影响工程建设的植被都予以保留，上边坡两米占地界以内的植被都得到了保护。

在八道河互通内，指着一颗粗大的松树，刘建民讲述了一段人与自然和谐相处的故事："这颗松树已经有上百年的寿命了，在高速设计之初，它的生长位置正处于互通圈内和八道河养护工区的设计占地内，为了保护古树，我们对施工设计进行了调整，将古树与养护工区的绿化相结合，巧妙地将古树调整到绿化带内，保存住了这棵古树。"同样，在一合同上边坡顶也有这样一棵古树得以保存。

在高速公路建设过程中，承秦筹建处把节能环保摆在了重要位置，巧花心思节约资源、保护生态，直接推动了高速公路建设由粗放型向资源节约型转变。

在承秦高速秦皇岛段，“变废为宝”的故事数不胜数。距离地面30~40公分的腐殖土被老百姓称为“好土”，是种植农作物的上好之选，但在土地平整、挖方过程中，往往被施工单位当做弃土扔掉。路基12合同段将近20万方腐殖土加以保存，用于边坡填筑、土地复耕等环节，减少了资源浪费。以每方土40元的保守价格计算，可节省资金800万元。

隧道开挖产生大量的渣石，这些渣石往往会永久堆放在被征用的弃渣场内，既占土地又派不上用场。路基11合同段非常注重高速公路与地形的配合，利用隧道两线之间的地域回填弃渣100万方，减少了4.5亩的弃渣场地，节约资金12.5万元。

最简程序最大效益

“仅仅38天，我们就完成了项目驻地、拌和站和料场建设，人员、设备、材料全部进场，在全线第一个进行了路面底基层试验段施工。”站在沥青上面层铺设现场，路面4合同段总工胡军显得无比兴奋，“这么快的速度得益于筹建处给的好政策，允许我们使用主线永久占地解决施工场站问题，让我们得以早进场、早施工。”四合同段负责26.96公里的路面铺设任务，粒料拌和站、沥青拌和站、料场等设施建设需要占地约150亩，这需要大量的时间与精力。“首先需要寻找合适的地点，然后向政府打报告，经过国土部门审批、乡镇政府丈量后，与村民沟通赔偿问题，再进行平整土地、修建施工便道。”胡军为笔者介绍了征用临时占地的复杂过程，“审批周期最快也要1个多月，从进场到施工至少需要3个月的时间，而现在，我们做完整个流程仅用了38天，要知道，对于我们施工单位来说时间就是效益啊！”

如果说减少临时占地为路面四标争取的是工程时间，那么为路基11标解决的则是瓶颈性难题。该合同段位于燕山深处，沟壑跌宕，群峦纵横，桥隧比占工程总量的78%，不仅无处建设施工场站，受地势影响，大型运输设备也无法开展大规模施工作业。方家沟大桥建设之初，按照原定计划，需要到五公里以外的村庄建设预制梁场，而这需要先打通程家沟隧道，给施工工期带来很大影响。筹建处统筹协调，允许11合同段将预制梁场与拌和站建设在桥梁永久性占地范围内，解决了施工单位的大难题。

用永久占地代替临时占地的另外一个优点就是利于工程质量的控制。总监理工程师韩秀杰这样解释其中的好处："场站建设紧挨施工地点，缩短了运输距离，不仅节省费用，对工程质量也大有好处。特别是在沥青铺筑时，从拌和站到铺筑现场，沥青混合料的温度损失就更小，摊铺到路面时的温度就更好控制，路面的质量也就更好！"承秦筹建处用实际行动走出了一条山区高速高效、节约、环保的新路。

原载于《河北交通》2012年9月19日第37期1版

路通雪乡远客来

姜久明

“以前我们几个影友来雪乡，得从哈尔滨走到海林，然后从海林经长汀到雪乡，最少要折腾一小天，这次来真是快捷了，可以从亚布力直接到雪乡，四个小时就从哈尔滨到达这里。”多次来雪乡拍雪的浙江影友郭晓东高兴地告诉记者。和小郭有着同感的还有来自我省各地旅行社的导游和当地的村民。

位于大海林林业局双峰林场施业区与山河屯林业局接壤部的“中国雪乡”在张广财岭的东南坡，占地面积500公顷，整个地区海拔均在1200米以上。由于受山区小气候的影响，这里每年十月瑞雪飘飘，冬季积雪厚度可达2米深，雪质优良，雪量丰富。隆冬季节几乎日日飞雪迎宾，好一派北国风光。拥着层层叠叠的积雪，百余户的居民区犹如一座相连的“雪屋”，房舍上的积雪在风力的作用下可达1米厚，其状好似奔马、卧兔、神龟、巨蘑……千姿百态，仿佛是天上的朵朵白云飘落，雪乡从初冬冰花乍放的清晰到早春雾淞涓流的婉约，无时无刻不散发着雪的神韵，吸引着无数游客的眼球。据大海林林业局负责人介绍，2011年10月前，从哈尔滨去雪乡，可走两个路线，一个是从哈尔滨到五常山河屯经沙河子走雪乡公路至雪乡（270公里）。一个是从哈尔滨走到海林经长汀到雪乡（446公里），两支线路都得7个小时能到。

自我省开展旅游名镇建设以来，省领导多次召开会议强调加快旅游名镇建设步伐，省厅贯彻落实省委省政府的部署，加快旅游公路建设，建设了一条条方便快捷的旅游公路。亚雪公路是其中的一项。据了解，亚雪公路直接连通亚布力国家森林公园和中国雪乡森林公园，辐射凤凰山景区、镜泊湖景区和沿线7个林业局，经过黑龙江省海拔最高的老秃顶子、大秃顶子和平顶山，路线最高海拔1370米，将把“哈尔滨的冰、大海林的雪、凤凰山的景”连为一体，带动亚布力旅游名镇和中国雪乡形成以雪为中心的冰雪旅游景观带，成为我省“八大经济区”内的一条重要旅游通道，对沿线的经济发展起到巨大的支撑作用。据亚雪项目建设指挥部指挥王庆波介绍，亚雪公路路线起于绥满高速公路亚布力滑雪场支线21公里处的青山村，终点位于中国雪乡。项目全长83.7公里，采用二级公路标准，路基宽度8.5米，砂石路面，设计行车速度40公里/小时。项目于2010年9月开工建设，2011年9月正式交工通车。

哈尔滨友好旅行社导游宇红霞告诉记者。亚雪公路没通前，从哈尔滨到亚布力滑雪和到雪乡看雪得三天时间，这条路打通后，不但给我们节省了一天的时间，也节约了一笔资金，带来了可观的效益，更重要的是免去了游客长途跋涉的疲劳。以往，我们是上午8点从哈尔滨出发，到亚布力是196公里得近三个小时，中午饭后再滑上两个小时的雪，然后前往牡丹江或海林夜宿，第二天再用一上午时间，经海林、长汀到雪乡，游客玩一下午，第三天上午返程，最快也得6个多小时，返回哈尔滨差不多天就黑了。现在我们从哈尔滨出发到亚布力，下午两三点钟滑完雪后，可以直接前往雪乡，80多公里仅两个小时就到达了，第二天玩一上午，下午可以返回哈尔滨。

“没修亚雪路时，我们去哈尔滨非常费劲儿，得走老道，绕出一百多公里，又是坑又是坡，车走起来都费劲。现在，走亚雪路真是方便，而且游客和往年比，多了很多啊！家家效益都很可观。”双峰林场职工周吉生高兴地告诉记者，他给记者算了一笔账，林场共有140户人家，都在经营家庭旅馆，前几年一冬天也就七八万人来看雪，而今年到现在估计十万人也挡不住。去年一冬我家纯剩五万元，今年得达到六万多，个别人家得超过十多万元，这都是路通后给我们带来的变化。

记者手记

路惠龙江旅游兴

驱车走在洁白的亚雪公路上，那婀娜多姿的松树、那中国雪乡栅门、那造型个异的白雪，无不吸引游人的眼球，给游人带来种种幻觉……

路通解百困，路通百业兴。路，让昔日大山沟里的雪乡走向了富裕，走向了文明。路通了，便捷了，游客多了，这是在雪乡采访时，当地百姓说出的真心话。这不仅仅是通了交通，更通了群众的心，拉近了城乡距离，使人民群众享受到实实在在的幸福。

在公路建设三年决战过程中，省厅建成了漠北高速、伊绥高速等一条条带动龙江旅游大发展的旅游高速，正在修建一条条通往景区，环岛、环湖的旅游路。相信，在不久的将来，将有更多的游客惠顾龙江，龙江旅游业的发展将迎来更加繁荣的明天。

原载于《黑龙江交通》2012年2月28日第187期

聚焦“超时费”

郭少军

2012年5月7日19时27分，石家庄的高先生开着一辆6轴货车由京昆高速石家庄段鹿泉东收费站上道，后在灵寿停车区休息了一晚，于第二日8时30分许，从京昆高速行至唐南收费站下道出站时，收费员通知其缴纳通行费385元，其中“超时车通行费”345元。

这则消息一经披露，引起各界人士广泛关注。针对“超时费”问题，高速公路管理运营单位、专家学者、高速公路管理局、媒体、车辆驾驶员以及网友一时之间“唾沫横飞”，各种讨论如“婆媳争霸”般见诸各大媒体之上，随后交通运输部也做出了回应。

其实舆论最开始主要集中在“超时费”合不合理上，但随之殃及到了我国整个高速公路的收费制度和模式。佛家有云“存在即有缘由”，其实我们更应该理性对待，辩证讨论，进而探索出发展的道路；制度和模式的发展需要一个过程，我们不能拔苗助长；真理需要穿过迷雾去探索发现，不是哪个媒体、专家、学者说怎样就是怎样。如果真的能够通过这一事件，促进高速公路服务系统升级和收费模式完善，当是一个不错的结局。

存在即有缘由

存在即有缘由，就像高速公路逃费，是因为管理检查有漏洞，逃费人的私心在作祟。当然这是错误的行为，个人占了点儿“便宜”，牺牲了国家利益。对应的先不论“超时费”的“对与错”，可以先剖析一下它产生的原因和土壤，探索一下其产生的根源。在关于“超时费”的讨论中，各地公路管理部门都给出了原因：是为了防止有的驾驶员“换卡逃费”。那么这种“逃费”事件多不多呢？我们这里可以提供一组数据让大家明晰：河北每年丢失约20万张高速公路通行卡。以此数据估算的话，全国33个省级行政区每年丢失的高速公路通行卡将在600万以上，这不是一个小数字！

那么“超时费”是怎么界定的呢？到目前为止，虽然很多省份均有“超时费”收取的情况，但是只有河北省交通运输厅给出了明确的界定。在河北省的《关于收费公路货运车辆计重收费等有关问题的通知》（以下简称《收费通知》）中也写明，如果“超时车”的出入口信息不一致，则按照“换卡车”处理，此类车辆按路网中距离本站最远收费站收费标准的3倍收取通行费。所谓的“超时车”是指“路网内出入站时间超过24小时以上、路段内出入站时间超过12小时以上的车辆”。这些车辆“经系统查询，出入口信息一致，但无正当理由和证据的，按路网最远里程收取通行费。”

目前河北省“路网内”最远里程为575.6公里，正常行驶时间为货车（按时速60公里）一般不超过9个半小时，小客车（按时速80公里）一般不超过7个半小时。河北交通厅认为在此行车时间的基础上，加上适当的休息时间，24小时的时间限定非常宽裕，不会加重驾驶员疲劳驾驶；省“路段内”最远里程为232公里，正常行驶时间为货车一般不超过3小时50分钟，小客车一般不超过3个小时，加上适当的休息时间，12小时也可以满足驾驶员的需求。

几百万的高速公路通行卡的丢失，获利的是谁，损害的又是谁呢？所有人都心知肚明，如何处理这一问题，显然，以河北省为代表的省份也认真思考了，且推出的“超时费”也是经过计算的，并没有随随便便就强加给高速公路服务对象。当然其宣传和告知工作上存在不足，但至少在明面上给了民众一个说法，这也是服务的一种进步，正所谓亡羊补牢尤未晚也。

对与错，且看“五方会谈”

对于“超时费”收的有没有依据这个问题，目前基本分为两派。一派就是以河北省交通运输厅为代表的，包括福建、内蒙古等省份，他们出台了类似《收费通知》的规章来作为高速公路收取“超时费”的依据。

而就类似于《收费通知》的文件，另一派江西、湖北等省的交通运输厅相关负责人则表示，所有收“超时费”的行为都属违法。

社会上对于《收费通知》的讨论更多的在于其有无法律效力和高速公路管理部门在权力和义务方面的把控上。中国政法大学副教授、法学博士朱巍表示，过路驾驶员应属广义上的消费者，其合法权益应得到“消法”保护，而“超时费”的收取在形式上确属侵犯消费者权益的霸王条款，且事先没有向驾驶员明示，从法理上讲应该无效。更多的律师朋友也指出，即便类似《收费通知》有一定道理，但至少高速公路管理部门在权力和义务的把控上是存在失职的；没有尽到告知和提醒义务，高速路管理方是有过错的。

另外，广大驾驶员朋友一句“我不知道”也坐实了高速公路管理部门的告知义务的缺失。有私家车驾驶员在接受记者采访时说：“其实我根本不知道超时费是怎么来的，也没有被告知，怎么计算的我也不知道。”他还表示，这个东西应该取消了好，没有必要，大家都不想超时，大家都不会没事儿干到服务区去休息12个小时，即便有也肯定是有困难才到服务区休息才超时的。更有驾驶员表示，“交通法都有规定，驾驶员不能连续驾驶4个小时以上。但现在一边要我们休息，一边休息久了要收超时费，真矛盾！不知道‘超时费’算不算霸王条款？”

在连续的探讨之后，5月24日，交通运输部新闻发言人何建中就“超时费”问题指出，对“超时车”如何处理，在国家层面的法律、行政法规中没有具体规定。但《收费公路管理条例》第三十三条规定，收费公路经营管理者对依法应当交纳而拒交、逃交、少交车辆通行费的车辆，有权拒绝其通行，并要求其补交应交纳的车辆通行费。不过，对于所谓超时车是否属于“逃交、少交”车辆需要进行科学合理的甄别认定。

“需要进行科学合理的甄别认定”，看似很简单，但是高速公路管理如何甄别，又有怎样的授权等问题仍然没有明晰，这不能不说是制度上的“空子”。但是作为服务旅者的高速公路管理部门更应该考虑的则在于如何主动提升服务水平，而不是一味的钻制度和法律的“空子”。

态度很重要　服务是本质

此次事件中让人表示遗憾的在于民众的维权意识的低下，显然“超时费”的收取很早之前就已经有了，但直到现才被社会讨论，说明国人在维权意识上还有待提高。

当然在这一事件中并不是没有亮点，且集中体现在服务主体的态度上。首先处理事件的人情味儿很“亮”。河北涿州北收费站的工作人员告诉记者，在超时事件处理中，如果在服务区有消费，并且能出示相关票据，就可以免交超时费了。显然并不是消费者超时了就一定上交“超时费”。如果说法不容情，那显然河北涿州北收费站很有人情味儿了。另外在坦诚对待、态度好、勇于改进工作方面，也是高速公路管理部门最可取的地方。河北省交通运输厅公路管理局副局长郑利卫坦言：“以目前的技术条件，还没有更好的方法能快速、准确地区分哪些超时车是合理的，哪些是作弊的。不可否认在具体操作中还存有误收可能，事实上也发生了这样的情况”。对于工作上的失误，河北交通运输厅在这件事处理的态度上十分积极。为了防止误收超时车通行费现象的发生，河北省交通运输厅推出了三项措施。一是规范和细化处置超时车问题的工作程序。在收费站发现车辆超时，详细询问情况，如果驾驶员提出正当理由并提供有效证据证明，按正常通行车辆处理；如果驾驶员提出正当理由但不能提供有效证据，将通过信息查询查找证据，当不能证明驾驶员所述“正当理由”不成立时，按其有正当理由处理，不收取超时车通行费。同时认真受理驾驶员的投诉，对驾驶员反映的问题及时调查，凡是查证属实、收费单位处理不当的坚决纠正。二是在服务区增加监控设施，实行车辆登记制度，为长时间停留的车辆出具证明。三是进一步落实公示和告知制度，加大宣传力度，使广大驾驶员更加了解有关收费规定，更好地安排自己的行程。

目前，其他省份仍未对“超时费”问题作出更明确的回应。对于各省高速公路管理部门是否出台类似河北省《收费通知》的问题，也不得而知。早在2004年11月1日国务院颁布实施的《收费公路管理条例》中，虽然对高速公路超时的范围和收费标准并没有明确规定，但又提出来各个省可以根据实际情况制定详细规定。对应的交通运输部新闻发言人何建中也没有一棒子打死。这个“空子”，使得每个省的具体情况也各不相同。所以健全法制和体制建设断断不是一句“口号”，需要更多的付诸行动；民众和旅者更为关心的是，作为高速公路消费者的自己，在其中能够得到怎样的服务。此事件反映在国家层面是一种体制问题的同时，反映在社会生活中，则是高速公路管理运营部门作为服务旅者的部门，如何规范管理，如何探索适应实际需求的对策，在实际工作和服务上慎思、深思。哪里有服务主体向被服务者索取“停留”证据的服务呢？发挥自身的主观能动性，全面考虑才是真正的出路。权利不是没有，但义务同样不少；收费不是目的，服务才是本质工作。

原载于《中国高速公路》2012年6月10日

“绿色通道”一路畅通

——一辆鲜活农产品运输车辆在吉林省高速公路通行见闻

张士鹏　聂大兴　饶　波

“吉林省‘绿色通道’挺畅通的，每次拉鲜活农产品都非常顺利的就过去了，可给我们省了不少钱！”由武汉运输鲜鱼到吉林省长春市的货车车主张伟告诉记者。2011年12月29日，为了解吉林省高速公路“绿色通道”畅通情况和“两节”期间鲜活农产品的运输情况，记者在吉林省与辽宁省交界的五里坡收费站搭乘张伟师傅的鲜鱼运输车，一路上目睹耳闻了这辆车通行“绿色通道”，将鲜鱼送入长春市场的全过程。

出入便捷，一路畅通

12月29日，天气晴朗，室外温度在零下10度左右。早晨8点30分，记者一行三人来到了省高速公路管理局，收费处处长高惠告诉记者：“这样的采访活动对于省高管局来说还是第一次，这次采访不仅可以把‘绿色通道’的政策向社会发布出去，还可以消除以往人们对鲜活农产品物价上涨与公路收费有关的误区，我们将全力配合。”9点左右，记者一行在收费处工作人员的陪同下从省高管局出发，沿着长平高速公路前往五里坡收费站。上午10点30分，记者到达五里坡收费站，站长李可向我们介绍了从该站出省的“绿色通道”车辆情况：平均每天放行240辆，高峰时达到700多辆。随后，记者搭乘了车号为辽PE2462的鲜鱼运输车。36岁的车主张伟和40岁的倒班司机姬洪华来自辽宁省葫芦岛。这辆车拉的是由武汉发往吉林省长春市的鲜鱼，品种有桂鱼、胖头、鲫鱼、鲶鱼等近十种，重11吨多。由于货主催的急，他们两天两夜都是在车上度过的，轮班休息、开车。

“我们是12月27日下午从武汉出发的，经过了湖北、河南、河北、天津、北京、辽宁、吉林七个省，到现在我们已经加了4750元的油，幸好拉着鲜鱼在高速公路上不收费，否则刨除油钱、饭钱，这趟可就赚不了几个钱了。”张伟在车上边刮胡子边说。他把这一年拉非鲜活农产品通行高速公路收费票据拿出来让记者看，这沓票子有近两百张。他说：“这些票子都是今年拉其他货物时的通行费用。像我们这种小型货车由于吨位小、载货少，所以利润也薄，只有拉鲜活农产品，我们车主才能赚钱，不然这趟货从湖北到吉林得交2000元左右通行费。”

经过2个小时的路程，该车顺利到达了长春北青年路收费站，路政人员示意缓慢通行。12点27分，车辆停在了收费站的电子秤上，电脑屏幕上显示吨位为19吨，未超载。姬师傅对收费员说：“车上拉的是鲜鱼。”收费员立即通知路政人员验车，记者跟随工作人员爬上车顶，工作人员示意张伟打开苫验车确认，并用数码相机取证，张伟拿出一条鲜鱼让工作人员查看，记者看到货物确实是鲜鱼。工作人员告诉收费员，货物是鲜鱼，符合“绿色通道”规定时，收费员随即在电脑上输入口令和密码并获得监控大厅授权放行，通行费全免。12点35分，张伟的车正式驶出高速公路，进入长春市区。

“应免不征”，算好“民生账”

13点，我们的鲜鱼运输车驶入了长春市光复路水产批发市场A区19号的“永顺鱼行”，见到了接收货物的货主李阿姨。李阿姨显然是“应免不征”政策的受益者，她边忙着边对记者说：“对我们货主来说，货车的畅通情况和运输成本非常重要，高速公路给我们提供的不仅是时间的快捷来保证货物的新鲜度，还有成本上的节省能够增加我们的收入。由于实行‘绿色通道’政策，我们双方货主不用支付车辆的通行费用，每公斤的成本节省近2角钱。”

“应免不征”，车主当然也是受益者。据张伟讲，这一趟货主双方各支付4000元的运费，除去油钱4750元，饭钱200多元，驾驶员工资和车辆折旧1000多元，他能赚近2000元。如果经过的七个收费站对其进行收费，费用将由货主双方和他三方承担，他的收入就将减少1／3左右。

鲜鱼经营者也是“应免不征”政策的受益者。在水产市场站台一号水产大楼做水产生意的商贩郭松涛女士告诉记者，很早就知道吉林省交通运输部门对鲜活农产品运输车辆免收通行费。她经常从“永顺鱼行”进货，“永顺”批发来的水产品平均每斤在4块3角左右，“永顺”的利润在1角至2角之间，而她的售价在4块5角左右，利润也在1角至2角之间。如果对这些车辆征收费用，郭松涛的成本也就提高了，货物价格就会提高，价高就少买主，所以她的收益也大大减少。

最终的受益者是消费者。显然，如果对这车鲜鱼多收取通行费，运输者、经营者多承担的成本部分都将体现在消费者身上。

高效畅通，我们义不容辞

“绿色通道”在稳定物价，加快鲜活农产品运输，促进农民增收，切实提高居民生活水平发挥着重要的作用。省交通运输厅党组书记、厅长王树森说：“交通运输发展的最终目的是让群众得实惠，为鲜活农产品运输车辆在吉林省通行提供便利我们义不容辞。”

吉林省高速公路高效率鲜活农产品流通“绿色通道”自2005年10月20日开通以来，吉林省交通运输厅不仅根据国家要求，将国道（G010）哈尔滨-海口“绿色通道”路线在我省境内“拉林河-五里坡”段高速公路确定为高效率鲜活农产品流通“绿色通道”，还把省内已开通的其他高速公路路段都纳入到“绿色通道”范围。现在，吉林全省高速公路共开通鲜活农产品流通“绿色通道”2250公里，96个收费站均开通了鲜活农产品流通“绿色通道”专用车道。也就是说，符合“绿色通道”条件的鲜活农产品运输车辆行驶在吉林省的高速公路和普通公路上一分钱也不收取。自开通至今，吉林省高速公路“绿色通道”共通行车辆324万辆，减免通行费5.31亿元；全省已减免通行费近5.5亿元。

为确保这些“绿色通道”真正发挥作用，省交通运输厅不仅对鲜活农产品运输车辆提供专用通道，还在全省高速公路主要出入口和交叉口处设置样式统一的“绿色通道”标识标志，并在高速公路各主要收费站设置样式统一的“绿色通道”公示牌，内容包括鲜活农产品的种类、地方政府出台的“绿色通道”优惠政策、规范执法的规定等。他们还积极宣传高速公路高效率鲜活农产品流通“绿色通道”优惠政策，通过广播、电视、报刊等媒体对“绿色通道"相关事宜进行宣传，使鲜活农产品流通"绿色通道"家喻户晓。他们还加强内部培训教育，强化服务意识，规范业务工作流程，提高运输鲜活农产品车辆的通行效率。五里坡收费站平均每天放行鲜活农产品车辆200多辆，高峰时能达到700辆，平均每天免收通行费近7万元。

据省高速公路管理局相关负责人介绍，为确保全省人民在"两节"期间吃上新鲜放心的蔬菜，他们严格落实有关优惠政策，着力做好在执行环节上的各项工作。首先，要求全省高速公路各收费单位在鲜活农产品运输高峰期，增加"绿色通道"专用收费车道辅助工作人员，提高鲜活农产品"绿色通道"的通行能力和通行效率，避免运输鲜活农产品车辆大量滞留。其次，建立健全政策执行监督机制，确定由该局行风办、督查室、收费处负责定期对相关部门和单位"绿色通道"政策落实情况进行监督检查。第三，在路面交通执法上，他们要求治超等路面交通执法人员对鲜活农产品运输车辆轻微违法的，应以教育为主。另外，还向社会公布"绿色通道"政策投诉电话，确定吉林省高速公路指挥调度中心值班电话（12122）为咨询投诉电话，认真受理群众的举报和投诉。

现在，吉林省高速公路"绿色通道"免费鲜活农产品品种目录在交通运输部、国家发展改革委制定的《鲜活农产品品种目录》基础上增加了马铃薯、甘薯（红薯、白薯、山药、芋头）、鲜玉米、鲜花生;对《目录》范围内的鲜活农产品与《目录》范围外的其他农产品混装，且混装的其他农产品不超过车辆核定载质量或车厢容积20%的车辆，比照整车装载鲜活农产品车辆执行。还对超限超载幅度不超过5%的鲜活农产品运输车辆，比照合法装载车辆执行。

原载于《吉林交通》2012年2月9日　第4期4版

一切为了安全畅通

——秦岭终南山公路隧道安全运营2000天工作纪实

周迎春

随着包茂高速其他路段陆续建成通车，通行秦岭终南山公路隧道的车流量迅猛增长，日平均实有交通量目前已突破8000辆，节假日高峰期更是翻了一番达到1.6万辆以上。通车运营5年多来，累计通行车辆超过800余万辆次，始终保持安全畅通，未发生一起重大交通安全责任事故及重特大火灾事故。在我国特长公路隧道缺乏完善的管理规范，更没有成熟管理经验可以借鉴的情况下，秦岭终南山公路隧道如何筑牢安全防线？如何确保畅通快捷？如何保证应急救援？如何体现窗口形象？带着这些疑问，记者日前就隧道的安全运营管理工作进行了探访。

安全有防线

负责秦岭终南山公路隧道运营管理工作的省交通集团隧道分公司，共设有10个职能部门，其中24小时值守一线的部门就有5个，包括监控中心、路政大队、安检大队、消防大队、守卫大队，为隧道安全畅通构置了5道防线，筑牢了5道屏障，形成了一个完整的运营安全保障体系。

安检是隧道安全的第一道防线。设立危险品安全检查站，配备威视FS6000集装箱车辆快速检测系统，由安检队员24小时全天候值守安全检查站。采取“以人为主、设备为辅”的联合检查方式，坚持“有车必检、有危必劝”原则，对每一辆货车逐个进行检查、登记。5年来共劝返危险品车辆1万余辆，从源头上杜绝了各种不安全隐患。

守卫是隧道安全的第二道防线。守卫大队负责全天候守卫隧道洞口，制止行人进入隧道，防止破坏隧道设施的行为；对安检站闯关及逃逸车辆进行拦截劝返，确保无危险品车辆驶入隧道，出现突发安全事件第一时间对隧道南北洞口进行交通管制，筑牢隧道第二道安全屏障。

监控是隧道安全的第三道防线。通过288台摄像机对隧道进行24小时无盲区远程监控，保证每15分钟内将隧道所有图像轮循1次，重点对隧道全线车辆通行情况及主要设备进行实时监控，提高应急处置能力，对突发事件做到早发现早处置。

巡查是隧道安全的第四道防线。实行分段巡查模式，主要领导巡班、分管领导及机关值班人员巡查、一线大队值班中层巡查的三级模式，每天对隧道进行高密度大频率巡查。一是分公司主要领导每天至少对隧道巡查1次；二是值班领导带领值班人员每天对隧道巡查1次；三是成立联合巡查组，每天对一线值班点及隧道安全通行情况进行3次以上巡查；四是路政大队坚持每天不间断巡查；五是每月至少1次对隧道进行全面安全大检查。

应急是隧道安全的第五道防线。当隧道发生火灾或者交通事故等突发事件时，根据事件级别，启动相应预案，各救援部门在最短时间内出警，并根据各自职责有序地进行交通管制、现场救援、现场隐患排查、现场清理等工作，在最短时间内将事故处理完毕，并确保不出大事故，不发生次生灾害，不发生衍生事故。

人人有压力

秦岭终南山公路隧道安全运营管理工作始终受到行业上上下下、社会方方面面的高度重视和关注。作为世界级工程，如果安全管理不到位，出了事故也将会是世界级的。隧道分公司经理米峻说，总感觉有一种十分重大的责任，这种责任给人的心理压力确实也很大。

“为确保秦岭终南山公路隧道安全畅通，确保全年不发生重大安全责任事故，我承诺……”这是隧道分公司领导班子成员在2012年度目标责任书签订大会上作出的安全管理承诺。今年以来，隧道分公司下大力气构建完善运营安全责任体系，要求领导干部带头，身先士卒，以身作则，公开作出安全管理承诺。在米峻的办公桌上，记者见到了一份《安全管理承诺书》和厚厚一沓《巡查日志》，日志上记录着每天的时间、天气和隧道通行情况、有无事故、检查地点、核查内容、发现的问题、落实情况等。

隧道分公司今年创新性地提出了“安全责任状”制度，分公司与各部门负责人、各部门与每个员工按照各自岗位职责签订安全责任状，将各项任务及安全责任落实到每个具体部门、具体责任人及每一个员工身上，牢固树立全员安全责任意识，团结一心，共同保卫隧道安全。

“安全责任人人担”，围绕安全运营管理这一中心，不断完善分公司对部门、部门对员工的安全责任考核体系，将安全责任目标考核制度化、日常化，并与绩效考核、绩效工资挂钩，加大奖惩力度，严格考核兑现，实行每日、每周、每月考核，每季度进行兑现，使每一位员工时刻紧绷安全之弦，确保各项安全管理工作落实到位。

管理有创新

围绕隧道的安全运营工作，隧道分公司按照省厅和交通集团的要求，始终把“世界级工程，世界级管理，世界级品牌”作为目标，坚持“科学管理、勇于创新、规范精细、高效有序”的隧道管理理念，不断创新隧道安全运营管理办法。尤其是近两年，以隧道获得国家科技进步一等奖为契机，隧道分公司进一步强化安全保畅管理，以一流的隧道，打造一流的管理，奉献一流的服务。

一是完善规章制度。不断对原有规章制度进一步修订完善，细化工作标准和执行程序，真正实现了“用制度管人员、用制度管安全、用制度促安全、用制度保安全”的管理机制。

二是创新管理机制。分公司设立专职安全员，各部门配置一名兼职安全员，负责安全生产工作的开展落实和监督检查，并定期召开安全生产例会。隧道分公司大胆创新，及时调整安全生产机构，将安委会办公室从人力资源科调整到监控中心，更加便于安全管理工作，保证在突发事故发生情况下能够更快地对各部门进行沟通指挥，快速果断及时地处置突发事件。

三是精心维护养护。秦岭终南山公路隧道机电系统涵盖通风照明、供配电、消防、通信、监控等8大系统16大类百余种数万件设备，任何一个设备出现故障都会对隧道运营安全造成影响。一直以来，隧道分公司就非常重视隧道内机电系统设备的日常性养护和预防性养护，坚持每日巡查、定期排查、专项检查，隧道机电维护小组实行24小时值班制度，发现问题及时维护维修。建立机电设备备品备件库，能够做到设备一旦损坏及时更换。同时，组建专业养护队伍，对隧道进行日常维护，定期对隧道进行清洗，进行能见度和空气质量检测，保证了道路干净整洁和隧道路容路貌良好，确保了通行环境安全畅通、美观亮丽。

四是加强队伍建设。全面实行军事化管理，高起点、高标准、严要求，全面强化职工队伍建设。从军事训练和业务技能两方面全面提升员工整体素质，在各部门、各岗位开展岗位大练兵活动和春训秋训活动。组织有针对性的技能知识培训，每周开展紧急集合训练。定期对员工进行预案培训，每季度对员工进行1次安全教育活动，对特种作业人员坚持持证上岗，并定期进行技能培训和安全教育。

五是优化值班制度。为应对车流量日益增加的安全严峻形势，今年重新修订了《安全值班管理办法》，将安全值班与绩效工资挂钩，充分调动值班人员的工作积极性。加强各级值班，值班人员每天至少到一线及各部门巡查1次，做好巡查记录，实行痕迹化管理，发现问题及时处理，有效增强了值班期间突发事件的处置能力。

六是强化日常检查。坚持每月进行一次安全生产大检查，由分公司领导班子、各部门负责人组成的检查组对所管辖路段、各部门驻地及办公场所进行全面的安全大检查。检查后及时召开安全生产工作会议，发布检查通报，针对检查中发现的问题进行治理整顿，对安全隐患及时进行处理，防止安全事故发生。

应急有保障

按照“高度负责、严防紧守、快速反应、果断处置”的隧道管理理念，隧道分公司一直把应急保障作为一项重要工作，编制并不断完善《秦岭终南山公路隧道突发事件应急预案》，并与沿线政府、公安机关和医疗卫生等机构多方协作，紧密配合，建立联勤互动机制，初步建立了一套较为有效的特长公路隧道运营安全管理办法和经验，并取得了显著的成效。

西安市公安局长安分局在分公司设立隧道警察大队，分别在安全检查站、隧道南口应急救援中心设立两处办公点，专门负责隧道交通违章处罚、事故处理、治安、消防等工作；省交通医院与隧道分公司共同成立隧道医疗急救站，负责隧道突发事件伤员的急救工作；成立企业专职消防队伍，配备消防车和消防摩托车，24小时值守隧道4处应急救援值班点，使隧道内任何一点发生火情，消防队员都能够在8分钟内赶到事故现场实施救援。分公司与各单位定期召开联席会议，通报情况、交换信息、研究对策，目前已经形成了以监控中心为指挥中心，消防大队、路政大队、安检大队、守卫大队、养护科、机电维护班组及协作单位隧道警察大队、医疗急救站等为救援主体，约200人的应急救援队伍，防灾救援能力得到极大地提高，有效保障了隧道的运营安全。

隧道救援、消防大队坚持每月1次小演练、每季度1次大演练、每年1次模拟实战演练。先后组织路政、安检、消防、监控中心、养护、医护、交警等相关部门进行70多次模拟综合演练和10余次实战演习，既提高了各部门在紧急救援时的协调配合能力和应对突发事故的应急处置能力。陕西省应急办领导检查后给予很高称赞，并作为示范预案上报国务院应急办，交通运输部重大突发事件危机公共安全研究课题组检查后，给予了较高的评价。

处置有成效

2012年2月10日22时45分左右，一辆大型货车在隧道西线发生自燃，监控指挥中心在事发1分钟内通过监控发现火情，随即第一时间启动应急预案，17号横通道消防队员约3分钟到达火灾现场实施救援，路政巡查车、消防救援车7分钟到达现场控制住了火情，15分钟排除现场安全隐患，56分钟恢复交通。由于救援及时，没有造成人员伤亡和重大车辆损失，隧道设施也未遭到破坏，避免了更大事故的发生，保护了隧道和人民生命财产安全。

据统计，秦岭终南山公路隧道自通车以来共发生交通事故114起、火灾事故6起，全部得到快速妥善安全处置，没有一起重大安全责任事故发生，没有发生交通中断现象，没有出现系统瘫痪情况，始终为人民群众提供了一个安全、畅通的隧道通行环境。

原载于《陕西交通报》2012年7月3日1版

“德江模式”暖民心

——贵州高速公路建设和谐征拆造福于民

胡颂平

马信财原是贵州省德江县鸟坪村四合村民组村民，今年42岁，长期在广东打工。按惯例，在家陪伴妻儿过完春节即当南下，但是在2012年，他选择了留下。原因很简单，因为拆迁。

因为拆迁，马信财离开了交通闭塞的故里，举家搬迁到大兴，一个常住人口上千的集镇。他所住的街道有一个好听的名称，叫“杭瑞风情大街”，首尾800米长，街面20米宽，两边的建筑都是一水的土家民居格调，楼高3层，白墙绿瓦，挨肩接踵地，颇有几分联排别墅的味道。这条街地处集镇，宜商、宜居。他按照自己的想法，把三楼盘给一名包工头，每月坐收租金五百，二楼自住，一楼则留给自己做生意，具体项目已有眉目。

“托杭瑞高速公路的福！我不用出门打工了。”当谈到现在的生活，一家人幸福厮守的日子，马信财感慨不已。

托杭瑞高速公路的福！这是记者在国家高速公路网杭州至瑞丽高速公路贵州境思南至遵义段大兴集镇集中安置点采访时听得最多的一句话。项目业主贵州省公路局在征拆中充分尊重群众意愿，采取依托城镇集中安置的方式，改善了拆迁户的居住环境，提高了他们的生活水平，拓宽了就业渠道，赢得了民心。

据介绍，截止目前，德江境内没有发生一起拆迁户上访、阻工事件，实现了三零（零上访、零阻工、零案件）目标。大兴集中安置点因其规模最大、速度最快、配套最全，成为杭瑞高速公路贵州境大（兴）思（南）线、思（南）遵（义）线上拆迁安置工作的示范样板。

拆迁为民

德江县位于贵州省东北部，交通闭塞，是一个工业基础薄弱的典型偏僻山区农业县，2010年农民人均纯收入为2830元。

杭瑞高速公路贵州段开工建设，对德江打破交通瓶颈制约，加快经济社会的发展，十分重要。对沿线大多数农民而言，他们的生活并不宽裕，如今因为征地拆迁失去赖以生存的土地，未来的日子怎么过，是好还是差，这是项目业主必须要回答的问题，也是一道迫切需要破解的难题。

2010年5月，杭瑞高速公路贵州境思南至遵义段征拆工作全面启动。其中，德江境内建设路程为27.025公里，涉及房屋拆迁341户，拆除面积62620平方米。项目业主贵州省公路局思遵项目办针对当地经济欠发达，自我造血能力差，群众生活困难的实际，把政策内的货币安置、集中安置和划地安置3种安置方式，调整为以集中安置为主的安置方式。

“作出这样的调整，我们主要是基于两点考虑。一是集中安置与德江县加快城镇化发展的战略相吻合，有利于建设部门、地方政府形成合力，共同做好安置工作；二是集中安置通过依托城镇，打造宜商宜居环境，有利于拓宽就业渠道，解决群众的长远发展问题。”思遵项目办支部书记覃海清向记者介绍。

思路决定出路。这一调整得到了绝大多数群众的支持，也得到了地方政府的积极回应。“集中安置有利于提升群众享受社会公共服务的水平，有效节约土地资源。”德江县县长李云德谈起集中安置的好处如数家珍。

在地方政府的大力支持及配合下，思遵项目办经过多次现场踏勘，反复比选，最终选定合兴乡大兴集镇作为集中安置点。

大兴集镇是合兴乡政府驻地，有一条长620米的街道，常住人口约1000人，人流、物流相对集中，具备较宽的就业渠道，下一步随着杭瑞高速及沿（河）榕（江）高速交汇过境，发展前景更为广阔。

选择大兴，可谓顺应了群众的意愿，又符合科学决策。

选定安置点后，思遵项目办在合兴镇召开了多次拆迁户群众会和拆迁户代表会，与拆迁群众一起商议大兴集中安置点规划设计方案，让群众亲手描绘家园，让群众自己一锤定音，充分尊重他们的意愿。

2010年国庆，占地52亩，可安置140户的大兴集中安置点破土动工。按照“高标准规划，高起点建设，拆迁户自愿”的原则，房屋基础及主体工程由拆迁户按统一图纸自行修建，外墙及屋面工程统一按“土家民居”格调建设，地方政府给予立面每平方米100元的补助，思遵项目办按每户3万元的标准，解决“三通一平”、街道照明和自来水工程、排污管网工程等辅助设施，并出资190多万元治理大兴河河堤。

高起点、高标准的居住条件，功能齐全的生活设施令拆迁户们怦然心动，拆迁、建设热情空前高涨。一个月内完成了场平工作，不到一年建成了一条长820米，宽20米的街道，等于再造了一个大兴。

目前，河堤工程已竣工，街道照明线和自来水工程、排污管网工程已投入使用，街道综合工程、休闲广场在扫尾中，已有119户乔迁新居。

拆迁改变生活

采访途中，在谈到拆迁给老百姓带来的变化时，合兴镇党委书记吴飞讲了一个田老太“两骂镇干部”的故事。

前年，镇干部上门向田老太宣传征拆政策，老太太听说要拆她的房子，不问青红皂白，硬是把来人骂得落荒而逃。大兴集中安置点建起来后，远亲近邻人人夸好。田老太半信半疑，趁赶集的机会，实地转了一圈。站在街心，看着两边井然别致的土家民居，老太太简直不敢相信自己的眼睛，农民也能住上如此高级的房子，还可以在家门口做生意，坐地赚钱？她拿定主意，回家静候拆迁。然而左等右盼竟然无人搭理，老太太恼了，找上门兴师问罪，责怪镇干部为什么不拆她的房子？

这个故事情节不复杂，却生动地说明了一个事实，大兴集镇集中安置点改变了群众的生活环境，提高了他们的生活水平。不独唯此，事实上还改变了他们之中大部分人的生产生活方式，甚至命运。

田茂祥原来是烤烟种植户，拆迁搬至大兴集中安置点，过上城镇生活后，他萌生了新的想法。通过市场调查，他发现本地家用电器经营商屈指可数，且品牌单一、产品技术落后，本地人鲜有问津，宁肯搭路费往返60多公里去德江县城采购。田茂祥从中看到了商机，遂转型搞电器销售。

走进田茂祥的电器商店里，各式、各类电器琳琅满目，既有电视、冰箱、洗衣机等家电，也有打米机、打谷机等农机，经营策略不失灵活。记者询问其经营情况，田茂祥一边用鸡毛掸子掸灰尘，一边说：“销路还没有打开，目前月营业额维持在万元左右。”他对眼前的困难并不在意，因为他还有做大做强这样更重要的事要考虑。

与田茂祥相似的还有“杭瑞风情大街”街长张皇，本地有名的农民企业家。他经营多年的采石场因征地关闭后，凭着对基建市场的了解，重整旗鼓搞起了钢材贸易，一期投资达80万元。

在采访中，记者还遇到了一位与马信财一样常年在外打工的拆迁户。他怀抱年幼的女儿，爽快地接受了采访，却拒不透露姓名。他声言还要外出打工，因为新房子处处都需要钱，并强调结束打工生涯的日子已经不远。对于未来，他说，他要自己做生意，不愁找不着饭吃。倘若生意做不下去，这里位置好，出手租了便是，照样挣钱。真是手中有粮，心头不慌啊！

拆迁改变了马信财、田茂祥们的人生轨迹，他们凭借“杭瑞风情大街”这个共同的平台，从不同的起点踏上了新的征程，成为拆迁群众再创业的标杆。

“德江模式”遍地开花

大兴集镇集中安置点赢得了民心，为工程建设营造了良好的施工环境。杭瑞高速公路（贵州境）思遵段第11合同段项目部支部书记于朝彬高兴地告诉记者：“进场至今，11标没有发生一起拆迁户阻工、挡工事件，真是不多见！感谢业主为我们施工单位打造了一个良好的施工环境。”

大兴集镇集中安置点的成功经验受到了广泛关注，被誉为“德江模式”。前不久，贵州省交通运输厅党委书记、副厅长陈志刚来到大兴集中安置点调研，高度评价这里是全省高速公路建设拆迁最好、最成功的集中安置点。他说，如此漂亮的住房，不比城里人的住房逊色。省公路局副局长、高建办主任粟周瑜告诉记者，目前，大兴集中安置点的成功模式正在大思线、思遵线推广，受到了地方政府和群众的普遍欢迎和支持。

如今，集中安置方式在杭瑞高速公路贵州境一支独大。记者在采访中了解到，虽然集中安置点遍地开花，但各地并没有简单的复制，而是从实际出发，因地制宜，找准优势，让群众实实在在得实惠。

在遵义县虾子镇，集中安置点建在景色秀丽的高坎，既方便群众务农，又可以引导他们参与乡村旅游服务，一举多得。

在湄潭县，鸡场集中安置点紧接贵州（遵义）湄潭绿色食品工业园区，黄家坝镇民建村新庄集中安置点紧靠黄家坝集镇，相邻是即将开工建设的黔北大牲畜交易市场，均有利于群众长远的生产发展。

记者手记

修路要用地，用地免不了拆迁安置。土地资源少与建设用地需求之间的矛盾，因为建设资金紧张，日益尖锐。所以拆迁安置要让群众满意，难度的确不小。

有难度不等于没办法。大兴集中安置点搞得好，好就好在项目业主厘清了拆迁的目的所在。

“拆迁安置必须以人为本，拆迁是为了发展，发展是为了人民，归根结底就是拆迁为民。”省交通运输厅厅长程孟仁如是说。

以人为本，拆迁为民，这就是大兴集镇集中安置点成功的秘诀。

由是，项目业主跳出了为拆迁而拆迁的简单工作方式，处处看到群众的难处，步步考虑群众的出路，把拆迁工作做成了惠民工程，走出了一条和谐拆迁之路。

和谐拆迁赢得了民心，实现了共赢。“托杭瑞高速公路的福！”对项目业主，对所有交通建设者来说，没有比这更好、更高的褒奖了。和谐拆迁在德江境内创下了三零（零上访、零阻工、零案件）记录，有力地促进了工程建设。

原载于《贵州交通》2012年第2期

风劲云舒望天域

——西藏公路养护体制改革纪实

张 俭 田 野 庹春江

养护管理体制的改革，在我国进行了20多年，其间养护市场化、国路民养、垂直管理、条块结合、分级管理、事权统一、管养分离、综合执法……林林总总、持持续续、反反复复，不一而足。直到现在，全国公路管理养护体制当真是百花齐放、百家争鸣、风劲风止、云卷云舒。西藏，这个天域之地、雪域高原，公路是经济和社会发展的生命线，经过几代人筚路蓝缕、艰苦卓绝的努力，公路已经发生了沧桑巨变。随之而来的是，公路养护管理也必须适应变化了的公路的现代化。一味的强调“无私奉献”、“艰苦奋头”，缺乏科学的、可持续的管理养护体制机制，已经不再适应讲科学、重民生的时代。改革公路养护体制，在西藏势在必行。然而，改革总是伴随着障碍，西藏的改革究竟会发生什么。我们一行，带着种种疑问，来到雪域高原，一探西藏的公路养护体制改革。

带着感情就会有智慧

“江厅长”叫扎西江措，1986年毕业于交通部内蒙古交通技术学校，先后就职于西藏自治区交通厅科研所、厅机关、西藏公路工程总公司、西藏天路股份有限公司。在企业15年，历任副总经理、代总经理、总经理。2009年1月任西藏自治区交通运输厅副厅长，2012年3月任厅长。

“自己当时就是不想当道班工人。”扎西江措的话让我愕然。作为西藏自治区的交通运输厅厅长，对一个初次见面的记者这样说，未免有点过于直截了当。15年在企业的经历，让扎西江措身上少有官气，说话也绝少官腔。

“要带着感情去搞养护体制改革，带着感情就会有智慧”。这是扎西江措对西藏正在进行的养护体制改革的工作体会。当时不想当养路工，现在又要“带着感情”搞改革。这两句让人听上去自相矛盾的话其实都源于扎西江措的身世。

1966年，扎西江措出生在邦达一个养路工人的家庭，父母工作的道班位于海拔4300米的62道班，道班隶属昌都交通局养护段，负责养护国道214线。从道班门前流过的那条河叫玉曲，是怒江的一条支流。南来北往的车流搅起国道上滚滚烟尘，奔流南去的玉曲卷起蒙蒙水雾，透过这层层烟雾，外面世界的影子在扎西江措的眼中时隐时现，令他无限向往山外的世界。到了上学的年龄，扎西江措离开了父母，来到昌都城里的养护段寄宿站。在他的心里，上学就是要改变命运，就是要走出大山，不再像父母那样在尘土飞扬的公路上当一辈子养路工。1980年，扎西江措该上高中了，恰巧父母调动到317国道上的45道班工作。45道班距昌都城10公里，扎西江措就每天步行往返20公里去上学。高中3年，徒步6000多公里，扎西江措如愿以偿，考上了交通部内蒙古交通技术学校。

作为一个养路工家庭出身的少年，不愿当养路工在西藏毫不奇怪。记者从1998年以来，4次到西藏，接触过很多养路工，那种艰苦、艰辛、艰难，很难用语言表达。幸好，几次进藏，留下了一些影像，可以让我们粗浅地了解那片雪域高原的养路人的工作和生活……

然而，让当年的扎西江措不愿意当养路工人的原因还有更多，这组图片所反映的仅仅是道班工人工作、生活的一个侧面，或者说是一个直观的感受。西藏公路养护的艰苦、艰辛与艰难，扎西江措把它总结为“体制不顺、机制不活、经费不足、民生问题突出”。显然，体制、机制和经费导致了民生问题，改革体制、机制，解决经费问题，其目的就是要解决民生问题，让西藏公路的建设成就在养护中得以巩固和光大。一个从养路工家庭走出来的厅长，从最朴素的感情出发，要推动这一改革的进程。

对道班工人怎么支持都不过

庞健，西藏自治区公路局党委书记。1988年毕业于武汉交通干部学院，毕业

后在西藏自治区运输管理局工作，其间获得四川大学研究生学历。2000年调自治区交通厅工作。历任交通厅政工人事处副处长、厅机关党委专职副书记、厅政工人事处处长等职。2011年任西藏自治区公路局党委书记、副局长。

要认真总结和宣传道班工人的先进事迹和高尚精神，用道班工人先进事迹和高尚精神鼓舞教育广大党员干部和全区各族人民，促进西藏“一加强、两促进”历史任务和全面建设小康社会宏伟目标的实现。

时任西藏自治区党委书记杨传堂，2005年

经常听进藏旅游的客人说起你们，无论是在茫茫的大漠里，还是在寂寥的山谷中，你们深情向路人挥手致意，路人遇到困难时，你们慷慨地伸出援助之手，充分展现了当代公路养护职工质朴、热情、文明的优良品质和良好的精神风貌，形成了雪域高原一道独特的亮丽风景线。每每听到这些，我都为你们感到骄傲和自豪，你们不仅是西藏经济社会发展的重要力量，而且是展示西藏对外形象的窗口。

时任西藏自治区党委书记张庆黎，2011年

作为西藏自治区公路局的党委书记，庞健一提起自治区领导对养路工的评价，脸上洋溢着难以抑制的骄傲。

西藏的养护体制改革，牵扯到大量的资金问题，作为一个地方财政并不富裕的自治区，记者一直对地方财政支持力度、持续性抱有怀疑态度。庞建例举了上述两任自治区书记对公路职工的关怀的例子，以打消记者的疑虑。“现任的自治区党委、政府对这次改革的支持力度很大，多次表态：对道班工人怎么支持都不过。”显然，庞健的信心来自自治区党委、政府一贯的鼎力支持。

庞健是南京人，父母1958年进藏，在格尔木交通运输总公司工作。1974年，6岁的庞健就随父母到西藏生活，也算个“老西藏”了。虽然眉目之间依然有几分江南人的俊秀，而近四十年在西藏的经历，染就了他满脸高原阳光的浓烈颜色。提起西藏的养护体制改革，庞健坚定地表示：西藏不能走别人走过

的弯路。改革不仅是要改变体制，也不是简单的市场化。公路作为公共产品，市场化是有问题的，尤其是西藏，公路是经济命脉，也是军事通道，还是维护稳定的重要设施，所以要从内部机制去做工作，不能推向市场了之。

西藏养护体制改革，民生问题是改革的重点，不走别人的弯路，不简单地市场化。这是从自治区交通运输厅到公路局各级领导一致的改革理念。

西藏养路工的健康状况，是一个一提起来就让庞健揪心的问题。特别是绝大部分养路工长期工作生活在高海拔、气候条件恶劣的偏远山区，受风吹、日晒、雨淋、冰冻、汽车尾气及熬制沥青、搅拌水泥等恶劣环境和有害物质的长期影响，加上因户外工作饮水不足、不能正常进餐、饮食结构单一、卫生条件差、缺乏规律和营养不均衡，致使养护工人不同程度地患上了高原性心脏病、多血症、高血压、肝胆胃功能异常、风湿性关节炎等慢性疾病。

青藏公路管理分局五道梁公路段职工122人，2009年体检结果仅2名刚参加工作的大学生身体健康外，其余120人均不同程度患有各种疾病。由于家庭经济状况差，大部分身患疾病的道班工人只能带病从事特别繁重的体力劳动，相当一部分职工未及退休年龄，身体机能、劳动能力急剧衰退，不能承担岗位工作，严重影响养护生产和抢险保通工作。统计表明，近10年去世的1478名道班工人平均寿命为62.52岁，低于西藏人均寿命5.28岁。

“待业青年”这个逐渐退出历史舞台的名词，却是压在庞健心中的巨石。西藏地广人稀，公路里程长、等级低，养路工居住分散，交通不便，无法给道班职工子女提供教育的基本条件。这一现状造成多数道班职工子女文化水平低、就业技能缺乏，加之就业渠道狭窄，导致系统待业人员就业困难。大部分待业人员只能通过参与季节性公路养护、抢险保通等临时性工作谋生。截至2010年6月底，公路管养系统有待业人员2832名。这次改革通过自治区财政的支持，将大幅度减少公路系统的“待业青年”。在《全区公路系统养护一线补员宣传手册》中，对补员有这样的叙述：“此次开展一线补员，其岗位设置为工勤技能人员，主要在养护一线从事养护生产。补员的对象主要为公路养护系统长期聘用人员和符合条件的养护职工未就业子女。所有补充人员均为非事业编制的劳动合同工”。在《宣传手册》中还规定了优先补员的临界年龄：即男性临近40周岁，女性临近30周岁的“待业青年”。

同时规定优先补充长期临时工。

长期临时工这种奇异的表述方式，决定了这部分人员尴尬的地位，特别是工资待遇低，与合同工同工不同酬的问题和矛盾，深深困扰着政工人事干部出身的庞建。由于历史和政策的原因，事业单位合同制工人多年来得不到补充，随着退休人员的不断增加，一线养路工缺员严重，不得已招收临时工补充人员的不足。据统计，到2010年6月底，全自治区公路管养系统共有职工9212名，其中离退休人员4929名，在岗职工4283名。在岗职工中，固定工1615名，合同制工人2668名，长期临时工1188名。

尴尬的地位，较低的收入，“长临工”成为西藏养护体制改革的一个重点。

决不能照抄照搬内地模式

占堆，西藏自治区公路局局长。中学毕业后到日喀则交通局工作，先后在日喀则地区党校、自治区党校和中央党校学习，获得本科学历。1990年调日喀则公路总段（后改为公路分局）工作，曾任副科长、副局长。1998年任天域交通宾馆总经理。2000年回日喀则公路分局任局长、党委副书记。2005年任自治区交通厅重点公路项目管理中心党委书记、副主任。2011年任西藏自治区公路管理局局长、党委副书记。

占堆说的“内部问题”指的是内部不适应西藏公路发展现状的体制问题，也就是这次改革需要着重解决的问题——定员管理向定额管理的转变。

占堆的家乡在日喀则的白朗县，白朗县位于日喀则东南，雅鲁藏布江南岸，喜马拉雅山北麓。省道204县自西向东，穿过县城，横贯白朗县北部，是白朗与外界沟通的重要通道。1962年，占堆就出生在这条省道的罗布江孜道班，父母都是道班工人。到了该上学的年龄，父母被调往国道318线的第7道班，占堆就在距道班4公里外的班雄乡上小学。在日喀则、白朗完成小学和中学学业后，自己也成为日喀则养护段的职工，是一个标准的“路二代”。

道班工人家庭出身，后来又在养护和建设一线担任领导工作的经历，使占堆对西藏公路的历史与现状、成就与痼疾了如指掌。“不照搬内地模式”成为占堆和交通运输部公路局的共识。

交通运输部公路局局长李华在听取了西藏公路养护工作情况汇报后，明确表示：绝不能完全照抄照搬内地模式，要因地制宜，根据西藏的实际科学制定养护体制机制，同时要确保稳定。

部公路局鉴于目前全国体制改革和公路养护的现状，建议西藏在国省干线养护管理中，实行垂直管理体制，切实保障干线公路的畅通；对农村公路实行以地方交通局为主的“条块”管理模式。

李华强调：改革要与国家事业单位改革工作结合起来，加强公路局管理职能，积极推进“管养”分离。鉴于西藏的特殊情况，公路养护生产不能完全走市场化的道路，日常养护、小修保养、应急抢险保通等方面建议走公益性事业单位发展方向。

提高效率为目标，推行大工区生产模式引入聘用制解决人员缺乏问题，要提高机械化生产程度，减小人员劳动强度，改革一定要保障职工利益，解决待业人员就业、职工子女上学问题，道班房建设继续纳入公路改建项目建设配套投资，改善一线养路工生产生活环境……

部公路局的想法与西藏的思路完全吻合，这使占堆对这次改革的成功充满了自信。他对我们说：你们到西藏来了，不要只在局机关采访，出去走一走，了解一下现在的西藏公路，了解一下我们一线的工人。我们知道，这是他的自信，他相信我们所到之处可以看到西藏公路的变化，可以看到改革对公路，对公路职工精神面貌带来的改变。

西藏在全国范围来讲是一个经济欠发达的地区，西藏的养护体制改革也相对较晚。但是，经过对全国各地改革经验、教训和智慧的考察和汲取，后起而秀于前，后发而胜于先，不是不可能。也许西藏的改革能成为其他省份的楷模。

听高原风劲风止，看雪域云卷云舒。

原载于《中国公路》2012年8月15日第16期

铜黄项目的“返工锤”

曹小荣

“把这些都给我砸了！”项目经理王宏伟怒气冲冲地指着地上一堆六棱块喊。这些水泥预制的六棱块棱角分明，表面光洁，只是边角有点磕碰的痕迹。工人似乎有些不忍，还在犹豫着。“砸！”王宏伟再次下令。砰砰咚咚，片刻间几十块成品就变成了一堆废品。王宏伟抬头注视着目瞪口呆的工人说：“我要送你们一把“返工锤”，如果再出现这样的，你们自己马上砸掉！”。

这是发生在二公局三公司铜黄路项目小型构件预制厂的一幕。小型构件预制是高速公路中的附属工程，工程量小，长期不被重视。铜黄项目的小型构件预制厂承担全线5个标段的小型构件预制任务，项目部下定决心要把这个长期不被重视的附属工程做成精品。为此，项目部进行大量的工艺创新，采用全自动钢筋弯箍机、钢筋绑扎磨具、混凝土自动布料机、自动控制振捣、自动喷淋等设备和工艺。

开始运行后，效果良好，但技术员发现拆模时成品偶尔有边角磕碰，就要求工人再仔细些。工人却说：“以前哪有这么好呀？不都能用吗？”反复几次就是不能杜绝，技术员只好反映给项目经理。于是，项目经理亲自带人，当着工人的面将几十块预制件全部砸碎。

产品被砸，有人不理解，悄悄嘀咕：“真是瞎折腾。”预制厂老板也觉得是故意刁难他们，赶紧去给王宏伟送礼。王宏伟对老板说：“我不是为难你们，是要保质量出精品。要送，你就给我送一把大锤，我把它放到现场做‘返工锤’。”老板恍然大悟，立即组织工人召开专题会议，要求确保质量，并明确告知，只要出现一点瑕疵，该件产品就不给工人计算工资。

“返工锤”虽然没有真正挂到现场，但却挂在了每个工人的心里。此后，工人们个个精心操作，每一块预制件，每一个环节都小心翼翼。

小型构件预制是铜黄项目实施标准化管理的一个侧面，在路基、桥梁等主体工程施工中，项目部精益求精，致力于打造“零缺陷”工程。今年6月，交通运输部副部长冯正霖率领全国高速公路施工标准化活动现场会的200多名代表参观考察了该项目；10月25日，交通运输部部长杨传堂在考察该项目时，对项目部在小型构件预制生产过程中推进工厂化生产、标准化作业给予赞扬，对产品质量表示满意。今年5月到11月，铜黄项目迎接各种考察观摩110多次，获得极高评价。

原载于《交通建设报》2012年11月22日3版

“我觉得这是一个负责任的部门”

市民微博质疑高速路收费不合理，河南省交通运输厅主动约见耐心释疑赢得理解。

康继民　周爱娟

2012年9月3日16时30分，郑州市民刘先生来到河南省交通运输厅，听取工作人员就河南省高速公路计费标准的解释。这几天，他一直很兴奋，也有些忐忑。兴奋的是，没料到自己一篇质疑郑州南站高速公路收费不合理的博客竟然能引起河南省交通运输厅这样大的关注，工作人员多次打电话、发短信约见他。忐忑的是，作为一个举足轻重的政府部门，不知道工作人员会怎样为他这个普通出行者解释关于35元通行费的疑问。

质疑多收35元　一篇博文引起厅长关注

8月22日，郑州市车主刘先生在新浪微博发表了《郑州南站高速公路收费不合理投诉》一文。8月19日，他驾车从南阳卧龙站上高速公路返回郑州，途经G40沪陕高速公路、S83许平南高速公路、G4京港澳高速公路及S1机场高速公路到达郑州南站下道，全程共计286公里。“缴费时值班员找我要170元。我当时觉得应该没这么多，应该在135元左右。”刘先生告诉记者，可值班员解释费用是电脑计算的。

河南省高速公路联网公司第一时间发现该信息后，公司董事长代建伟要求相关部门高度关注，并与刘先生取得联系。8月24日，河南省交通运输厅副巡视员马健在互联网舆情日报上批示后，联网公司随即就该路段通行费计算依据向厅高速公路管理局汇报。河南省交通运输厅厅长孙廷喜得知此事非常重视，8月30日，在互联网舆情日报上作了批示。9月3日，代建伟会同厅高管局通行费管理处、中原高速公路通行费管理稽查部负责人员邀请刘先生和他的朋友见面。代建伟用了一上午的时间，从河南省高速公路发展到联网收费工作有关情况，与刘先生进行了沟通交流。

白话专业术语　画图解疑释惑

那么，究竟是什么原因导致收费出现不一致？9月3日下午，河南省高速公路联网公司董事长代建伟从河南省高速公路现状讲起，到联网收费正在开展的多路径识别系统工程，向刘先生详细解释了河南高速公路收费的情况。

刘先生这才知道，截至目前，河南省通车的5916公里高速公路由26家业主单位管理，省交通运输厅和发改委联合发文《关于明确我省高速公路联网收费计算拆分有关问题的通知》，其中提到，“在河南省高速公路联网收费实现精确拆分之前，暂按‘最短路径收费，交通概率拆分’的原则收取通行费，随着相关技术领域发展，将不断完善联网收费高速公路路径多义性拆分原则”。

为了方便刘先生理解，工作人员特意画了张图，用通俗的语言向他解释说：“由于各高速公路路段每公路造价的差异，特大桥梁、隧道路段批复的收费标准较平原路段高，出现了甲乙两地不同路径收费额不同的情况。比如南阳卧龙站到郑州南站两条路径的差异，路径1：经过许平南高速公路、京港澳高速公路到机场高速公路郑州南站全程296公里，收费标准为0.45元/公里；路径2：经二广高速公路、郑尧高速公路、郑州绕城高速公路到郑州南站全程291公里，收费标准多为0.55元/公里，二广平顶山路段隧道加收15元/次。”也就是说，高速公路联网收费系统判定刘先生的车行驶路径2，而非实际行驶路径1，经过各路段通行费累加取整后，实际收费170元无误。

近年坚持及时沟通　赢得社会理解和支持

工作人员连说带比划，刘先生很快明白了这170元通行费的来历。令他没想到的是，圆满解决了问题以后，代建伟董事长又就联网收费正在开展的多路径识别系统工程向他作了说明，明确系统建设已经得到各家业主支持，近期上厅务会研究，明年年底建成后广大驾乘人员、各路段业主通行费收取和拆分将更加公开、公正、公平。

刘先生听了解释后，由衷地说：“与河南省交通运输厅的交流沟通，让我觉得这是一个负责任的部门。我为河南高速公路而骄傲。希望高速公路多路径识别系统早日实现。”

据记者了解，近年来，无论是针对媒体所反映的关于高速公路通行费收入和拆分的问题，还是人民群众来信来访，河南高速公路管理部门都做到及时沟通解释，面对媒体、车主和业主反映的问题和质疑不回避、不扯皮、不拖拉，积极主动加强沟通，多次取得社会对公路收费工作的理解和支持。

原载于《中国交通报》2012年9月7日3版

草原的夜晚静悄悄

——内蒙古公路建设处处重环保

冀云洁　辉　军

时下正是内蒙古公路建设施工的黄金季节，尤其对于施工期只有三个多月的大兴安岭地区来说，时间更是弥足珍贵。但在绥满国道主干线博克图至牙克石高速公路建设现场，每到夜晚都静悄悄的，原来，夏秋两季不仅是施工的黄金季节，也是野生动物孕育生命的时期，如果夜间施工，机械噪声会影响孕育期的野生动物。

《环境影响报告书》两次征民意

内蒙古拥有美丽的大草原、大森林、大湖泊，草原民族崇尚自然，珍爱草原生命。内蒙古始终把环境保护作为公路规划建设的先决条件，坚持建设与环保同步规划、同步实施、同步验收，确保经济效益、社会效益和生态效益协调发展。

《内蒙古自治区公路水路交通运输“十二五”发展规划》显示，“十二五”期间，全区重点公路建设总投资超过2200亿元，重点公路建设项目38项，建设规模5577公里，其中，820.3公里高速公路和一级公路将穿越森林生态系统，4691.1公里穿越草地生态系统，1780.9公里穿越荒漠生态系统，175.9公里穿越湿地生态系统。规划路网可能影响的生态环境敏感区包括11处国家级自然保护区、10处自治区级自然保护区、7处国家森林公园、6处自治区级森林公园、1处自治区级地质公园、8个重要生态功能区、5个生物多样性保护优先区、1处重要湿地的分布区。

为实现生态与发展双赢，内蒙古自治区交通运输厅编制了《内蒙古自治区公路水路交通运输“十二五”发展规划环境影响报告书》，并将规划概况、规划环境协调性、规划主要环境影响、环境影响减缓措施、环境影响评价初步结论等报告书要点内容进行了两次公告，征求公众意见和建议。

一条穿沙公路移栽三万多株植物

白乌满芒二级公路锡林郭勒盟满都拉图至芒来煤矿段、501县道白日乌拉至乌兰察布段地处浑善达克沙地，建管办有针对性地制定环保施工实施细则，以“细微之处做环保，环保和施工同步进行”为基本原则，详细规定了施工注意事项，明确了奖罚措施。

在路堑开挖施工中，现场工长既管施工也负责环保，当遇到连株的黄柳、小叶锦鸡儿等沙区植物时，就将其连根挖起，移栽到线外。白乌满芒二级公路全线移栽量达3.7万余株。

鄂尔多斯鄂托克旗在清除公路沙毁沙阻的同时，在穿沙公路两侧制作防风沙障，种植灌木、播撒草籽，固定沙流。截至目前，共种植防风沙障9000多亩，沙障和新生植被在公路两侧形成一条绿化带，有效固定公路两侧两三百米内的绝大部分沙流。

一段灌区高速架设903道桥涵

河套平原是内蒙古重要的粮油生产基地，河套灌区平均每50米就有一条渠。穿越灌区的京藏高速公路哈磴段长140公里，为保护排灌区，不阻断良田水系，该段高速公路上共架设了全长26753米的903道桥涵。修建每一座桥和每一道涵时，建设单位都为水渠修建了上下各150米的防护衬砌，不仅没有破坏原有生态，而且保护了可贵的水源。

京藏高速公路巴（拉贡）新（地）麻（黄沟）段经过西鄂尔多斯保护区，这里的四合木、半日花被国家列为二级保护植物。项目办从规划、设计、施工三个环节提出环保对策，采取改造现有三级路、严格限制在边界桩以内施工等措施，从源头避免对四合木等植物造成生态破坏；对拌和场地进行硬化，为拌和机械装配除尘装置，运输粉煤灰时采取洒水和遮盖措施，有效控制了大气污染。因公路穿过大片牧场，项目办要求施工单位把路基养生用的白色塑料布用完后及时回收，以避免牛羊吞食。

这样的例子还有很多。内蒙古坚持将环保理念融入公路建设，实现了生态与发展双赢。

原载于《中国交通报》2012年7月20日1版

这五年，我们创造奇迹举世瞩目

——四川交通建设西部综合交通枢纽纪实

吴　丹　周显仁　梁晓明

A　西部综合交通枢纽：从盆地走向开放

“全力建设贯通南北、连接东西、通江达海的西部综合交通枢纽。”五年前，省委、省政府深刻分析形势后发出战略号令。

从2008年开始，以出川大通道为代表的高速公路建设和以“四江六港”为代表的水运港口建设拉开了宏大的帷幕，如火如荼展开，奏响了西部综合交通枢纽建设的最强音。

四川全省齐心协力，打开通道、完善路网、构建枢纽的交通建设热潮澎湃在川蜀大地上……

四川省政府从2010年推出历时三年的全省交通重点建设项目集中攻坚活动。

“对于四川交通来讲，形势逼人，机遇难得。加快发展，缩小差距，显得尤为关键，尤为重要。这是解决四川交通一切问题的根本出路和希望所在，是我们唯一正确的选择和压倒一切的硬道理，是实现科学发展、又好又快发展的当务之急和本质要求。”2008年，刚刚上任的四川省交通运输厅党组书记、厅长高烽深感未来的几年时间，将是四川交通运输大发展的关键时期，他要求四川交通人“背水一战、奋发有为、求真务实、爬坡奋进”。

四川省交通运输厅一边紧紧抓住交通运输发展规划编制和衔接工作这一“龙头”，全面梳理和完善提高，加快构建现代综合交通运输体系；一边从机制创新入手，以“多个积极性、多元主体、多种方式”推进交通建设创新发展。全面开放交通投资市场，鼓励通过BOT等多种方式，引进资金筹措能力强、建设管理能力强的各类社会投资人，投资建设高速公路和水运港口。

各地党委政府对交通重点项目建设，全面加强领导，强化要素保障，及时研究解决工程推进中的突出问题，着力创造良好建设环境。各项目投资人和业主积极履约，创新管理，保障资金投入，千方百计加快项目建设。设计、施工、监理等单位优化资源配置，强化管控措施，加班加点，苦干实干，全力以赴确保工程建设进度。

全省交通运输系统紧紧把握"高位求进、加快发展"的工作基调，超常发展、跨越发展，交通建设投资规模呈现出"井喷"态势，年年刷新出令人惊奇的纪录，从2007年的245亿元快速递增到2011年的1002亿元，创造了四川交通建设投资的崭新纪录，成为全国首个年度交通建设完成投资突破千亿元大关的省份。2008至2011年4年间，全省公路水运建设累计完成投资2668亿元，是建国以来至2007年58年累计完成投资的1.34倍。

前瞻布局的战略决策、部省联手的鼎力支持、科学宏伟的规划、充足保障的资金、全省上下的齐心合力，必然成就四川交通的非凡发展。

"四川交通建设已在打开通道、构建枢纽、完善路网方面取得历史性突破，西部综合交通枢纽的主骨架正在形成。近五年奋斗，宣告'蜀道难'的历史基本结束，一个现代化的交通体系正展现在人们面前。"来自四川省社科院今年发布的《破解"蜀道难"的四川实践——关于西部综合交通枢纽建设的调研》报告如是阐述。

B　高速公路：大道出川　蜀道不难

西部综合交通枢纽的重中之重是高速公路。

翻开2008年前的四川地图，成都以西区域，高速公路几乎是一片空白。当时，四川省高速公路通车里程仅为1939公里，全国排名第12，西部排名第4，出川高速仅仅连通重庆、云南，与周边其他的甘肃、贵州、青海、陕西等省区没有直达的高速通道，省内的阿坝、甘孜、巴中等地尚无高速公路。

从2008年至今，四川交通人高扬高速公路这一龙头，抓规划，抓前期，抓资金，抓建设，四年时间内新开工建设高速公路项目42个，总里程3887公里，总投资规模3107亿元，均居全国各省区市第一位。全省建成和在建高速公路总里程达到6537公里，是2007年的2.47倍，在全国各省区市的排位由2007年年底的第12位跃升到第2位。实施高速公路BOT项目24个，建成和在建总里程2510公里，引进社会资金1882亿元，位居全国第一。全省高速公路网加速形成，直接覆盖131个县（市、区），惠及人口占到全省总人口的91%，覆盖地区GDP占到全省总量的94%。

从始于1990年的成渝高速公路，340公里修了5年终于完工；到2000年，通车里程达到1000公里耗时10年；再经过8年，到2008年年底，通车里程超过2000公里；而2008年至2011年，仅仅三年就突破3000公里，三年时间完成了上千公里通车里程的跨越；今年底，又将创下一个新纪录，突破4000公里；2013年，将向5000公里发起冲刺。2011、2012、2013连续三年，四川交通以每年破千公里高速公路通车里程的势头迅猛发展，在全国乃至世界公路发展史上，实属罕见。

没有条件，创造条件，没有空间，拓展空间。广陕高速在桥梁上建设移动梁场，以空间换时间，建成时间比国家批复的时间提前一年；雅西高速以世界一流的科技成果有力地支撑了墩高182米的曲线形连续刚构腊八斤大桥、最大埋深1650米的大相岭泥巴山深埋特长隧道以及首创的干海子和铁寨子双螺旋小半径曲线隧道等一批具有世界级难度的重点工程顺利建成。中国工程院院士、公路专家郑皆连美誉雅西高速为“云端上的高速公路”。四川省委书记、省人大常委会主任刘奇葆高度评价雅西高速建设者：创造了这么多的第一，真是了不起！时任交通运输部部长李盛霖盛赞雅西高速是他见过最好的高速公路之一，大大提升了我国交通科技形象。

C　内河水运：在春天里重扬风帆

“发展停滞不前甚至萎缩，已失去了优良的水运资源，仅有集装箱码头岸线3处2.28公里……”这些曾是四川内河水运发展的窘境。

五年前，建设西部综合交通枢纽大幕开启，内河水运发展被摆到突出位置。

2008年的水运调查结果令人振奋：通过对长江、岷江、嘉陵江深入调查，三江可供建设大吨位、集装箱码头的优良岸线资源达12处19.75公里，可以支持总规模1000万标箱以上的集装箱港口群。

“四江六港”建设规划全面启动。依规划，沿长江、岷江、嘉陵江、渠江而建的集装箱港口总吞吐能力将达1000万标箱。

而在2007年，全国集装箱吞吐量超过500万标箱的港口有6个，四川仅为5万标箱。1000万标箱，意味着增加200倍，这是一个宏大的梦想，而这也是四川水运新一轮的春天。

到2011年，泸州港突破十万标箱；泸州港首趟铁水联运列车开行，成都至泸州的铁水联运成为四川第一条铁水联运通道，公水、铁水联运的“无缝换乘”，大大降低运输成本，提高运输效率……

全省港口集装箱吞吐能力建成和在建总规模达到233万标箱，由之前的5万标箱，“爆发式”翻了近50倍!

而通过市企合作破解资金难题无疑让这个春天更加温暖。四川省交通运输厅挥出大手笔：创新投融资体制——内联外引，对内，联合市州、交投集团合作投资；对外，和上海港合作，引入行业巨头投资。

省港航公司来了，它们相继与广安市、南充市政府签订协议，合作建设当地港口。

省内外企业接踵而至。全球最大的港口公司上海港集团公司采取股份模式，和宜宾一起建设宜宾港，并实行通关联运，四川由此通江达海。

除了创新投融资模式，四川也从政策上支持水运发展。2010年，出台政策对进出四川主要港口的集装箱运输车辆通行费进行优惠。2012年3月15日，《四川省人民政府关于加快长江等内河水运发展的实施意见》出台，这是新中国成立以来第一次以省政府名义出台支持水运发展的专项政府文件，对四川水运发展具有划时代、里程碑式的意义。

D　灾后重建：化危为机创奇迹

四川史无前例的西部综合交通枢纽建设，考验着四川交通人攻坚克难的信心和拼搏精神，而遭受汶川特大地震带来的巨大损失，让如今交通辉煌成就更显珍贵。从抗震救灾到灾后恢复重建，四川交通人一次次书写着坚强与奋起，书写着从悲壮走向豪迈。

汶川大地震一周年之际，中共中央总书记、国家主席胡锦涛乘车为都映高速公路通车撞红剪彩，在现场听取省交通运输厅厅长高烽汇报后，胡总书记对都汶公路抢通保通创下的“五个史无前例”和都映高速公路建设中破解的“五大难题”给予高度赞扬。

2008年9月2日，中共中央政治局常委、国务院总理温家宝视察都汶路老虎嘴路段时称赞：“交通部门的干部职工以顽强拼搏的精神创造了修复、修建公路史上的奇迹，他们的业绩是史无前例的，他们的精神也是史无前例的。”

而在“5·12”地震一周年之际通车的都映高速公路更是破解了特大地震后高速公路建设五大难题：成功破解了在强余震不断的情况下，穿越活动断裂带进行高瓦斯隧道施工的难题；成功破解了大桥主墩水下60米裂缝修补的难题；成功破解了大跨径T梁整体复位的难题；成功破解了桥梁墩柱矫正修复的难题；成功破解了用最短时间完成都映高速公路恢复重建的难题。

四川交通人清醒地认识到，灾后道路交通建设，既是重建项目，也是发展项目，四川要化危为机，抢抓灾后机遇。

他们以规划先行，灾后交通恢复重建规划、新的四川省高速公路网规划、国省干线公路改造实施方案、农村断头公路建设规划等迅速出台。全过程全因素工作法横空出世，通过构建工作体系、健全工作机制，强化目标计划、流程再造、平台搭建、制度管控和监督保障，实现精细化高绩效管理，确保前期工作程序不减、进度加快、周期缩短、质量提高、目标实现。

截至2011年年底，累计建成干线公路和汽车站点项目466个，累计完成投资842.8亿元，农村公路完成恢复重建2.9万公里，基本形成灾区生命线公路网。

如何化危为机，四川交通人用大手笔的灾后重建作出了精彩的诠释。人们突然发现，“变蜀道难为蜀道通”这个恒久的愿望，竟然在一次大灾难后，离大家如此之近。

奋战5年，从“蜀道难，难于上青天”到“天堑变通途”，从“西部终端”到“西部中枢”，从“四川自用”到“西部共用”，四川交通速度承载着全省经济腾飞的希望，凸显的是四川交通人的智慧、胆识、谋略和实干。四川建设西部综合交通枢纽的壮丽蓝图，正逐步变成美丽现实。四川交通人正以源自祖先的坚韧不拔和开拓创新的精神，砥砺奋进，铿锵前行，向着构建枢纽，夺取历史性成就发起持续冲刺。明天，又将是新的辉煌！

原载于《四川交通》半月刊2012年11月总第213期、214期

有的人逝去，什么都没有带走，反而给周围的人留下了很多东西——未尽的事业、由衷的敬意、绵长的思念，抑或是深沉的思考……

君去远方

——追忆2011年度交通系统十大新闻人物陈勇刚

熊　婧

不知道是否机缘巧合，找到陈勇刚的妻子覃再芳时，她跟我说的第一句话是："今天为止，他走了整整一年。"

那天是2012年2月15日，一年前的这一天，重庆市彭水县交委计划科科长陈勇刚患肝癌离世。他的故事由身边人的追忆而起，传诵开去，感动了很多人。

2012年1月，陈勇刚成为了全国交通行业十大新闻人物之一，这也是一生低调做人的他逝去后获得的分量最重的荣誉。

"他是个非常认真的人，我们已经认识八年多了。"

覃再芳再忆起丈夫，依旧难掩悲伤，话语里，听得出太多的遗憾。

陈勇刚2003年毕业于重庆交通大学，同年7月，毅然放弃兰州设计院聘用，作为"技术人才"引进至彭水县，先后在县质监站、县交委机关建管科、计划科工作。覃再芳在此时就已经和丈夫相识，亲眼见证着丈夫一路上的付出和收获。

从小生活艰辛，好不容易有了在工作上大展拳脚的机会，出身农村的陈勇刚很"拼"。他立志"在这里一天，就要好好工作，发挥专长，把路规划建设好，让老百姓出行方便"。

这句看似气势高昂的话，要付诸实践、且坚持下去，实属不易。在彭水县质监站上班时，陈勇刚一年就完成近2000份检测报告，在极其平凡的岗位上展现出了突出的工作能力。2006年5月，陈勇刚被任命为计划科科长，主要负责公路建设规划工作，是当时彭水县交委最年轻的科长。

2008年12月，陈勇刚主持起草《彭水县旅游交通规划》。对于远离重庆主城区的彭水县来说，旅游是新发展方式的探索，对全县的经济建设有至关重要的作用。为了这份规划，陈勇刚亲自带着规划设计专家，一处一处地查看旅游线路，在全县已经建成的3000多公里公路上，几乎都留下了他的汗水和足迹。

有一次，陈勇刚带着专家们查勘石通旅游公路时，驱车六七个小时，冒雨翻越海拔1200米的高山，由于路滑，加上路况不好，越野车打滑差点掉下数百米的悬崖。稍作休息，他坚持拉上专家们步行到了石盘乡，完成了对这条旅游公路的实地查勘。

如今，这条公路已经通车，成为彭水县著名景点阿依河、百里乌江画廊的节点，为彭水县创造了巨大的经济和社会效益。

“他骨瘦如柴，已没有血流出，于是他又恳求我用火罐强行吸。”

覃再芳直到现在都不知道，丈夫具体是什么时候确诊肝癌的。

陈勇刚是个把工作和家庭分得很清楚的人，不论在外多忙多苦，一进家门，他只字不提。陈勇刚说，男人的工作有压力理所当然，在外无论遇到什么，自己都必须扛起，绝不可以因为烦心的事影响家人。家，对于陈勇刚来说，是最温暖的港湾，而妻子，是他最疼惜的人。

那时的覃再芳也着实没有精力过多地关注丈夫，因为自己身怀六甲，生理心理都饱受着煎熬。“他本来就不胖，但是那段时间突然更瘦了。”覃再芳虽然意识到了丈夫的变化，但丈夫却没有对她坦白，“我一直觉得是工作太辛苦了，他从来工作都很认真的，应该没什么”。日子一天天地过去，丈夫越来越差的身体，让覃再芳最初的一丝担心变成了沉重焦虑。在她的追问下，陈勇刚不得不承认了病情：肝癌，最多还有半年时光。

这个消息犹如晴天霹雳，覃再芳一下子就懵了。她曾经幻想过很多种可能，却没有想到是这样的结果。考虑再三，覃再芳在生下孩子后，把陈勇刚的姐姐陈玉兰接到了彭水，她希望有人帮忙带带孩子，更希望姐姐在自己不知所措的时候，能给予依靠和支撑。

过了不久，陈玉兰还是知道了弟弟的病情，顿时万般心酸。农村人家好不容易培养出一个大学生，眼看他成家立业、日子越来越好的时候，老天却要收回一切，这是何等的不公平!陈勇刚理解姐姐的悲痛，可是他依旧坚持“不要把病情告诉任何人，包括我们两方的父母、亲戚和领导、同事。如果你们把我的病情说出去了，我就从这八楼跳下去。”

在陈勇刚最后的日子里，妯娌俩相互支撑着，一步一步往前走。所幸孩子的出世，让陈勇刚的意志坚强了很多，每一张和孩子的合影，已经病重的陈勇刚都会笑得很开心，看上去气色不错，他说：“只要我还在一天，就会高高兴兴地陪着你们一天”。

2010年9月，陈勇刚的病情急速恶化，可是依旧拒绝住院，利用所剩不多的时间继续工作。每天早上，覃再芳和姐姐都会在阳台上目送丈夫上班，“心里很害怕，都不知道他早上走出去，晚上是不是还能回来。”

重庆市交委组织召开的全市交通“十二五”规划座谈会的前夜，家里人折腾了一宿，想尽办法为陈勇刚退烧，只因为他坚持要去参会。“给他穴位穿刺退烧的时候，他骨瘦如柴，已没有血流出，于是他又恳求我用火罐强行吸，当火罐拔出几滴鲜血时，我心里也滴着血。”陈玉兰回忆着当时的一切，心痛难抑。而那次会议结束后，因为身体撑不住，陈勇刚一下车，连家都没有回，就直接住进了医院……

说到医院，覃再芳又回忆起了更多的事情。“他走了之后，很多人都问过我们为什么要化名看病，其实知道陈勇刚的人，都很好理解。”那一次，陈勇刚住院，医院病房不太隔音，躺在床上的陈勇刚听到隔壁传来熟悉的说话声，怀疑是自己的同事，便让妻子去看看。覃再芳看完之后，更加肯定了陈勇刚的想法。“他当时就说，千万不能让人知道这事，免得大家都来探望，他从来不想给单位和同事添麻烦”，覃再芳说，“所以我们当时就决定以后看病要写假名字。不想给别人添麻烦。”

最后的时光里，覃再芳一直默默守在丈夫身边，而陈勇刚的领导和同事们却是在最后关头才知道了这个噩耗，“完全都不知道实情，他平时很勤奋的，上班特别认真，而那段时间却经常‘感冒’请假……”

“我其实根本就不愿意再多回想，想早点平静地过日子。”

遗憾的是，当所有人开始走近陈勇刚的故事时，他已经静静地离开了人世。

陈勇刚走了，带着对妻子和刚出生儿子的无限眷恋，带着对未尽工作的诸多遗憾，去往了天堂。他走后，覃再芳无意中在电脑里发现了丈夫自患病起，偷偷给自己和儿子写下的信，洋洋洒洒6000余字。除了在信中告诉儿子做人的道理、叮嘱妻儿照顾好身体外，陈勇刚还给妻子写了一首歌：“让我为你再多活一天/这是我心愿/对你的爱还有那么多/没有给完……”

事后，单位组织开展了陈勇刚先进事迹的报告会；覃再芳的工作，彭水县委、县政府给予了解决；夫妻两人在陈勇刚生前买的房子还剩下的贷款，也已用交通系统职工和社会的捐款还清；宝宝健康可爱，陈玉兰还留在彭水帮着弟媳带孩子……

生活似乎慢慢回到了正轨。若不是2011年全国交通系统十大新闻人物的出炉，覃再芳的生活应该会慢慢平静。现在的覃再芳很喜欢上班，因为下班回家要面对空空的屋子，只有墙上依旧挂着的结婚照和全家福，会提醒着她，这个屋子里曾经还有一个自己深爱、也深爱自己的人。“有时候会觉得屋子里哪里都是他的影子。我只希望自己再忙一点。”覃再芳的声音已经包含哭意，这一年，在外人看来已经很坚强的她，其实扛得挺辛苦。

“今天不回老家给他扫墓，就在彭水给他烧点纸。好快，都一年了。”采访结束的时候，覃再芳说。当年病入膏肓的丈夫，亲自为自己安排后事，联系火葬场，还嘱托家人将骨灰撒入岷江。陈勇刚看开了生死，可覃再芳却违背了丈夫的意愿，这是丈夫生病以来，她第一次“拒绝”了丈夫的要求。陈勇刚死后，他在老家给丈夫买了一块公墓，方便公公婆婆去祭扫，“我们家上有老下有小，总是得给大家留下点寄托和念想的。”

很多人劝覃再芳放下这段往事，希望她为孩子着想，能考虑再成一个家，覃再芳却拒绝了，她努力不让自己活在过去，可就是无法忘记，覃再芳说自己一辈子都不会忘记陈勇刚，因为他们曾经那么相爱，那么情深，这个世界上也许再也不会遇到像陈勇刚那样爱她的人。

也许是一年的光阴太短，无法掩埋最深切的伤痛。和覃再芳一样，至今依旧牵挂陈勇刚的人还有很多，他们一直向身边的人述说着陈勇刚的好，述说着他的认真、踏实和勤劳，用这样的述说弥补心中永远的遗憾。

时间总会抚平一切的创口，但唯一不变的，将是所有经历过陈勇刚生命的人，对他永远深沉的思念。今生别离后，何日君再来?

原载于《中国公路》2012年3月

广州交通升起的"东部彩虹"

BRT荣膺联合国气候变化"灯塔奖"

冼伟雄代表10万广州交通人亲赴多哈领奖

马援农　陈城武　赵　盈　吴嘉恩

编者按：

12月5日，联合国气候变化大会暨"2012年应对气候变化灯塔项目"颁奖典礼在卡塔尔首都多哈举行。该奖项从100多个申报项目中选出9个获奖项目，广州中山大道快速公交试验线（以下简称广州BRT）是中国唯一入选的项目。

从广州BRT开通试运行，到常态化运行，不断获得社会各界接受并认可。本报也曾多次跟踪进行深度报道，积极为广州BRT营造良好的舆论氛围。

广州BRT系统能脱颖而出荣获联合国"灯塔奖"，其致胜"秘笈"是什么？获奖的背后，又有哪些鲜为人知的故事？

繁忙BRT：亚洲第一　世界第二

日均载客85万

广州BRT西起体育中心，东至黄埔区夏园，全长22.9公里，沿线共设26对停靠站台。该系统最早从2005年开始规划和建设，2010年2月10日正式建成通车。目前广州BRT系统共有31条公交线路运营，营运车辆958辆。

市政协副主席、交通工委书记、交委主任冼伟雄介绍，广州BRT采用开放式系统，提供直达式服务。在线路组织方面，31条快速公交线路除B1线完全在快速公交走廊内运行外，其余30条线路经行走廊内的部分站点后继续与走廊外的公交站点开放式连接，为更大范围内的市民提供快速、便捷的直达式服务。虽然进入BRT系统载客营运的31条公交线路由多个公交企业承运，但均由专门成立的BRT运营管理公司对站台管理、线路调度、票款分清等业务进行集中统一调度。为解决高峰时段客流集中和“潮汐”现象，广州BRT公交系统综合采用了包括动态借道、静态借位，大站快线、直达快线和短线、空车切入等在内的多项灵活调度方式。以上三点，让广州BRT达到系统运行效率最优。

值得一提的是，广州BRT是中国第一家根据客流需求设计站台的快速公交系统，在BRT安全门系统上增加客流统计功能，实现了站台容量、车流、客流三者之间的匹配。比如，BRT岗顶站站台全长250米，日均客流量高达5.5万人次。

科学的设计让广州BRT“hold”住不断增加的客流。来自交通部门的数据显示，自2010年建成通车以来，广州BRT日均客流量已达85万人次，最高达96万人次，是国内其他城市BRT系统客流的4倍以上，单向高峰小时截面通过量达2.99万人次，成为亚洲第一大、全世界第二大的BRT快速公交系统，仅次于哥伦比亚千禧年快速公交系统。

东部居民进城慳时慳钱

对于广州市民而言，广州BRT的规模大小可能有点抽象，但市民们特别是东部的居民能实实在在感受到的是，有了BRT，进城更“慳时”、“慳钱”啦!

作为推动广州城市东进战略发展的重要“引擎”之一，广州BRT的建成通车意义重大。东部地区居民可以利用BRT公交站台内同一方向免费换乘的特性，更便捷地前往全市大约1/7的公交站点。广州BRT开通后，还通过设立BRT专用道、兴建23座人行天桥、增加3.9万米护栏，减少公交车与私家车、行人与机动车的交织程度，带动了社会车辆的通行效率提高，改善了中山大道沿线的交通状况。据统计，BRT公交开通后，BRT通道走廊内的公交车平均运营速度达到23公里/小时，比开通前提高了近84%；市民搭乘公交的候车时间减少15%，搭乘时间减少29%。而BRT公交走廊沿线的社会车辆平均速度也从开通前的13.9公里/小时提高到开通后的17.8公里/小时，提速28%。实现了BRT公交车和社会车辆一起快的双赢局面，市民进出中心城区更加方便。

在BRT开通前，广州东部地区共有17条公交线路票价都在3元以上。BRT开通后，这些公交线路的票价统一降低至2元。在此基础上，广州市政府还明确宣布，乘客在任何一个BRT站台内都可享受同方向免费换乘的优惠待遇，并享受每月搭车15次之后票价6折的“折上折”优惠。由此，按照目前BRT的日均客流计算，平均每天可以为搭车的东部地区市民节省出行成本170万元，降低搭乘费用47%！

住在BRT师大暨大站旁边的市民石基先生在区庄上班，早上主要乘坐B3线到广东工大站，六个站需时15分钟左右。他认为高峰期时BRT和地铁拥挤程度差不多，“但坐BRT可更快捷，时间更短，换乘车次更方便而且更经济，因为同一方向不需要再额外买票，也不是按距离收费。”

环保BRT:节能减排　低碳交通

二氧化碳排放量降三成

据了解，广州BRT自筹建开通以来，一直积极紧跟世界应对气候变化及国家发展低碳经济的环保理念，全线采用先进的智能交通系统以及节能低排放的公共交通车辆。BRT运营管理公司内部也从BRT开通第一日起，就积极开展碳盘查工作，设置盘查推进委员会，推动温室气体盘查作业，并积极推进温室气体减量。同时，BRT公司还依据盘查结果，进一步推动温室气体自愿减量排放的相关计划，采取的减量措施包括：能源替代、节约用电、环保标章或环境友善产品的开发改良、环境绿化等。

统计数字表明，BRT开通前一年（2009年2月10日至2010年2月9日），行驶在中山大道上的各线路公交车累计载客396828430人次，期间排放的二氧化碳总量达143755.241吨，平均每名乘客排放二氧化碳0.362千克；而在BRT开通的头一年时间里（2010年2月10日至2011年2月9日），中山大道沿线BRT公交累计运载乘客553904647人次，排放二氧化碳137519.677吨，平均每名乘客排放0.248千克。对比发现，BRT公交开通后，中山大道的公交客流量大幅度上升了49%，而公交车消耗的能源还下降了4.3%。平均到每位搭车乘客身上，二氧化碳排放量更是猛降了31.5%。在节能减排方面，BRT公交系统每年可为广州减少二氧化碳排放超过8.6万吨、减少颗粒物排放14吨。一氧化碳、氮氧化物等其他空气污染物的排放量也都有不同程度的减少。广州BRT仅用了1年时间，就达到了国家交通运输部制定的至2020年年底二氧化碳人均减排27%的目标。

今年以来，广州BRT系统节能减排效果显著屡获肯定：5月10日，BRT管理公司荣获英国标准协会（BSI）颁发的可持续发展——绿色低碳奖；12月4日，获得由中国交通企业管理协会颁发的“全国绿色交通运输企业”荣誉称号。

公共自行车解决“最后一公里”

广州BRT不仅在BRT通道走廊上实现了节能减排的目标，还把低碳交通的尝试延伸到站台之外。这就不得不提广州BRT的另一个国内首创：与公共自行车系统实现整合，解决市民搭乘BRT到站后从站点到目的地“最后一公里”以及短途出行问题。

广州公共自行车运营管理有限公司于2010年8月15日正式投入运营，现已开设服务点116个，投入5000辆自行车，3000个锁桩，分布在BRT华景新城至夏园站沿线并延伸到附近社区。公共自行车服务点主要设置于地铁站、公交站、客运站、大型社区、公园、医院、学校等人流聚集的区域，形成较为完善的广州市公共自行车运行网络。市民只要交300元押金充值羊城通或办理临时租车卡，就可刷卡租车，一小时内免费。在广州亚运会及后亚运时代，公共自行车创造了良好的社会效应。

12月23日晚上18：00到19：00晚高峰时段，记者来到BRT华景新城站，看到现场的公共自行车出租点50多个车位都是空的，只有几辆没有被市民租用。而在天河公园对面的上社站，出租点停放的公共自行车则多一些，陆续有市民前来租用或者归还自行车。市民刘先生在车站附近的店里当销售，他认为相比公交车，短途出行使用公共自行车不受线路限制，也不用等，而且一个小时内免费，所以经常使用：“既省时又省钱！”市民周小姐有更多期待：“希望岗顶站那边也能设置公共自行车接驳，那样我在那边上班，就更方便了。”

营运至12月18日，广州公共自行车运营管理有限公司持卡量约为6.4万张、租车总量为1397万人次。本年度日均租车量约为1.8万人次，最高租车量为2.4万人次，周转率为5人/辆次，总体而言租还业务较大，车辆运转率较高，为广大市民的出行提供了切实的方便。

2011年1月，美国交通运输研究委员会（TRB）年度会议上，广州市因成功实施中山大道BRT系统、公共自行车系统、绿道系统等，而获得“2011年可持续交通奖”，广州也因此成为中国首个获此殊荣的城市。

模范BRT:打造“广州模式”

“广州模式”创造4项世界第一

传统的BRT运营模式大致有三种类型：高标准专用路式（如布里斯班、厦门）、相对封闭式（如波哥大、北京）和相对灵活式（如首尔、圣保罗）。广州在开展BRT的研究规划及设计时，并没有照搬照抄其他城市的做法，而是结合广州城市特点及综合交通实际情况，突破了国内外BRT系统的常用模式，因地制宜、创造性地提出了“快速通道+灵活线路”系统模式。

“快速通道+灵活线路”的系统模式使得广州的快速公交系统成为目前世界上独树一帜的、既能充分发挥普通公交车灵活性、可达性强优点，又能更加适应道路交通及公交客运需求，且充分提高BRT系统自身运作效率的系统模式，十分适宜在国内大中城市中，地少车多，公交线路重复，交通拥堵的现状条件下实施。目前这已被业内人士称为快速公交系统的“广州模式”。

广州BRT系统的独特模式，创造了2项中国第一：是中国第一家采用多家公交运营商的快速公交系统；也是中国第一家采用面向客流需求的站台设计的快速公交系统。此外还创造了4项世界第一：师大暨大站全长260米，不仅是全世界最长的快速公交站台，其断面通过公交车辆的频率也是全世界最高的，平均每小时进站车辆高达350辆；全世界第一个采取“直达服务”；全世界第一家采用“可变车道控制技术”的大容量快速公交系统；全世界第一个实现与地铁和公共自行车系统高度整合的快速公交系统。

世界交通同行学习“广州模式”

灯塔奖，顾名思义，要能够像灯塔一样给别人指引方向。广州BRT系统打造的“广州模式”，得到社会各界的肯定，也吸引着中国其他城市乃至世界范围的交通同行前来取经。

2010年10月29日，中央电视台新闻频道播放了长达8分钟的“BRT为广州提速，为亚运加油”的专题报道，对广州BRT的实际成效予以高度肯定。

广州BRT项目还入选了美国史密森尼（Smithsonian）博物馆举办的“为世界上90%的人而做的设计”（Design with the Other 90%: CITIES）展览，在联合国大厦大厅展出，成为该展览中展出的唯一一个亚洲项目。此外，广州BRT项目和设计经验总结也被国内外多家技术刊物所收录，并在封面刊登照片，也被诸如纽约时报等国际媒体报道。

目前，广州BRT的经验正被逐渐推广应用到甘肃兰州、江西抚州、湖北宜昌、蒙古乌兰巴托和马来西亚吉隆坡等多个城市的快速公交项目中；至今已有超过36个国家和130多个城市派出的考察团前来广州BRT参观学习，累计访问次数超过265次。

原载于《广州交通》2012年12月31日3版

牟廷敏 攀登世界桥梁之巅

何白桦

海拔2000多米高峻的拖乌山上，直插苍穹的根根钢管如巨臂般擎起长1811米大桥，大桥如巨龙昂首盘旋在半空，车行桥上，身边云海飞渡，如入仙境，令人不由感叹设计者的鬼斧神工。

这座桥书写了四项世界第一：第一座最长全钢管混凝土桁架梁桥；第一座最高的钢管混凝土格构桥墩、组合桥墩、混合桥桥墩；同类结构中每联最长的连续结构；第一次全面采用钢纤维钢管混凝土施工。这就是雄踞于雅西高速公路上、成为一大壮丽景观的干海子特大桥。

桥的设计代表者，正是享受国务院政府特殊津贴的四川省交通运输厅公路规划勘察设计研究院桥梁分院的副总工、桥梁专家牟廷敏。47岁的他，已多次开创世界纪录，成为业界响当当的代表人物。

勇于创新， 敢为天下先 铸就座座世界级桥梁

在专家众多、人才济济的厅公路设计院，牟廷敏主持和参与设计的数十座不同类型的桥梁，创造了多个世界第一或“之最”。

世界第一座钢管混凝土主桁斜拉桥——广东南海紫洞大桥；

世界第一座全钢—混凝土组合体系拱桥——主跨300米的广东东平大桥；

世界第一座全管桁钢管混凝土梁桥——雅西路干海子特大桥；

世界最大跨度钢管混凝土拱桥——主跨460米的巫山长江大桥和主跨500米的合江长江一桥；

世界最高的钢管混凝土组合桥墩——183米高的腊八斤特大桥……

从1988年走上工作岗位， 20多年在路桥领域摸爬滚打，牟廷敏与桥梁

结下了不解之缘。钢管混凝土桥梁设计、施工和养护等技术的研究方向和课题，是他孜孜攻关的方向，获得了一系列创新突破，用智慧和汗水浇灌了一座座大桥，位于雅西高速公路上的腊八斤和干海子特大桥就是其中颇具代表性的桥梁。

雅西高速公路是条典型的山区高速公路，穿越海拔2300米以上的大相岭和拖乌山，还经过活动性地震带并伴随着季节性积雪冰冻，整个项目呈现出“工程规模大、工程技术难、科技含量高”的三大特点，在世界范围内，都具有特殊性和典型性，因此被交通运输部确定为“设计典型工程”和“科技示范工程”，腊八斤、干海子两座桥梁是工程建设中最难“啃”的两座特大桥。

腊八斤特大桥要穿过高烈度地震带，爬越泥巴山，曲线纵坡大，地质情况差。牟廷敏带队挑战，在多次现场勘察，反复研究基础上，提出了预应力混凝土连续刚构主桥+简支T形梁引桥设计方案，其中10号桥墩高182.64米，是同类桥梁“世界第一高墩”， 等于近60层楼高。

为什么要选择修建这么高的一个桥墩？是因为腊八斤特大桥主桥为610米，加上引桥总长达到1400多米，但其主跨只有200米，同时，路线翻越大相岭山脉，路线必须爬高。虽然按常理用拱桥的形式最为经济，也更容易修建，但腊八斤沟地处高烈度地震区，地质情况异常复杂，地基不能承受拱脚的强大推力。斜拉桥、悬索桥则只适用于直线桥，而受制于地形，腊八斤特大桥只能设计为曲线桥。也正是这样一个原因，成就了今天的这一科技创新。这座桥难并不在于其桥型设计，而在于这是第一次采用新的结构。“作为一个桥梁设计者应该敢于创新，不能固步自封，在设计和造型上敢于追赶世界先进水平。”牟廷敏这样说。

正是这种创新，腊八斤特大桥创造了“第一”：高墩所采用的“钢管混凝土组合柱”结构在桥梁建设上是第一次。“钢管混凝土组合柱”就是先在桥墩四角安装四根钢管柱，钢管柱内浇筑混凝土，再用钢筋混凝土将四根钢管柱包围，并用钢筋混凝土板连接，形成空心箱结构。一层完成之后，再向上进行第二层，整个桥墩一共有16层。此外，钢管柱内采用了目前最高等级的C80混凝土，强度为普通混凝土的4~6倍，而这种新型的技术也让桥的自重减少了33%左右，一个桥墩也减少工程投入1000余万元。

将钢管混凝土桥梁设计、施工技术创新应用到实际中，此举解决了腊八斤特大桥面临的难题。

另一座特大桥干海子特大桥设计更是闪耀着设计者智慧的光芒。

干海子特大桥的原设计单位采用的是山区公路建设上常用的一种桥梁形式40米58孔简支T梁桥，但是，干海子特大桥所在地不仅海拔高，而且地震烈度高达9度，采用简支T梁，不仅耗料费力，而且抗震效果差强人意。面对这种情况，牟廷敏等工程师反复构思，认为建全管桁钢管混凝土桥可以解决简支T梁桥所不能解决的难题：

简支T梁桥需用140000方混凝土、18000吨钢材，而全管桁钢管混凝土桥需用100000方混凝土、14000吨钢材，仅此就节约预算投资3600万元。简支T梁桥所用的钢筋混凝土是一种脆性材料，全管桁钢管混凝土桥所用材料是钢管混凝土，是一种延性材料，后者抗震性要强得多，在质量上也比前者减轻约55%。

正是由于全管桁钢管混凝土桥设计在资源节约、环境保护上有费省效宏的特点，对探索藏区公路桥梁怎样修、山区地形高烈度震区怎么修具有积极意义。

创新，使牟廷敏再一次成功收获了世界第一。

正是因为勇于创新，才有了一个个“第一”和“之最”。对此，牟廷敏说，千万不要为争第一而盲目求最大、最高、最新等等，实际情况需要怎么做就怎么做，破一次世界纪录没有什么价值，一座实用、高质量的桥才是最有价值的。在他看来，要创新，但不要盲目创新， 创新有多种类型，把其他成功项目的新理念、好经验和新工艺消化吸收、应用到新的工程项目中，做到继承、发展、综合应用再发展也是创新，并且是最基本、最有价值、最有生命力的创新。如果完全不具备条件，那就是冒险而不是创新了。

他告诉记者一个公式：创新=安全+实用+经济+美观。其价值的总和越低，技术含量就越高。设计者最重要的是贯彻运用科学真理和在工程实践中积累的经验。

秉承理念，吐故纳新，浇灌座座精品

二十多年来，牟廷敏在桥梁设计上佳作频出，在很大程度上得益于其与时俱进的设计理念。

2000年以前，桥梁设计上更多的是强调功能性，秉承的是“安全、实用、经济、美观”设计理念，其后，“环保性”浮出水面，“美观”后来居上，与前几者平分秋色。

2006年，牟廷敏主持设计了泸渝高速公路合江长江一桥，长江一桥是泸渝高速公路的一项控制性工程，位于合江县榕山镇境内。牟廷敏又一次书写了震惊世人的设计：主桥为跨度530米的中承式钢管混凝土拱桥，是目前世界上同类桥梁单跨跨径最大的一座钢管混凝土拱桥，被誉为“世界第一跨”。同时，大桥首创采用“摇臂抱杆”技术，顺利完成150米超高扣塔安装；大桥单吊吊重达197吨，突破国内大桥缆索吊装吊重纪录。

然而，让牟廷敏选择这种桥型设计的初衷不是这些“最大”，而是环保性。当初这座桥的设计有三个方案供比选：一孔500米悬索桥、斜拉桥、拱桥，前两种为老桥型，然而，他选择了在跨度和施工上都极富挑战性，需要克难攻坚的中承式钢管混凝土拱桥。

“钢管混凝土拱桥本身就可节约建设投资9000余万元，而且比斜拉桥漂亮；采用分离式拱座，充分地留出了航道，尽量减少架桥后对长江黄金通道及泄洪的影响，不仅减少了开挖量，还减少了环境污染；利用缆索吊装技术建设该大桥，节约工程投资约8000万人民币。这些资金的节约，也减少了对环境的破坏。”牟廷敏这样说道。

“美”的观念也深入其设计理念中。他认为，“桥梁设计不仅是科学更是一门艺术。”设计者只有将艺术化理念与当地的历史文化、自然环境相协调，才能使一座大桥具备审美内涵，而不是一堆丑陋的构造物。2012年，其主持设计的广东东平大桥，与桥长6公里的杭州湾跨海大桥一起荣获“2011年度詹天佑土木工程大奖”。一座地方桥梁与国家重点工程并肩折桂，这不能不说是一个奇迹。让人赞叹的不仅是该桥是世界第一座全钢—混凝土组合体系拱桥，其体现出来的桥梁设计的美学意义更是让人称赞。

该桥跨越东平河，是佛山市中央组团新城区的重要桥梁。由于大桥位于城区，在设计上，他充分考虑了桥的美观性，桥型采用了造型别致、线形优美的组合体系，主孔跨径300m、边跨跨径为95.5m的钢拱—连续梁协作体系桥。

远看东平大桥，红色的桥体飞越河的两岸，似彩虹般壮丽，桥拱大小相连，曲美多情，又为大桥平添了几许妩媚，大桥就如同生长在这座城市英姿飒爽的南国美女，与这座城市同呼吸，成为当地的地标式建筑。

牟廷敏对桥的热爱数十年不变，但设计观念在变，“设计理念要与安全耐久、经济实力的提高、技术的进步相一致。现在条件环境变了，理念也变了，环保、美学这些理念都要贯穿到设计中。”这是一种与时俱进的“变”，这种“变”令其设计的桥梁虽然各有特点，各有个性，但却精品不断。

心执责任，坚如磐石，彰显赤子情怀

面容黝黑、身形精瘦的牟廷敏仿佛有着用之不竭的旺盛精力。“要找他，只有两个地方，办公室和工地。”这是大家对他的印象。在设计一座座知名桥梁的同时，他还主持开展多项技术研究。

作为项目负责人，他完成或承担了交通运输部科研项目5项、省交通运输厅科技项目16项、联合研究科研项目5项，其成果在国际国内影响大，产生了显著社会经济效益。同时，他先后在国内外发表论文60余篇。

面对这些成果，有人说他聪明爱钻研，有人说他能吃苦，在条件简陋的工地上一呆就是数个月，也有人说他富有创新意识和胆识，而他认为除了团队良好的学术氛围、长期的技术积淀外，责任心也是重要因素！“做一个项目，无论大小，都要做出品牌，要对得起社会，对得起良心，踏踏实实，不投机取巧，这是一个设计者应有的责任心。只有有了责任心，才可能设计出好的作品。”

正是因为这样一份责任心，练就了他高超的科研能力和精湛的业务技术、精益求精追求卓越的创新意识。

正是因为这样一份责任心，二十多年来，他对桥梁设计的热忱不改，迎难而上，勇挑重担，创造出一个又一个的世界或全国“第一”和“之最”。

正是因为这样一份责任心，他也收获了一项项荣誉：获得过国家级科技进步奖、优秀咨询奖2项，省部级科技进步奖、优秀设计、优秀咨询奖30项，获国家发明专利5项、国家实用新型专利27项。

2008年，他被批准为享受国务院政府特殊津贴专家，是“四川省职工职业道德十佳标兵”、“四川省五一劳动奖章”和交通运输部“交通运输行业特殊科技贡献奖”获得者，也是四川省学术和技术带头人后备人选……

对荣誉，牟廷敏早已风清云淡。古人云：君子盛德，深藏若虚。坐在办公桌前的他，平和、亲切、淡然，无论成绩有多大，荣誉有多少，他心中所全神贯注的，依然是与山中的劲风、江上的狂涛打交道，用心血设计出更好更美的桥梁！

原载于《四川交通》半月刊2012年4月总第200期

我省公路养护管理

转变方式　创新理念　过好“日子”

陈晓光　姜久明

“建设就像是过年，养护管理就像是过日子。与建设相比，养护管理只有起点没有终点，更加艰巨，更加繁重。要坚持把抓养护作为巩固建设成果、转变发展方式的重大举措，摆在更加突出的位置，逐步建立‘高质量工程、高品质服务、高效率监管、高科技支撑、高素质队伍’的养护管理新格局。”厅党组书记、厅长高志杰告诉记者。

与轰轰烈烈的三年决战相比，公路养护日复一日，年复一年，要想保护好公路建设三年决战的良好成果，必须走出一条符合龙江实际的科学养护之路。在今年的全省交通运输工作会议上，厅党组提出把加强养护管理作为全系统的战略重点，作为交通系统贯彻科学发展观的重大举措，切实提高公路养护水平，为经济社会发展、百姓民生提供便捷安全绿色的出行条件。为此，省厅通过充分调研，成立专门的养护管理机构，进一步完善高速公路区域化管理，建立“工区实施、处级管理、省局管控、省厅监督”的区域化养护管理机制，国省干线形成省市县三级公路交通应急预案体系，全面推行预防性养护，鼓励自主创新，养护机械提档升级，全省高速公路的养护质量处于历史最好水平，国省干线普通公路养护向科学标准路迈进。

全覆盖构建应急养护网络

在我省公路养护应急救援中心北安中心，记者看到，一排排面积较大的场房、一台台功能齐全的清扫车、技术先进的热再车修补车、功率较大的起重机等10余种80余台套应急养护设备一应俱全，整齐地排放在中心场区内，犹如一排排站队的列兵，似乎等待出征的号角。

据省收费公路管理局局长王刚介绍，北安养护中心是按照厅党组提出的“区域覆盖，就近服务”原则的区域养护中心，不仅覆盖了省内周边地区的应急养护，还辐射蒙东地区、呼伦贝尔等地，已被列为交通运输部的应急救援中心之一。黑龙江幅员辽阔，公路总里程长，养护和应急救援任务重、难度大。厅党组决定按照辐射半径160公里范围规划建设哈尔滨、齐齐哈尔、鸡西、佳木斯、北安5个区域化养护应急救援中心，作为高速公路养护管理体系的组成部分，同时兼顾服务普通公路，主要承担养护工程、应急抢险、道路清障、事故救援、设备信息发布以及战备物资储备等任务，同时也是区域养护、救援设备物资整合、平急结合、常态路网协调机制建设和运作平台。

同时，省收费公路管理局根据省厅提出的“以处为主、强化局控”的养护管理思路，不断创新管理体制、完善管理制度。在组建5个区域应急救援中心基础上，还在13个局直公路管理处组建了66个标准化养护工区，全面开展公路桥梁的养护管理任务。形成以区域应急救援中心为主体，以养护工区为依托的清障救援及应急处置网络布局，有效提高了应急处置能力。

据了解，我省国省干线普通公路也在积极加强应急抢险队伍建设，完善交通预案体系，制定针对自然灾害、事故灾难的专项处置预案和针对重大桥梁、重点路段等现场预案，已形成省市县三级公路交通应急预案体系，努力实现一般灾害下应急救援2小时内到达、应急抢通24小时内完成。

应急物资储备中心的建设，可以提高公路雪阻、水毁、事故等情况下的保通能力，积极做好公路突发事件的各项准备工作，坚持预防与应急并重，常态与非常态结合，达到养护、治超、应急抢险、服务“四位一体”，更好地为社会发挥整体服务作用。

新理念推广预防性养护

“公路管养的关键在于运用四新技术，从传统养护方式向养护机械化迈进，从传统养护理念向预防性养护理念转变。做到‘有路必养、养必优良，有路必管、管必到位’，实现‘有缝必灌、有坑必补、有物必清、有跳必修、有险必除、有超必治’的管养目标。”副厅长高学文告诉记者。

据介绍，由于我省地处高纬度地区，冬夏温差达70度以上，路面温度裂缝及冻害裂缝大量存在。目前，全省高速公路沥青路面里程达2867公里，占总里程的75%，沥青路面灌缝总长度约324万延米。能否及时做好路面灌缝工作，关系到道路使用寿命的长短，关系到周期养护成本的高低，关系到道路服务水平的好坏。为此，省厅将抓路面灌缝作为春季预防性养护中一项最重要的工作。

从去年冬天开始，省收费公路管理局对全省高速公路进行了一次系统性的养护项目储备，对大中小桥、路基路面进行检测，形成养护设计方案，开展了施工图设计。今年春季，高速公路养护以召开现场会的方式，在全省推广预防性养护的经验，统一沥青路面灌缝人员设备配备、统一材料、统一工艺流程、统一安全管理，沥青路面要采用改性沥青、水泥路面要采用硅酮胶灌注，严格控制灌缝工艺，做到既饱满又不至于被车轮碾带污染路面。坑槽做到了“即损即修”，按照“圆坑方补、浅坑深补”的要求，沥青路面采用热拌沥青混凝土或冷补料修补，水泥路面采用水泥混凝土或冷补料修补，并严格按操作规程实施，保证了修补质量。保证灌缝质量，提高灌缝进度。实现了全省沥青路面灌缝机械化施工和标准化施工，彻底抛弃“大油壶、大扫帚、大板锹”的原始作业方式。同时，结合我省高寒多雪、冻融交替的气候特点，科学实施清雪保通、设施维护、坑槽修补、裂缝灌注等常规养护作业项目的工艺流程，大力推广薄层罩面、微表处、雾封层、就地热再生等预防性养护技术，通过流程化、规范化的养护作业，提高作业效率、保证作业质量。

据了解，我省改变以往的一年一次的春季灌缝，调整为春秋两季二次灌缝，消除秋末冬初的水侵害问题，目前秋季灌缝正在筹备中。

强创新养护设备提档升级

在齐泰高速公路上，记者被一台多功能清扫车吸引，这台车不仅可以清扫高速公路路面的尘土、沙石，还能清除小雪和路中央隔离带内积雪、路肩残雪，清扫速度达到每小时20 多公里。据介绍，这台清扫车是省收费公路管理局齐齐哈尔处职工经过几年时间自主研发成功的，由于保洁效率高，达到了国内同类车速度的4至6倍，现在全局系统都在推广应用。

日常保养过程中，我省以狠抓路面清扫和路容路貌整治为重点，狠抓路面、桥梁日常养护和巡查，清扫保洁坚持机械为主、人工为辅。记者在哈黑公路路段上看到，路肩边坡上打草作业的养路员工，没有了往日镰刀挥舞的场面，而是普遍使上了统一配备的便携式打草机，员工的防护镜、安全服等装备一应俱全，动作娴熟，全神贯注，在悦耳的马达声中，路肩边坡上参差的杂草，在他们的手中转眼间整齐划一，仿佛变成了一张毛茸茸的绿色“地毯”……

据了解，我省收费系统引进了先进的大型养护设备200余台，自主研发设备40台。

抓转型科学标准路全面推进

据省公路局局长段建国介绍，几年来，我省普通公路养护管理事业已经迈入‘养护转型、管理升级、改革加速、服务提高’的新阶段。我省提出了创建科学标准路的战略部署，总体目标是，力争用三年时间，实现科学标准路创建路段占全省养护里程的50%，同时，农村公路养护示范县创建工作今年要完成15个，确保农村公路实现有路必养，养必见效，有路必管，管必到位，让普通公路最大限度地发挥出公路通行和服务作用。其根本出发点和主要目的就是，在养护市场化之前，为社会提供好路，便于公众出行，最终实现公路管理者、养护者和使用者三方共赢。科学标准路创建工作是国省道和农村公路进入市场化养护的开端，是标志性起点，更是一个重要的发展契机。

为了全面推进科学标准路创建，8月31日至9月1日，全省普通干线公路养护管理及科学标准路创建推进会在建三江召开，全面推广了现代化、科学化、数字化、信息化、市场化养护管理经验。据了解，我省国省干线养护管理体制改革实施意见和农村公路养护体制改革实施意见即将出台。

原载于《黑龙江交通》2012年9月18日第215期

海风东来　黄土地上绽放蓝色梦想

——天津海事局倾力助推西部海员发展

赵远哲

巍巍黄河，蜿蜒万里，奔流入海，千百年来，母亲河无私地滋养着中华大地。如今，在黄土高原之上，蓝色梦想正在绽放。随着国家西部大开发战略的实施，交通运输部贯彻国家战略，积极服务社会主义新农村建设，部海事局在海员队伍建设布局上进行战略调整，天津海事局落实交通运输部、部海事局指示精神，主动创新思路，结合国内外航运经济发展的规律和趋势，逐步探索出了一条发展西部海员事业的路子。

“截至目前，按照长短结合的西部海员培养思路，西部海员培养项目已累计完成招录506人，完成就业安置282人。”6月15日在延安召开的西部海员发展推进会上，天津海事局局长刘福生说，推进中西部海员发展，支持新农村建设，就是依靠东部的航海教育资源和船员劳务市场，依靠西部地方海事部门和地方政府共同开发更大范围的西部海员劳务资源。

越来越多的西部海员告别黄土地，走向蓝色海洋，黄土文化正与蓝海文明相融合，以更加从容的气魄走向世界。

走向海洋的陕北娃带回惊喜

“现在我有了一份稳定工作，我对当初的选择无怨无悔。”站在会场发言台上，井万里向全场参会代表说出这句话时，语气中带着些许骄傲与自豪。井万里是延安职业技术学院航运工程系2008级学生，2011年5月，他开始在华洋海事中心的十万吨散货船“太平洋能源”上工作，挣到了人生第一份工资，实习期间工资加上各种津贴补助有6 000多元人民币。

从小生长在黄土地，不临江不靠海，却与海结缘，从此与蓝海为伴，这对延安这片革命圣地的人们来说，海员这一职业有种陌生感和神秘感，但走向海洋的陕北娃带回来的最直观感受，就是他们家庭经济状况的改善。

对这一点，乔彦杰的母亲马彩琴有着最为直接而深刻的体会，“多亏娃娃当了海员，才挣钱救了我啊！”乔彦杰家住延安市延川县禹居镇乔家河村，今年年初，乔母因病住院，半个月先后做了两个手术，其中所需的3万多元医药费，都是在船上工作的儿子寄回来的。乔彦杰是延安招收的首批海员，当初报考，母亲曾竭力反对，一方面认为在船上工作不安全，另一方面也对宣传中的海员职业的高收入表示怀疑，无奈最终没能说服儿子。

如今，乔彦杰早已顺利通过船员培训考试，并累计在船上工作了近1年， 其间不仅跟船先后去了澳大利亚、日本、韩国、意大利等十几个国家，还在第一个航次的9个月里就赚到了7万多元。据了解，延安几乎每个出了海员的家庭，其经济条件和生活水平都在当地处于中上游。有以下这组数据为证：

截至2011年年底，延安全市农民人均纯收入为6 565元，而一名普通船员年收入为3至8万元，高级船员年收入则可达5至30万元。

“对于我们这些农村孩子而言，当海员的确是一条好出路，不仅可以赚钱，还能走遍世界各地，增长见识，而且现在的技术和设备都很先进，在船上工作远不像原先担心的那样危险……”乔彦杰说。

“当上海员的陕北娃，带回来的不只是物质财富，更是先进的生产理念、丰富的思维模式和与时代接轨的发展眼光，这些将带给他们新的人生，也将成为延安新农村建设的无形财富。”延安市常务副市长薛占海说。

从2007年8月西部海员培养基地落户延安至今，在天津海事局的积极努力下，深处内陆的陕北农民从不知航海为何物，到逐渐认识、接纳航海，西部海员发展工作正一步一个脚印地推进。 截至目前，已有200多名像井万里、乔彦杰一样的陕北娃告别黄土地，走向了蓝色海洋。

天津海事暖风吹拂黄土高原

早在2006年4月深圳国际海事论坛上，部海事局就提出，把我国海员来源的视野，投向具有丰富劳动力资源的中西部地区，在确保质量的前提下， 满足航运市场对船员的需求。

2006年7月13日，在河南新乡“推进中西部海员发展工作座谈会”后，交通运输部副部长徐祖远对推进中西部海员发展作出重要批示，希望“以海事部门特有的优势，搭好交流平台……让海风尽快吹遍中西部，让更多的中西部地区青年告别黄土地，走向大海洋，在蓝色的国土上成为祖国航运业的强大贡献力量。”

部海事局在政策措施方面向中西部倾斜，引导并推动相关单位到中西部地区宣传航海职业，并大力宣传海员来源向中西部转移的重大意义，吸引更多的有识之士、 地方政府、有关企业到中西部地区建立船员培训机构，从而为中国及国际海员劳务市场提供高素质海员储备。

天津海事局深入分析国际航运市场和海员劳务市场发展动态，系统总结河南新乡海员发展的经验，进一步理清了推进中西部海员发展的工作思路。“我们从启动西部船员工作到现在整整6年，经历了3任局长，4任主管副局长，2任处长，但是这项工作始终得到局党组的高度重视，以其作为践行‘三个服务’的抓手，持续不断地推向深入。”天津海事局党组书记李国祥说道。6年来，天津海事局依托东部沿海的区位优势，不断增强服务的辐射功能，发挥海事部门的职能作用，心系老区、服务老区、助推老区经济发展。

2007年8月19日，天津海事局、延安老促会和延安职业技术学院三方达成了建立“西部海员培养基地”的意向，确定了西部海员培训基地正式落户延安，并进入了实质性运作阶段。随后大连海事大学、青岛船员学院先后与延安职业技术学院签订了合作办学的协议书，指导学科建设，捐助办学设备。

2008年3月25日，部海事局召开“延安海员培训基地建设工作座谈会”并提出要求：要长短结合，两种模式共同推进西部海员发展，尽快培训出一批合格海员。为切实推动“延安市海员招生就业培训”项目，在经过多次实地调研后，天津海事局与延安市政府共同制定出《推进西部海员发展和促进农村转产就业工作方案》，坚持“政府部门主导、企业积极参与、市场模式运作、机制逐步形成”的基本原则，确立了以高级海员培养和普通海员输出两种模式共同推进西部海员发展的思路。

天津海事局船员处处长王长青介绍说，“短”，就是由延安市政府明确招生、就业、社保等具体章程，老促会积极协调各区县相关部门，引导适合条件的青年尤其是农村剩余劳动力自主自愿地进行报名，开展海员职业培训，天津海事局委托具有条件的培训机构进行普通海员专业培训，推荐就业，做到“招募一批、培训一批、安置就业一批”。所谓“长”，就是依托基地所在院校进行系统的航海职业教育规划、专业嫁接，进行航海类专业学科建设，努力培养出高级船员。

按照长短结合的西部海员培养思路，截至目前，延安市已累计完成海员招录506人，完成就业安置282人。

蓝色梦想从黄土地上绽放

2011年11月18日，延安职业技术学院正式取得《海船船员培训许可证》，标志着已符合开办海船船员培训项目所设定的行政许可条件，基本具备开办航海类专业的软硬件环境。

“在提升办学条件和水平方面，延安地方政府和天津海事局给了我们极大的支持”，延安职业技术学院院长兰培英说。五年来，延安市政府从政策、资金方面积极支持该校开办航海类专业；天津海事局从办学理念、办学定位、专业设置、规模规划以及法规、政策、管理、技术、师资、实训基地建设等方面全方位地给予了支持和指导。

回望五年历程，在一个对航海一知半解的内陆城市推广特殊的海员职业，每一份进步都充满着艰辛。“较之于硬件建设、政策出台这些具体的工作，意识层面的动员最难开展。但既然西部海员已经走进了延安，就应该不惜一切努力让它扎根下来。”天津海事局船员处处长王长青说，他至今仍清晰地记得和同事们在延安周边农村那漫长而艰难的“游说”，他们挨个走进陕北农民的窑洞里，向他们介绍什么是海员、当海员有什么好处……

延安培训基地建设初期，实训条件差，设备缺乏，天津海事局协调港航企业，多次为延安海员培养基地捐赠设备；师资队伍水平不足，专业设置缺乏经验，天津海事局牵线搭桥，促进校企合作，校校合作。

如今，延安职业技术学院航海类专业教学硬件条件一应俱全，一万余平方米的航海实训教学楼已投入使用，实操设备安装到位。师资队伍建设方面，学校可通过合作平台，选派优秀学生到国内优秀航海院校学习，作为后备教师进行培养；学院教学骨干可深入合作院校及港口、港航企业、船员服务机构、船舶一线学习调研……

对于延安职业技术学院的师生来说，感动和激励正是他们前进的动力。6月15日下午，在延安职业技术学院的工作汇报会上，兰培英几度哽咽，“当从各方接到捐助时，我们明白，接过来的是一份份沉甸甸的责任。”

在天津海事局的无私帮扶下，延安职业技术学院海员培养基地专业建设、课程建设、实训基地建设、师资队伍建设，船员教育和培养质量管理体系建设等方面都有了长足进步，西部海员培养条件羽翼渐丰。

截至目前，共有102名来自延安的普通海员实现就业，而作为西部海员培养基地所在地，延安职业技术学院航运工程系08、09级两届毕业生共197人中，除17人自主就业外，另外180人已经全部与航运企业、船员服务机构等签订了就业协议，就业率达100%。

权威人士认为，中西部地区劳动力资源转化成为海员后，会有更大发展。从经济上而言，一个海员的收入改善了家庭的经济状况；同时，海员出来参加工作也带动了周围人改变旧的就业理念。“可以说，这足以填充很多青年整个人生的职业规划，是千百个贫困家庭脱贫致富的希望，更是延安培育新的经济增长极的机遇。”

“航海教育在西部属于新事物，我们必须把西部海员发展作为一项系统工程，深入海员发展产业链的每一环节，充分发挥各方优势，形成多方协调联动的局面。”交通运输部海事局副局长郑和平在西部海员发展推进会上说，希望各方能够继续密切配合，共同开创西部海员发展工作新局面，努力形成规模效应和品牌优势，谋求更大发展。

海风溯黄河而来，吹拂过黄土高原，海洋文化在这里生根，蓝色梦想在这里绽放，正有越来越多的黄土人从此走向海洋，走向世界。

原载于《中国海事》2012年7月15日第7期

编者按：大广高速公路深州至大名（冀豫界）段被交通运输部确定为第三批22个勘察设计典型示范工程之一，是我国第一条真正意义上的平原区低路基高速公路，仅用20个月便顺利实现“三同时”通车任务目标，创造了河北省高速公路建设史上的奇迹，彰显出了衡大管理处（原“衡大筹建处”）高度的社会责任感和先进的文化理念。

衡而必正　大业鼎成

——访河北省高速公路衡大管理处党委书记、处长廖济яо

张韶军

翻开河北省高速公路衡大筹建处编著的《耕耘集》，首先映入眼帘的是筹建处处长廖济яо撰写的前言《衡而必正　大业鼎成》。衡，泛指秤，借指辨别是非善恶的标准。正，不偏斜，与“歪”相对，引申为合于法则、合于道理之意。“衡而必正，大业鼎成”寓意衡大，是大广高速公路衡大段（简称“衡大高速”）管理者经验和智慧的凝结，是所有参建人员追求与精神的体现。

20个月创造奇迹

大广高速公路衡大段北起于深州市榆科，止于大名县高庄，接河南的冀豫界至南乐高速公路，全长220公里，投资概算114亿元，途径衡水、邢台、邯郸三市，是国家高速公路“7918”网中大庆至广州高速公路中的重要路段，也是河北省“五纵六横七条线”高速公路网络骨架中“纵三”的重要组成部分，对加强华北地区与首都北京、东北地区及南方省市之间的经济联系，促进沿线经济发展及产业结构、自然资源开发、特色产业升级具有重要作用。

筹建这样一条高速公路，对于廖济柙和他的团队来说，既是光荣的使命，也是重大的责任。为顺利完成省委、省政府下达的建设任务，实现衡大高速的早日通车，所有参建人员充分发扬“白加黑”、“三班倒”和“5+2”精神，加班加点，倒排工期。特别值得一提的是在实践过程中，衡大筹建处提炼出了以“永不放弃，未雨绸缪，满怀期待，竭尽所能”为核心内容的“蚂蚁精神”。该精神的提出引发所有参建人员的共鸣，凝聚了人心，汇集了力量，激励着大家攻坚克难，锐意进取，顺利实现了2010年年底“三同时”的通车任务目标。

从2009年4月24日正式动工到2010年12月24日建成通车，衡大高速的建设仅仅历时20个月，而预计的工期是36个月。对此，廖济柙有这样的评价：“作为被交通运输部确定的第三批22个勘察设计典型示范工程之一，衡大高速是河北省目前通车里程最长、设计标准最高、投资规模最大的高速公路项目，如此的建设速度创造了河北高速公路建设史上的奇迹。”

衡大高速能够被称为奇迹，不仅在于建设速度快，更在于在这样的速度下打造出了精品工程。

与其他高速公路建设者不同，有数十年公路建设经验的廖济柙深知设计是工程质量的基础，是工程主体的灵魂。为使衡大高速的设计真正体现业主对工程的功能、造型、品质、美观等方面的要求，廖济柙改变了传统的设计管理模式，由筹建处主导衡大高速的设计，要求设计单位必须按照业主的《项目概念设计思路》进行设计，而不是业主单纯地听从设计单位。

为此，筹建处提出了“安全舒适，资源节约，环境友好，便于养护，经济合理”的设计理念，要求做到“功能优先、结构合理、工艺先进、质量上乘”。采访中，廖济柙提到了一个词——“适度超前”。衡大高速公路采用双向六车道标准建设，而不是惯常的四车道；主线在不增加征地的前提下增设了港湾停车带，匝道和服务区进出口宽度均高于现行标准。这些都是廖济柙“适度超前”思想的体现，是“功能优先”理念的成果，更是实现“便于养护”要求的条件。车道的增加，港湾停车带的设置以及匝道的增宽，都将日常养护、维修等工作对道路通行能力的影响降低到了最小。也正是为了实现功能优先，在一次设计审查会上，他在不到半个小时的时间内，拿掉了设计方案中39处没有功能作用的构造物，为工程节省了几百万的建设资金。

另外，衡大筹建处在建设过程中刻苦攻关，大胆创新，研发采用渗透排水系统，创新使用FRP—钢组合结构桥梁，大面积推广使用植物纤维毯，积极采用地源热泵空调技术等，正是在一次又一次的大胆尝试下，在一项又一项的创新成果中，才成就了衡大高速公路这条真正意义上的平原区低路基高速公路，才无愧于“第三批勘察设计典型示范工程”和“交通运输行业第四批节能减排示范项目”荣誉称号。

同时，为增强设计单位提高设计质量的内在动力和自觉性，筹建处在桥梁设计招标中明确规定，桥梁勘察设计费须在桥梁下部施工完成后才能支付。将设计质量与设计费用挂钩，确保了工程地质勘察成果资料与实际地质情况一致，从而最大限度地减少了设计变更。

筹建处的管理工作面对的是数百公里高速公路、数千名工程师及数万名建设者。做好管理，执行好河北省交通运输厅党组和省高管局党委关于“十公开”的要求，保证施工的效率、进度和质量，是摆在筹建处面前的又一道难题。为此，廖济枏想到了利用信息化技术，建立网络管理平台。

对开发的网络管理平台，廖济枏明确要求必须实现功能最大化，坚决避免流于形式。网络管理平台设置了信息公开、投资管理、质量监督、进度控制、文化宣传、信息沟通等具有自身特色的项目管理模块，开设了“基桩检测”、“桩基凿除”等7个质量管理公开专栏，开发了能够大大提高审批效率的电子计量支付系统，将计量支付工作全部“搬”到动态管理平台，实行网上电子签名。平台真正做到了高效实用，符合工程管理和阳光廉政的需要，加快了资金支付，减少了内部腐败，保证了施工方将精力主要用于工作，对保障工程质量、强化履约、提前竣工起到了至关重要的作用。

自本项目开展“十公开”以来，受到了各级领导和社会媒体的关注。2009年9月5日，中纪委执法室孙怀新副主任、国家工业和信息化部刘贤利副司长到本项目进行调研。2010年8月19日，冯正霖副部长在全国公路建设座谈会上的讲话中明确指出，河北省大力推进信息化建设，把项目信息化管理与政务公开、与打造阳光工程结合起来，实现了全程管理信息化，既提高了工作效率，又减少了人为干扰，取得了多重效果。2010年8月27日，交通运输部党组成员、驻部纪检组组长杨利民，监察专员何华等领导对本项目“十公开”工作进行了调研并给予了高度评价。国内各省、市交通部门都先后到筹建处进行了调研，并对工作中的创新理念和措施给予了好评。中央电视台2010年8月3日的“新闻联播”、2009年11月29日的“新闻面对面”、2009年9月20日河北电视台的“阳光访谈”等节目以及河北日报、中国交通报、中国公路杂志等媒体也先后对本项目“十公开”工作进行了宣传报道。清华大学还对“十公开”工作进行了专题调研，并将调研成果写入《交通廉政的实现模式：制度、文化和领导力》一书。

“衡大高速实际工期比预计的提前了16个月，仅贷款利息就节省了6亿元。同时，提前形成区域路网，优化了道路结构，促进了沿线经济、文化事业发展，这些都是无法量化的价值”，廖济柙自豪地说。

汇集科技成果的示范路

作为交通运输部第三批勘察设计典型示范工程，衡大高速用技术攻关指导施工生产，采用新技术、新工艺、新材料，充分体现了“安全舒适、资源节约、环境友好、便于养护、经济合理”的理念，在占地、耗能、造价、工期等数据降低的同时，工程的品质大大提升。

据了解，衡大高速公路路基平均填土高度只有1.3米，是我国第一条真正意义上的平原区低路基高速公路。其路基高度之所以能够明显低于其他高速公路，是因为衡大筹建处创新使用了通道集水净化渗透系统（即“渗井技术”）有效地解决了下穿式被交道路与通道的排水问题，使整条路段都可采用横向通道下挖施工方案，并且不影响沿线百姓出行，从而降低了路基高度。

渗井技术是为了解决下挖通道积水问题，其原理是通过地下排水系统，把路面及其周边地区可能汇集到下挖通道内的雨水引入渗井，同时，渗井的积水既可用于灌溉又对地下水起到补给作用。更为重要的是，这一技术的应用真正起到了减少道路水损，确保道路畅通的作用。衡大高速全线共设置渗井207处，“即便是连续3天遭遇15年一遇的暴雨，衡大高速也依旧会畅通无阻”，廖济柙言语中透着十足的自信。

据廖济柙介绍，在不采用渗井技术的情况下，衡大高速设计的路基高度是2.9米，比现在高出1.6米。多出1.6米，意味着将增加永久占地581亩，增加取土占地6103亩，增加路基土石方数量536万立方米，增加边坡防护量88030.1立方米等，工程造价将多支出约2.58亿元。

新材料的应用也是衡大高速的一大亮点，其中最为典型的是植物纤维毯在边坡防护中的应用。

植物纤维毯是一种造价相对较低却有非常好的防护效果的边坡防护新材料，非常适合项目沿线以低液限粉土、亚粘土及粉细砂交互为主的土层。该方法只采用植物进行护坡，在雨季之前、路基施工完成之后即可实施，施工程序简易快速。“衡大高速使用该技术后，造价下降了，人力节省了，工期缩短了，防护效果却更好了。2010 年 7 月19 日，大广高速公路邢台段普降大雨，粉砂性道路路基冲刷严重。而在大雨之前铺设上植物纤维毯的边坡，基本没受到大雨的影响。”廖济柙介绍了植物纤维毯的作用。

改扩建段的6号天桥是我国第一座FRP—钢组合结构桥梁。FRP桥面板重量轻，可大大降低桥梁恒载，提高有效承载力，并减少基础工程下部结构工程量，是解决桥梁结构轻型化问题的一个十分有效的途径。

要提高高速公路的质量，必须增强路面耐久性。廖济柙非常注重这方面研究成果的应用。2006年，也就是筹建处成立的第二年，该处就组织开展了长寿命新型多孔混凝土基层材料路面结构研究，设计了11种多孔混凝土路面结构型式。如今，这一研究成果已经在衡大高速进行了广泛应用，沙庆林院士研发的重载交通长寿命沥青路面也在本项目示范应用。这些成果的应用不仅增强了路面的使用寿命，也为后期养护奠定了基础。

衡大高速也是一条节能技术示范路，其沿线所有收费站、服务区、养护工区均采用地源热泵空调系统，该技术是一项全新的空调技术，利用大地恒温特性来解决采暖和制冷问题，属可再生能源利用技术，一套技术既解决了冬季采暖又解决了夏季制冷问题。与采用锅炉供暖+分体空调制冷方式相比较，不但系统简单且可减少后期管理维护费用，节约能耗，减省投资，减少对环境的污染。因其节能环保效果显著，本项目被交通运输部确定为交通运输行业第四批节能减排示范项目之一。

对于这样一个汇集着如此多科技成果的工程，廖济柙总结了四句诗：总体设计绘蓝图，功能优先铸结构；科学创新节资源，大业鼎成示范路。

做“把信送给加西亚”的人

这是一个在全世界范围内流传了100多年的关于送信的故事。在廖济枏看来，每个人都可能成为“把信送给加西亚”的人，只要不懈努力，忠诚敬业，善于运用头脑。如何让团队中的每位成员都能成为这样的人、如何让团队成为这样的团队呢？廖济枏想到了通过文化的力量。

廖济枏是客家人，客家人有崇文重教的优良传统。在廖济枏办公室书柜的边上挂了一幅字——“崇文报先，启裕后昆”，意思是以崇尚读书修养文化来报答祖先，启发后人。在他的办公室，记者还看到了“一时胜负在于力，千秋胜负在于理”的警句，这句话置于一幅画中，画上有一颗大树，树中枝干长成一个“三角形”为画的主题。廖济枏处长告诉记者“三角形的稳定性在《几何》中是公理，而我们在处理日常工作时都以这个观点出发，阐述事情或问题的原委，分析可能的结果，解决了许多复杂和难以解决的问题，既不吵架，也不得罪人，大家和谐相处，效果很好。正如莎士比亚所说‘真理是喜欢公开交易的’。”

廖济枏喜欢在办公的地方张贴书法作品，这些书法作品写的多是格言警句、理念思想，“这样的方式，一是能够为办公环境营造一种文化氛围，二是可以给每一个看到这些文字的人提醒和警示。”

记者在衡大管理处的会议室里看到了这么一幅字——“尊重差异，包容多样，反求诸己，和谐共事”。这是廖济枏提出的调整工作心态的法则。孟子说“天时不如地利，地利不如人和。”“人和”是“和”的精神的根本指向，和谐共事的含义就是指“人和”，要做到“人和”，就要尊重彼此的差异、相互包容。廖济枏处长着重为我们讲解了“反求诸己”的理念，他说要想真正做到“尊重差异，包容多样”，那就要不管做什么事情或出现什么情况，千万不要怨天尤人、满腹牢躁，特别是在自己犯了错误或遇到挫折时，一味归咎于客观环境或别人，而不在自己身上找原因，是无法克服困难，取得成功的，只有“反求诸己”，用宽恕自己的心态来宽恕别人，用苛求别人的心态苛求自己，“归过于密室，扬善于公堂”才能激发团队里每个人的积极性和创造性，才能把不同特性、不同性格的人完美得整合在一起，实现共同目标。

为了让管理处每一个人都能领会他提出的“心中要清、不会要学、不懂要问、实践要勤、本上要记、嘴上要说、电脑要存”的“七要”工作法，管理处专门编辑印发了《“七要”工作法》的小册子，供大家学习。但是，廖济枰不希望他所提出的理念和工作方法只停留在学习的层面。他常说，“凡事不从身上过，皆无用矣”。因此，廖济枰在提出“七要”工作法的同时，又提出了三个“必须做到”：一是思虑周到，二是语言得当，三是行为公正。“7+3=10”，这样才是一个十全十美的开始走向成功的人。

鲜明的文化理念、浓浓的文化氛围，让廖济枰的团队在艰苦的工程建设中凝结出了“永不放弃，未雨绸缪，满怀期待，竭尽所能”的蚂蚁精神，这种精神蕴含着缔造成功的不竭动力、方法保证、精神基础和力量源泉，激励着衡大管理处的每一位职工，更增加了他们对这个团队的归属感。

“安全畅通”是公路行业的根本职责和使命。衡大高速投入运营后，管理处将“人和路畅，心悦途安”作为管理的目标和核心理念。廖济枰对记者说：“建设衡大高速时，我们靠的是蚂蚁精神，进入到运营管理期，我们秉承‘坚行正道，格物致新，积微成著，自强不息’的衡大精神，有精神才有力量，有力量才能更好的发展”。

从建设期的“蚂蚁精神”到运营期的“衡大精神”，是一种理念的延续，更是一种文化的延伸。相信肩负高速公路运营管理职责的衡大管理处也定能“衡而必正，大业鼎成”。

原载于《交通标准化》2012年第19期

昔日“大荒山”　今日“聚宝盆”

——董家口港区停车场建设纪实

周　洁　江成效

对港运人来说，董家口港区停车场的意义非同小可，因为这是他们在董家口的家，意味着他们在董家口扎下了根。

对青岛港来说，停车场不止于“停”，根本在于“活”，打通了董家口港区疏运大动脉，疏运“活”而董家口港区“活”。

更为重要的是，停车场更像一个“聚宝盆”，带来的不仅是疏运上量，更能带来经济效益：

历经265天的自力更生、艰苦奋斗，港运人用9个月干完了1年的活，建成了自己的家。

边建设边开发市场，50余家钢厂、配货站、车队及贸易商进驻董家口，实现了从“筑巢引凤”到“金凤求巢”。

停车场自9月22日正式开业，入场车辆蜂拥而至，预计5年收回全部投资。

董家口市提疏运量从无到有，逐月攀升，累计完成350万吨，创收近亿元。

……

面向未来的选择

董家口港区是青岛港的希望。

面向未来，青岛港在董家口港区绘就了宏伟的发展蓝图：到2015年，将在董家口一片沧海中建成世界级的矿石、原油、煤炭码头群，港口年吞吐量突破6亿吨、集装箱达到2000万标准箱，建成以国际物流中心、综合信息中心“两大中心”为支撑，集物流、商流、信息流、资金流于一体，形成以青岛港为重要节点的物流供应链的第四代世界强港。

董家口港区要发展，市提疏运是命脉，停车场建设是关键。不仅如此，早一天建成，车队、配货站等就能早一天入驻，能为董家口港区的发展增添更多助力。

2012年1月19日，在董家口港区建设第28次现场办公会上，常主席、总裁明确提出，在T4-T5皮带机房间的荒山处建设停车场，助力董家口市提疏运。随后，多次对停车场建设方案进行研究，对资金、工期、使用等各个方面逐一指示。6月24日，在第33次现场办公会上，当家人带领集团党政领导以及各部室、各有关单位领导仔细查看停车场建设进度，亲切慰问港运职工，高度肯定港运人的新时期愚公移山精神，称赞“咱们码头工人就是能移山填海、改造世界、创造奇迹，这正是‘工人伟大、劳动光荣’的所在。”

当家人的关心厚爱、集团的重金武装，为港运公司的发展指明了方向。作为一支善打硬仗、能打胜仗的队伍，港运人义无反顾、勇挑重担。一场“移山填海”的阵地战就地打响。

自己的家园自己建

要在两座荒山处建设停车场，这是困难重重的举动。原因有三：

一是董家口港区是世界级港区，停车场的设计、建设必须与之相匹配，这就意味着没有前例可循，没有经验可借鉴。

二是要同时兼顾搬倒、填海、修路等正常作业，再进行开山平地，这就意味着4条作业线同时推进，人员紧张、机械紧张。

三是要搬掉两座大山，清理土石方80多万方，光炸药就得一火车皮的量，移山平地又是一块“硬骨头”。

但是，对港运人来说，没有啃不下的骨头，没有攻不下的堡垒。

于是我们看到了，“好样的”李德茂经理带领领导班子两天一次现场办公会，走遍停车场的角角落落，现场研究、规划停车场的总体布局，督查施工质量和进度。在7、8月份工程进入建设的关键时期，经常是连续三、四天天天现场会，直接吃住在了董家口。大力神一队、二队、三队、疏运部、停车场等驻董家口单位的基层队长几乎265天吃住在了停车场。

我们看到了，职工利用大休时间铺设连锁块4万多平方米，捡废旧连锁块4万多块。自己规划设计了整个停车场的地下管网，并施工安装，保证了雨天场地无积水。用开采出来的风化沙替代海沙铺设连锁块，节省了大量开支。9月初建设进入关键期，大力神一队职工主动请战，每天凌晨5：00从黄岛赶往董家口施工现场，参与连锁块铺设、场地清理。频繁地搬、摆连锁块，一天磨破两副手套，手指也磨起了老茧，但“工人先锋号”的大旗始终猎猎飘扬……港运公司干部职工上千人次参与了停车场建设，始终以日均3000多方土石的进度向前推进。

我们看到了，参与过停车场建设的职工，一个夏天皮肤晒爆了几层皮。大力神三队队长李殿信由于长期驻扎董家口，回家时间少，80岁老母亲执意“要来看看孩子工作的地方”，因为“老人惦念孩子”，在看到董家口翻天覆地的变化后，老人说：“看后放心了！”二队队长王绪松整天忙活着协调安排，准备水稳、二灰等建设用料，基本连家都不回。妻子担心他子堰合龙时留下的老伤复发，经常和孩子一起到董家口陪他，就这样，除夕夜、正月十五、“五一”，都是孩子陪着爸爸在董家口的办公室度过的。

我们看到了，“夏练三伏”期间，王绍云副总裁、苏建光指挥、褚效忠书记带领的调研人员，战高温、斗酷暑，帮助捡拾可再利用的废旧连锁块，支援停车场建设。港安公司专人盯靠，科学组织，昼夜施工；建港指挥部从机械、物资等方面给予了大力支持；供电、通信提前介入，保证工程进展到哪儿，管线就铺设到哪儿；港口公安局董家口分局组织消防民警，开展警民共建，帮助铺设连锁块、清理场地。

9月22日，当喜庆的鞭炮噼里啪啦响在新建成的停车场时，大家伙的眼睛潮湿了，李殿信、王绪松、刘世功、李还江等，这些素日里冲得上拿得下的硬汉子，这一刻禁不住心潮澎湃、热血沸腾：265天的鏖战，再苦再累，值！因为在他们手中，捧起了新的期望。

“聚宝盆”里财富多

“要把董家口港区停车场建成个‘聚宝盆’，要有市提疏运成果，更要有经济效益。”时刻牢记这点，港运人让这个“聚宝盆”聚集起了越来越多的财富。

早在停车场还在建设中时，公司领导就坐不住了，带队深入日照地区，广泛走访周边地区的配货站、车队、贸易商，吸引他们来董家口驻扎。为建设与世界级大港相匹配的停车场，港运利用信息化手段，联合信息中心研发出市提疏运信息管理平台，实现了对矿石疏运计划、进度的统一管理，有效规范了市提流程。钢厂、配货站、物流公司等客户足不出户，就能对货物发运等信息一目了然，真正做到了公开、公平、实时。

一开始是“求人来”，现在的停车场变成了“一屋难求”，越来越多的车队、贸易商和配货站进驻到董家口港区，不断壮大了董家口港区的市提疏运力量。截至目前，共有泰钢、九羊、潍坊特钢、河北新金等50余家钢厂、配货站、车队及贸易商进驻董家口。董家口矿石疏运量月月攀升，最高达到63.3万吨。截止到9月底，预计完成市提疏运350万吨，创收近亿元，成了名符其实的“聚宝盆”。

众人拾柴火焰高。9月22日停车场一开始开业运营，昼夜往来的车辆就达到了3000辆!日照新泰良友车队驻董家口港区办事处负责人袁伟明这样说：“我们一定会与青岛港心连心、手拉手，港口有多少货我们就拉多少货，为青岛港建设六亿吨大港贡献力量。”

原载于《青岛港报》2012年10月3日1版

安徽交通加速发展启新程

吴　敏

种种迹象表明，新的一轮交通建设热潮将在江淮大地上掀起。

8月4日，安徽省政府召开专题会议，李斌省长听取省交通运输厅关于加快交通运输发展的汇报。

6月19日以来，安徽省委常委、副省长陈树隆密集深入交通运输企业、机场、邮政和交通建设施工现场调研并多次召开专题会议研究交通发展思路和战略。

8月4日下午，安徽省交通运输厅和国家开发银行、建行银行、交通银行、徽商银行签订交通发展战略合作协议。

……

“这一切，缘自于交通总量和能力供给越来越不适应安徽经济社会加快发展的需要，缘自于构建中部地区综合运输枢纽之需求”安徽省交通运输厅厅长梅劲坦言。

不甘边缘

近10年来，安徽生产总值从 3569亿元跃升到15110亿元，人均生产总值从不足800美元增长至3923美元，工业化率从落后全国7个百分点到“十一五”末反超全国3个百分点以上，城乡居民收入增长水平居全国前列，“十一五”期间农民人均纯收入增长全国最快。

不可否认，相对于这一经济社会快速发展，近年来安徽的交通基层设施建设速度有所放缓，此“座次”排序正在逐步下降，走向边缘。尤其是高速公路和国省干线公路指标基本处于中部谷底。2011年年底，安徽高速公路通车里程在全国的排名已从第9位下滑到第13位，在中部地区排位靠后。这与安徽财力和经济发展水平在中部地区的位次是极不相称。更关键的是，一旦交通基础设施出现新的瓶颈制约，必将严重影响安徽经济社会发展，影响中部综合运输体系的构建。

没有人能忽视安徽交通所取得的成就。近年来，安徽交通的许多做法和经验，如“微笑服务、温馨交通”、水运投融资改革、平安工地建设等，在全国交通运输行业影响深远。

眼下安徽所面临的问题是：如何走出低谷让交通的能量更好地释放？

“交通运输是发展的先行因素。经济增速越快，对交通运输能力的增长需求也越高。”在安徽省政府加快交通运输发展专题会议上，李斌省长强调：“要以建设综合交通枢纽为重点，全面推进各类交通运输建设任务。这是中部崛起，中央和国家赋予我们的重要责任。安徽的区位优势离长三角最近，离出海口也很近，连接南北、东西。因此，在原来的基础上要进一步确定交通枢纽地位。”

安徽省委常委、副省长陈树隆在调研交通时指出，当前安徽交通运输发展形势非常严峻，面对诸多困难和矛盾，需要各级交通部门牢固树立交通先行发展的意识，充分发挥交通对经济社会的支撑保障作用，着力破解交通建设中的难题，按照适度超前的原则加快推进交通基础设施建设，为全省经济社会又好又快发展，提供更为便捷、安全、高效的现代综合交通运输体系。

显然，在面对交通发展差距上，安徽不是回避问题，而是以开拓创新的理念积极寻求解决之道。

加速赶超

江淮仲夏，热烈中不失爽朗。这样的时节看安徽，让人有情景交融之感。

一方面，安徽人对奋力崛起充满激情，抢抓机遇的氛围空前浓郁。另一方面，安徽人也很冷静。他们认识到，经济要发展，安徽要崛起，交通必先行。其中，关键是加速完善综合交通运输体系，促进经济社会的健康发展。

梅劲厅长告诉记者，为贯彻落实中部崛起规划，充分发挥我省区位优势，牢固树立交通先行理念，力争早日建成中部地区综合交通运输枢纽，安徽即将出台《加快综合交通运输枢纽建设实施意见》，把加速完善综合交通体系作为当前工作的重中之重，把高速公路和一级公路等薄弱环节作为主攻方向，抢抓政策机遇，以项目为抓手，以非常举措推进交通建设，实现可持续发展。

安徽坚持科学规划、适度超前，立足当前、着眼长远，以盈补亏、以高（高速公路）养普（普通公路），对于需要上马的公路项目，严格进行科学论证，已确定的交通设施建设立足于早干、大干。

据省交通运输厅综合规划处相关人士介绍，在高速公路上，安徽全面启动规划内高速公路的前期和建设工作，加大今明两年的投资力度，力争“十二五”末通车里程达到4500公里。实施高速公路“省市县共建”模式，加大政策性资金支持力度，实行“以路养路”，加大招商引资力度，进一步完善社会资金包括央企、省企和民营资本参与高速公路建设的优惠政策，鼓励通过转让、合资、合作、独资等方式投资高速公路。

在国省干线公路上，他们按照“理顺关系、明确职责，省市共建、以市为主”的原则，进一步强化市政府的主体责任，由市政府为主承担国省干线公路建设任务，建立全新的省市共建普通国省干线公路投融资模式。加快一级公路建设，力争2015年我省一级公路通车里程达到3500公里，连结省内所有县城，辐射到省际干线公路。

为了完成这一目标，安徽筹建各市交通投资公司。落实各市交通投资公司注册资本金总额400亿元以上，由省交通运输厅和省财政厅出具承诺函。各市政府以国家投资补助、地方国债资金为主，注册资本金不少于20亿元的交通投资公司，作为公路建设融资平台。注册资本金来源主要是积极争取国家补助资金，包括中央预算资金、车购税补助资金和其他专项资金；省级补助资金；从中央代地方发行的国债中安排一部分。省财政每年安排30亿元地债给地方用于普通公路建设。在市政府收储土地中将部分商住用地作为实物资本注入交投公司。对还款来源，该省要求各市财政每年在市本级一般预算总收入中安排2%的资金用于交通建设；从中央转移支付交通资金中每年安排不少于25亿元；交通建设和经营税收地方所得部分返还交通投资公司；各市土地出让金毛收入的5%等。

与此同时，在内河水运上，加快航道、港口、船闸等水运项目建设，加快船舶、渡口标准化建设，增加高等级航道里程，提高通航能力。

可以说，安徽新一轮推动交通跨越式发展的战略路径的选择，正日渐清晰。而在这条路的远方，是安徽经济社会协调发展和打造中部“祖国立交桥”的壮美图景。

原载于《江淮公路》2012年9月28日

评　论　类

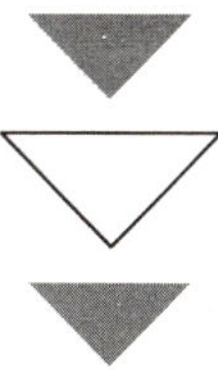

获奖名次：图片类二等奖
标　　题：《救命恩人》
作　　者：柳承志
原 载 于：《中国救助与打捞》2012年10月30日第10期

以“体面劳动”拯救一个行业

李明月

《2006年海事劳工公约》最晚可能在2013年正式生效。这一消息在世界范围内，触动最大的国家无疑将是中国。尽管中国正在致力于发动消费这架马车，以分担曾经让中国经济迅跑的外贸与投资两架马车的动力，但中国的外贸基数已经很大，而且原油、铁矿石、煤炭这些工业原料的需求，一年比一年喊“渴”，海洋运输注定成为中国经济持续发展的一个大通道。于是，船员——包括海员与内河船员，渐成影响中国经济的一个稀缺性资源。

根据我们的调查与研究，影响海员职业归宿感的因素可归纳为三个：一是薪金水平，包括其福利待遇；二是船员海上生活的物理空间；三是海上生活的精神世界。上个世纪八十年代及至九十年代初期，海员还是一个相当令人仰慕的职业，甚至一些干部子弟都愿意远涉重洋，以“免费出国观光”、带回“三大件”以及“干上一年抵几年”的收入，赢得“体面”的价值回报。

到了最近十多年，这种“体面”的价值回报相比于岸上的工作，优势不再，而且随着中国经济社会的高速发展，海员作为社会的一个群体在物质和精神生活上同样“水涨船高”，加之海盗出没，海员人身和财产安全隐患陡增，海员频繁跳槽，甚至“离岸”、“弃岸”已成为常态，这直接导致我国船员青黄不接、总量不足、结构失衡和队伍稳定性差。

国外的船员的生存状态虽参差有别，但总体也不尽如人意。航运欠发达国家与我国接近，航运发达国家因“产业空心化”的影响，正愈来愈依赖发展中国家的海员输出。海员——尤其是高级海员紧俏，正在成为困扰海运业的世界性问题。基于这样的背景，《2006年海事劳工公约》面世，并在随后的几年间，得到二十多个国家的高调缔约。

以我们的眼光来看待《2006年海事劳工公约》，至少应该有两个尺度。一个是“人权”尺度，一个是“价值”尺度。应该承认，海员是一个高风险、高劳动强度兼技术门槛不低的特殊职业，尤其是长时间的海上生活给予精神上的考验非一般人能够忍受，这个群体的每一个个体的基本权力——包括他的海上生活的物理空间和精神空间，无疑应该得到优先保证。其次，是价值回报。相比陆地，海员承担的身心付出，可称云泥。所以，数倍于陆地的工资保障，正是价值规律的一种体现。惟其如此，海员在今天，才可能称得上“体面劳动”和“体面职业”，也才有可能使之重塑职业感召，并再度焕发青春。

问题在于，即便是政府“批约”，船东又如何有动力“履约”，自觉为船员提供这份“体面”的职业呢——尤其是在航运业复苏渺茫，行业甚至处于亏损的当下？从利益方面考量，我们首先认为，本质上，这是资方与劳方的一场博弈。这个博弈始终存在，只不过对于中国来说，当廉价的劳动力一去不复返，或者人口红利渐渐消退，主动权将从资方转移为劳方。其次，从这个行业的地位和前景看，航运业要摆脱困境，走向复苏之路，保障一支充裕、高素质的船员队伍，将至始至终是行业面临的一个核心问题。由此，我们认为，以“体面劳动”拯救一个行业的结论，并非虚妄夸大之辞。

《2006年海事劳工公约》的实施，相当于以“法律”的形式，确保海员从起居、膳食到就业、健康等权益。这既是维护海员合理权益和捍卫海员尊严的一个基石，也是优化海运市场竞争秩序、促进海运业健康发展的一种手段。

事实上，不仅仅是海员，在中国，许多职业也出现了类似的资方与劳方对等博弈的格局。“最低工资标准”可称政府缓解这一矛盾的“调停”手段，也是让劳方实现“体面劳动”的一个政策法规保障。这是转型中国和可持续发展中国，绕不过去也必须解决的一个战略问题。

原载于《珠江水运》2012年8月总第316期

作品评析

敢为行业发展鼓与呼

杜迈驰

在《2006年海事劳工公约》最晚可能在2013年正式生效之际，《珠江水运》适时推出评论《“体面劳动”拯救一个行业》，呼吁政府和船东还船员以“体面劳动”和“体面职业”，解决船员队伍青黄不接的核心问题，使航运业走出低谷，走向复苏之路，逐步健康、快速、科学发展。这是行业媒体敢为行业发展鼓与呼的时代强音。

船员“体面”的价值优势不再、人身和财产安全隐患陡增等因素，“直接导致我国船员青黄不接、总量不足、结构失衡和队伍稳定性差”，出路何在？这篇评论的作者采访多家船东协会了解情况，进行了精辟入里的深入分析，并提出解决办法。呼吁帮助行业解决困难，这是评论的重要担当。

我在《你能成为新闻多面手》一书中提出，写评论要敢于为交通部门遇到的困难呐喊。书中引用了时任人民日报社长邵华泽的话，“每篇评论都要解决问题，否则还要写评论干什么呢？不写则已，要写就应解决一定的问题，评论工作者应当增强这种意识”。看来，评论的作者除了新闻意识强之外，通过评论解决问题的意识也很强。这是需要肯定的第一点。

解决“体面劳动”问题，《2006年海事劳工公约》提出了详细要求。写这篇点评时，我在网上查阅了该公约6.3万多字的汉语文本。公约强调，海员需要特殊保护，每一海员均有权获得体面的船上工作和生活条件。为此，公约对海员招募、培训、安置、就业协议签订、职业发展和技能开发提出了明确要求，甚至对海员工作或休息时间、确保海员能够回家遣返、船舶灭失或沉没时对海员的赔偿、海员起居舱室、娱乐设施、膳食服务、医疗保障、防止噪音和振动、安全及防止事故、福利和社会保障、保护海员的受赡养人等方面都有详细规定。但是，作者没有大段摘录公约内容，而是从公约的核心即海员“体面劳动”问题切入，论述了“体面劳动”影响到行业发展，影响到中国经济的可持续发展。这种把具体问题放在行业利益、国家利益的大框架论述，说明作者写评论立足点高，从而“一览众山小”。这是需要肯定的第二点。

作者通过对影响海员职业归宿感的三个因素归纳，道出我国船员队伍出现问题的原因；海员“人权”和“价值”保证不足，需要采取措施“重塑职业感召”；因此作者强烈呼吁政府“批约”、船东“履约”，呼吁以“体面劳动”拯救一个行业。这种环环相扣的论述方法，是需要肯定的第三点。

文章结尾提出，“不仅仅是海员，在中国，许多职业也出现了类似的资方与劳方对等博弈的格局……劳方实现‘体面劳动’是必须解决的一个战略问题”，这种由此及彼、举一反三的做法，以及准确且留有余地的语言应用，都同样值得肯定。

（作者系中国交通报社原总编辑、中国交通报刊协会副会长）

最美司机　行业楷模

陈　林

停车、拉手刹、打开双闪灯、提醒乘客注意安全……这些动作，对一个客车司机来说，再普通不过。但是在受到一块破窗飞来的铁块猛烈撞击，肝脏多处碎裂，多根肋骨骨折，忍受着难以想象剧痛的同时，还能坚持完成这些动作，尽全力保护了车上24名乘客的安全，这又绝非是一般人可以做到的。

"浙A19115"大型客车里的76秒监控视频，忠实还原了在锡宜高速公路上，吴斌师傅作为一名优秀职业司机在危难之际表现出的娴熟精湛的业务技能、恪尽职守的职业道德、勇于担当的责任意识、舍己为人的奉献精神，作为一位平民英雄在生命最后时刻迸发的人性光辉。

看过这段视频的人无不动容、难掩热泪，那一刻的痛，我们感同身受。和舍身托举坠楼女童的"最美妈妈"吴菊萍、舍己救学生而身负重伤的"最美教师"张丽莉一样，吴斌以他震撼人心的壮举，成为全国人民心中的"最美司机"，成为交通运输行业永远的楷模。

一个人关键时刻的坚毅抉择，源自他的日常行为与精神气质，源自他平素养成的良好职业操守和经年锤炼的高尚职业道德。作为长途车司机，无数次平凡的出车，无数趟平凡的运营，吴斌安全行驶100多万公里，零交通事故，零交通违章，零乘客投诉，都构成了他惊人壮举的底色。持续在平凡岗位兢兢业业、尽职尽责，终究铸就了一个非凡的英雄吴斌。

许多人身在职场，但并非人人能忠诚恪守职业精神。吴斌临危不乱，依托超强的意志力，让大客车安全停驶，一气呵成，诠释了一名客运司机的职业操守，进一步擦亮了交通运输行业的价值标杆。

许多人都在呼唤道德回归，但并非每个人都能在危急时刻舍身坚守。吴斌用生命最后的能量，回报了一车乘客的安全托付，也在交通事故屡引信任危机的当下，完成了一次“聚合良心”的道德救赎。

在现实中，在网络、微博上，正有数以千万的公众、网民向吴斌表达着敬意，毫不吝啬地赞誉他为“最美司机”，发自内心地为他祈福、送行。浙江省交通运输厅授予他“交通英模”称号，杭州市授予他“杭州市道德模范（平民英雄）”称号。

他承得起这样的敬意，他无愧于这样的荣誉。

一块意外飞来的铁块击中了吴斌健壮伟岸的身躯，却毫不意外地击中了我们柔软的内心和这个时代的良心。他值得我们这个社会铭记，他更值得整个交通运输行业去仰视、去学习。

原载于《中国交通报》2012年6月4日1版

作品评析

评论的散文笔法

杜迈驰

落笔点评《最美司机 行业楷模》前，我反复品读全文，觉得为通讯《76秒，他用生命诠释责任——平民英雄、杭州长运驾驶员吴斌感动中国》配的这篇评论，颇有些散文笔法。

报社编辑部为了及时发表这篇通讯，周日加班把周五已经清样的一版推倒重编，把通讯、照片、评论排了上去。当时除了数以千万公众在微博、微信中赞誉吴斌为“最美司机”外，高层管理部门还没有用“四六句”对他的精神进行总结。但版面流程不等人，评论作者于是倚马可待地总结众人和自己对平民英雄事迹的感受并进行升华。9个自然段900来字，没有政治口号，没有着意“贴势”，更没有套话大话空话，行文像散文一样信手拈来，像散文一样优美。

作者写这篇评论时无意用散文笔法，但从学术角度分析作品的特色，可能对大家更有借鉴意义。新闻大家穆青不是鼓励记者借用散文笔法写消息吗？散文与评论“杂交”，说不定就出现“优良品种”。

散文讲究作者对人生、自然、事件、景物的真实感受、深思妙悟，讲究立意和“神韵”贯穿。这篇评论的立意或者说论点定位在“最美司机、行业楷模”上，可谓恰如其分。

评论主题确定之后，展开部分似乎有一泻千里般的流畅，“神韵”贯穿使之一气呵成。不是吗？

第一段再现吴斌牺牲前为救旅客在现场采取的一系列果断措施，于是在下一段升华出英雄壮举的意义，即危难之际表现出娴熟精湛的业务技能、恪尽职守的职业道德、勇于担当的责任意识、舍己为人的奉献精神，作为一位平民英雄在生命最后时刻迸发的人性光辉。第三段通过“最美妈妈”、“最美教师”的类比，自然而然地提出标题中出现的论点：最美司机、行业楷模。文章这样提出论点，不同于传统写评论手法往往放在第一段，因此很有散文“形散神不散”的味道。

第四段到第八段集中论述了为何他最美、他是行业楷模，原因是他平素养成的良好职业操守和经年锤炼的高尚职业道德。特别是通过时下“并非每个人都能在危急时刻舍身坚守”的对比，再次彰显了英雄壮举的道德救赎的意义，因此才有数以千万的公众、网民毫不吝啬的赞誉，才有地方政府和交通主管部门授予的荣誉称号。

文章结尾又一次通过对比手法，得出“他值得我们这个社会铭记，他更值得整个交通运输行业去仰视、去学习”的结论。这样的结论，不是代表高层管理部门、代表行业媒体强加给读者的“硬性”号召，而是环环相扣论述的自然流出和散文般表述。

我在《你能成为新闻多面手》一书中谈到散文语言时，引用了一位散文名家的话：“丰富的词汇，生动的口语，铿锵的音节，适当的偶句，精采的叠句，巧妙的比喻，迷人的情韵，智慧的警语，优美的排比，隽永的格言，风趣的谚语，机智的幽默，含蓄的寓意……比小说多几分浓密和雕饰，比诗歌多几分清淡和自然，行文简洁而潇洒，朴素而优美，自然中透着情韵，多种技巧自如运用。”拿这些话衡量这篇评论语言，你能找到许多吻合之处。

（作者系中国交通报社原总编辑、中国交通报刊协会副会长）

何谓最美？

刘传雷

“今天，整个杭州只有一位司机/所有的事情连同西湖的水光都只是乘客；今天，司机用生命把客车停靠在岁月的宁静里。今天，离开的是死亡，留下的是责任、爱和伟大的平凡；今天，叫吴斌。”

这个6月，那块硬邦邦的“致命铁片”、此后柔软的话语，连同一个人的名字，一下子击中了我们内心最柔软的地方。在这里，他用76秒折射了一生的尽职尽责。

这个人便是被称为“最美司机”的吴斌。关于他的事迹无需累述，其中的每个细节都已为人所牢记。然而，其中的一个细节最值得我们珍视——从2003年驾驶长途客车至今安全行驶100多万公里，从来没有发生一起交通事故和旅客投诉。当然，这不是严格意义上的“细节”，却是用千万个细节累积而来的，而其中所透露的敬业精神，才是所有赞誉的本质所在，此为“最美”。

任何一项事业，无关乎卑微、平凡或伟大，必然有一种无形的精神力量作支撑。敬业精神本质上是一种信仰。对于信仰而言，更重要的是形式和实践。而世间很多高尚，正是出自对平凡信仰的坚守，也出自秉此信念的平凡选择。

就像今年的北京高考作文题中的那个老计，一个人工作在大山深处，负责巡视铁路，防止落石、滑坡、倒树危及行车安全，每天要独自行走20多公里，每当列车经过，老计都会庄重地向疾驰而过的列车举手致敬。此时，列车也鸣响汽笛，汽笛声在深山中久久回响……其实，我们身边也有很多养路工，像老计一样默默地履行着自己的职责，深山、大漠、雪域、高原……有路的地方就有他们的身影。跟吴斌、老计、张丽莉、刁娜以及所有尽职尽责的人们一样，在功利的社会环境里，他们良好的职业素养和高尚的品格，在默默地释放着微光。也正是因此，让这个世界变得可以信赖、可以托付。

“平凡48年，伟大76秒”，这是人们对吴斌人生的总结，但是我们也不得不看到这样的无奈：壮举之后，平凡才变成伟大。在此之前，我们的关注和善待并不到位。我们很难说48年和76秒哪个“最美”，但是这其中的转折和对比，值得我们深思。

其实，当我们赞美“最美”的时候，不妨扪心自问，不管处于社会的何种岗位，平时的职业精神是否足够、毫无疏忽，日常工作是否兢兢业业？反思，并付诸行动，正是从这一意义上，吴斌壮举背后体现的敬业精神，足以构成社会良性发展的基石。每人对职业的操守、对职责的尽职责，将是这个社会向上的力量。

在这里，我们无意于用语言赋予吴斌这样的人任何辉光，只是呼吁人们以行动表达内心对他们的敬意和对职业的某种信仰。在这里，我们只是想说：何为最美？美在平常！

恰如其分地悼念，是把吴斌所代表的职业精神，作为一粒种子放于心间，作为基石置于社会的基座中，让其在点滴中向上，并支撑未来。

原载于《中国公路》2012年6月15日第12期

学习“最美司机”的职业精神

朱国求

“最美司机”吴斌最后76秒驾驶汽车的视频在网上热传。5月29日中午，他驾驶着大客车从无锡返回杭州途中，一块大铁片突然从天而降，在击碎挡风玻璃后砸向吴斌的腹部和手臂。监控录像记录下短暂而令人震动的画面：被击中时的一瞬间，吴斌看上去很痛苦，本能地用右手捂了一下腹部。但他没有紧急刹车或猛打方向盘，而是强忍着巨痛缓缓减速，拉起手刹，开启双跳灯并打开车门，又告知乘客要注意安全。

“最美司机”吴斌的行为令人动容，最让人感动的是他那平凡却又伟大的职业坚守——从业10年来安全行驶100万公里，从未发生过一起交通事故和旅客投诉，从未有过一次违章。正是这种职业坚守，才让他能在关键时刻忍着肝脏粉碎性破裂的剧痛，保证24名乘客的安全。只有当敬业成了习惯，深入骨髓，才有可能在生命的最后瞬间爆发出超出想象的能量。

76秒体现了吴斌良好的专业素质。从中央台的《新闻联播》提供的画面看，“最美司机”在遭遇飞来横祸之时没有惊惶失措，整个应急处理过程一气呵成，体现出职业的安全素养。我们知道，操作设备都有严格的规程，有的也非常简便，问题是突然出现新情况时能够不错不乱，这就是一种应急能力。它必须经过把简单的操作规程千百次熟记于心的过程，方能在突变时起本能反应。不怕一万，就怕万一。凭着对职业的忠诚与热爱，练就过硬的安全技能就是为了更好地保证正常与紧急操作时的万无一失，进而以顽强的毅力克服突变时的危险，这才是更深层次的专业素养，值得我们水上运输从业人员深入学习。

这76秒还体现了“不伤害他人”的人道意识。生命是宝贵的，最宝贵的是把生的希望留给他人，把危险与担当留给自己。横祸当前，“最美司机”依然坚持乘客至上的服务理念，用超强的安全意识克制重伤的剧痛，心无旁骛，正确操作，安全停车，还不忘提醒乘客要注意安全。我们常讲的“三不伤害”，其中的“不伤害他人”的准则在这里得到完美的诠释。反观苏州太湖游艇酒驾而致4人死亡失踪的惨案及深圳酒驾跑车致3人死亡的悲剧令人愤怒。一边是法律三令五申，一边却屡屡有人以身试法，“不伤害他人”的道德底线在这些人身上毫无踪迹。

当前，许多人还没能理解职业精神之于社会和人生的意义，许多行业、岗位人员职业操守低下，给老百姓生活带来不便，给社会带来了负面示范效应。尽管如此，我们身边还是有着许许多多的“最美司机”，他们才是真正的“共和国脊梁”！

当前正值全国“安全生产月”，让我们怀着对“最美司机”的敬意，学习他爱岗敬业、坚守责任、遵守规程的职业精神，用崇高的职业素养为海运事业添砖加瓦！

原载于《海运报》2012年6月15日2版

谨防舆论惯性伤害无辜

游汉波

8月24日清晨，哈尔滨阳明滩大桥一段引桥垮塌后，一上班，编辑部的电话就没消停。由于去年11月该桥通车时，我刊曾派记者前去采访主桥的监理工作，刊发的文章被人从网上翻了出来。当天下午，北京某报编辑打来电话，要求转载这篇文章，还想顺便“挖”出更多猛料。

经与该编辑交谈，笔者发现他连主桥和引桥都分不清楚。笔者一再申明，不同意引用本刊文章的内容，因为出事的是引桥，引桥距离主桥还有好几公里，与主桥毫无关联，转载报道主桥的文章更是南辕北辙、风马牛不相及，也毫无意义。

然而，第二天上午，笔者发现网上混淆视听的舆论已铺天盖地，该报更是用4个整版的篇幅重点关注这起事故。其中关于监理这部分，竟断章取义地引用了本刊文章的部分内容，把主桥监理单位——黑龙江省公路工程监理咨询公司“中标主桥及两侧29孔引桥”中的“主桥”两字删去，使该公司变成了“引桥的监理单位”，严重误导读者，也给这家企业造成了严重的负面影响。该报不顾笔者的提醒和反对，有意混淆视听的做法令人非常愤慨，从此事中至少反映出这么几个问题：

1.工程质量是社会关注热点，出事首先要找监理责任，已成为一种思维定式。在相关部门第一时间未及时公布所涉及施工及监理方名单的时候，主桥的监理单位被舆论惯性和思维定式误伤。

2.相关媒体从业人员无视职业操守，惟恐天下不乱，在明知有误的情况下，仍执意刊发，因为他们“只求传播率”。在这起乌龙事件中，他们的目的达到了，但牺牲的却是交通行业的声誉。

纸里终究是包不住火的。8月25日17时45分，哈尔滨就24日发生的事故召开第二次新闻发布会，明确：塌桥路段与阳明滩大桥并非同一工程。发生事故的路段地处三环路群力高架桥工程，为独立建设项目，与阳明滩大桥分属两个工程建设项目。事故匝道长121米，距阳明滩大桥南端3.5公里。阳明滩大桥一直通行正常。

至此，背在黑龙江省公路工程监理咨询公司身上的“黑锅”终于揭去，但带给我们的反思却远没有结束。

原载于《中国交通建设监理》2012年第9期

不怕“晒”

塞　雁

最近两年来，网上流行晒东西。有晒工资的，晒男友的，晒房子的，晒孩子的。顾名思义，“晒”就是把自己相对私密的事情放到网上供大家品评和玩味。通过“晒”这个动作，在广大网友的火眼金睛下，许多伪装成真善美的假丑恶现出了原形。于是，正义得到了伸张，邪恶得到了惩罚。许多带着伪善面具的事情不经晒，在阳光曝晒下，很快脱掉面具，现出原形。最不怕晒的就是真相，真相无论曝晒多久，依然是本来颜色。

把真相拿出来晒，其实是当前网络话语权空前强大情况下，我们政府和相关宣传部门应对舆论危机的最好方式。

5月26日凌晨，深圳市滨海大道发生一起严重交通事故，一名男子酒后驾驶跑车连撞两台出租车，致其中一台电动出租车爆炸，司机及2名乘客死亡。7小时后，满身酒气的侯某向警方自首，却被外界质疑为“顶包”，真正的肇事司机另有他人。5月27日晚间一个网友发布的微博瞬间引发网络舆论风暴，深圳警方被置于舆论的峰顶浪尖。深圳警方在遭遇舆论质疑后，很好的“晒”出了真相。他们先后召开三次新闻发布会积极回应网友质疑：公布视频录像，车主照片，DNA检验结果，确认肇事者就是侯某。并借助微博平台开展微访谈与网友平等对话，直接交流，以一种低姿态来处理此事，很好地化解了此次舆论危机。

反观交通行业应对舆论危机的方法，仍然停留在固有的政府思维上，无论事实真相如何，大多选择沉默和掩盖。

今年4月，全国高速公路行业19家上市公司公布年报后，有媒体援引年报中13家上市公司毛利率的数据，将高速公路行业称为堪比烟酒行业的暴利行业。随后，各大媒体、网站争相转载。一时间，全民声讨高速公路行业。面对如此舆论，高速公路行业选择了沉默。只有个别在报道中被点名的上市公司出来发言，随后又被湮灭在更多的舆论中。高速公路行业宣传机构的失语使整个行业形象陷入了被动。其实，化解舆论危机的关键在于公开真相，以信息公开透明的姿态面对质疑。要想让公众从根本上了解高速公路行业，理解高速公路行业，就必须用开放、透明的态度接受公众的检验。没有说服不了的公众，只有缺乏说服力的证据。民众需要的是知情权，而不是被含混的措辞推诿，也不愿被当做无知者而被蒙蔽。还是回到那句话，真相是最不怕"晒"的。在面对舆论危机时，拿出事实真相，勇于坦露胸襟，面对舆情监督才是应对危机的最好办法。

其实不光是交通行业，我们政府管理国家的整套机制都应该把"晒"作为日常工作的监督机制，做到不怕晒。全心全意为人民服务，人民政府为人民，是我党和政府的宗旨。只要是有利于人民的事情我们就去做，不利于人民的事情就不能做。因此，凡事无不可拿出来"晒"，让广大人民充当普照万物的阳光，晒出体制的不完善，晒出隐藏的阴暗面，晒出假丑恶，晒出一个长治久安的政党，晒出一个廉政勤勉的政府。

原载于《中国高速公路》2012年第7期

规则让管理更简单

李冬梅

最近，看了一篇文章颇受启发。文章的大意是，人情味浓的地方，人们的规则意识、法制意识就差。而在规则意识强、法制观念强的地方，人情味就变淡了。

对于这样的结论，我起初稍感意外，但仔细想想，又觉颇有道理。在我们的身边，重情义、轻规则的事儿可谓屡见不鲜。有熟人好办事就是一个很好的例子。医院看病，有熟人可以随时插队；违反规章，有熟人说和，处罚可以变是为非或从轻处理。如此种种，见惯不怪。在这种情形下，人情味是越来越浓了，但秩序已无从谈起。

在我们企业管理中，一种制度或规则的建立，是基于科学的思考和现实的需要。有规则固然重要，但更重要的是对规则的彻底执行。当规则遇到人情，谁退？谁让？答案很简单，当然是按规则办。但在实际执行的时候，大打折扣者有之，看面子下不为例者有之，权重者一言之间将规则弃之不顾者有之。不被遵守的规则，就是形同虚设，而没有规则的管理，终将在对人情的不断退让中，陷于无措和混乱。

我们近来一直在说管理提升，真正的管理应该是有序的、简单的、可执行的，而我们所欠缺的又常常不是对各类规章制度的建立，而是如何让已经存在的制度，真的发挥作用。所以，管理提升，最先提升的应是观念上对规则的认同和执行。

为什么有时候规则可以让位于人情？那是因为没有另外一种制度来制约它，而让人情钻了空子。企业要想进行科学有序的管理，必须形成一种无懈可击的管理循环。让规则去发挥作用，让人情无处可存，这样管理才会真的有序起来。若能如此，管理会变得很简单。倘能如此，人情且让它淡一点，又何妨？

原载于《筑港报》2012年8月11日第1010期3版

管理的根要深扎

陈孝凯

如果说企业是一株树，管理就如树的根，根扎得越深越实，企业就走得越稳健越长远。今年，国资委在央企开展“管理提升”活动，实际上就是要企业在发展过程中深扎根、扎牢根。

之所以说管理如树根，是因为企业能不能根基稳固，全靠管理着力。管理抓得规范科学，就像树根一样深深地抓牢大地，既能吸取大地母亲的“乳汁”，又能使整棵树都稳稳地站立。前些时，一场台风光顾港、深，但两地树木毁损情况迥异。香港报道毁损的树木不足百株，因为那都是从小长到大的树木，很少移植，树在生长过程中已经牢牢地将根扎进了土壤深处，即便是台风也难撼动；但是，深圳报道毁损的树木有两万多株，因为移植树木多，且大多都是近年来城市建设“大树进城”策略移植进去的，这些树水土不服死掉的且不论，移植到城里以后，短时间是很难将它的根深深地在土壤里扎牢的，于是台风一来自然毁损就严重。企业也是一样，如果没有像样的管理，即便是突然之间发展起来，看上去很美，但是经不得大的风雨，中国民营企业平均寿命据统计不到3年，应该说就与这很有关系。很多企业总想一口吃成一个胖子，觉得成为“巨无霸”很惬意，实际上因为管理的根扎得不深，扎得不够牢靠，所以在快速发展的膨胀中只长脂肪不长骨肉，没有精气神，最后就容易轰然倒塌。

管理的根应该是随着企业的发展逐步长起来的，所以这根应该是足够支撑企业发展的规模和要求的，如果根茎不够粗壮有力（规范健全且适用），就难以承受企业这株大树发展的需要。管理应该首先是符合企业需要的，且是足够适应企业发展需要的。有的企业规模小的时候靠良心和拼命创业的精神也可以支撑，但是做大了就必须有“规矩”，而且这“规矩”看起来是很约束人、限制人的。虽然现代管理越来越强调员工的主动性和积极性，强调人本管理发挥人的能动性，但是企业必须有自己的管理流程、管理制度，有可能日久天长变成了企业的文化和工作的习惯，这些都是基于制度奠定起来的企业根基。随着企业发展壮大，制度会越来越多越来越庞杂，形成了规范科学的管理体系，才足以通过其严格执行确保企业正常有效地运转，实际上就像大树一样，生长过程中树根也就越来越粗壮了。管理就是让这些制度在企业里足够顺利地发挥作用，且不制约员工能动性的发挥。

管理的根茎不仅要粗壮，而且还要细密，就像大树的根茎一样尽可能地往大地深处扎，扎得越深根茎就会越多越细越密。管理的根越细密，就越能使管理延伸到企业的每个职能部门、每个业务单元，甚至是延伸到员工具体的岗位工作中；管理的根越细密，就越能使管理和授权都能顺利在企业每一个业务流程中得到反映，就越能使管理的要求无阻滞地贯彻执行到具体的工作之中，就越能使管理自上而下地高效执行和自下而上地高效反馈，即便是出现了问题，市场行情发生了变化，也能通过企业管理那些细密的神经迅速地反映到企业的神经中枢——企业决策层和高层管理者那里，便于企业根据情势的变化迅速做出反应和战略调整，并迅速地将企业决策层的决策和管理的新要求准确地传递到企业的各个角落和每一名员工。君不见，很多大树进城以后长时间“挂着吊瓶”，就像一个先天不足的巨人一样吃着营养液维持生命，就是因为它已离开了它熟悉生活的环境，突然的改变使它的根无法充足地获得大地的营养和支撑，而且有可能在移植过程中它那些深深扎根在土壤中的细密的根茎受到了损伤，使得它与土壤的联系被人为地切断了，不得不靠外界输血来补充它原有的需要。

只有管理的根足够粗壮，才能满足企业规模发展的需要；只有管理的根足够细密，才能满足企业稳健发展的需要。两者皆有，企业则可顺势而为，做到可持续发展，既能健康、协调，又能快速甚至不断跨越。“管理提升”应该就是将企业的根尽量地深扎、扎牢，使管理更加规范更加健全更加科学，让管理之根更粗壮；使管理更加精细更加严谨更好地全覆盖，让管理之根更细密。

原载《二航人》2012年8月30日1版

罚款50元与100元

郭　佳

笔者所在的虎门项目部聘请了一支劳务分包队伍。我发现所有工人戴安全帽时，始终把颌下扣带系紧扎牢，即使天气再炎热也不松懈，20多天里无一例外，安全防范意识比我们自己的员工显得更强。我采访了他们的老板，老板说："处罚是必须的，我们的标准是：不戴安全帽罚款50元，而戴了安全帽不系扣带罚款100元。"

在我们的传统意识里，好像不戴帽子是大违章，不扣带子是小违章，小违章怎么可以倒过来比大违章罚得更重呢？在这位老板看来，与不戴安全帽相比，帽子戴了却不扣带的性质是一样的，对危险的防护效能均为0。而后者的危害性可能更高一些，因为不戴安全帽太过明显，很容易被人发现指出而及时获得纠正，而不扣带却具有相对的隐蔽性，更难被察觉而导致长久隐患。

"抓大放小"式安全管理的危害不仅具有隐蔽性，而且具有迷惑性。很多事故发生后进行追溯，发现既台账完整又措施齐备，程序也符合标准，可说得上天衣无缝。问题出在哪里？往往是一个微小细节的疏漏。而如此一个小小疏漏，当初混迹在一大摞被精心包装以应付上级安全检查的材料里，是很难被引起关注的。有效的安全管理需要来自专业部门的安全检查，但又不能完全依赖于安全检查，因为无论是检查还是督导，都具有一定的局限性，都不能包治百病，关键仍然是普通从业人员扎扎实实的安全意识。

所以，如果说进入工地忘戴安全帽还有可能是员工的一时疏忽，那么戴了安全帽却不扣带子就无法用大意来解释，只能说主观上太随意，根本没把安全当回事，所以更不值得原谅。

长期以来不断发生的事故案例告诫我们，安全工作不能心存侥幸，更不能计算概率。即使把安全工作做好了99%，哪怕只差那么1%，安全效能仍然等于0，因为这1%的缺陷完全可能让先前的全部努力付诸东流。用这样的思维方式我们就可以理解那位老板的处罚行为了，他采用的轻重判定标准不仅仅是不安全的状态，而更注重不安全的意识。

原载于《三航报》2012年6月29日3版

进行舆论监督，新闻工作者必须遵守社会公德，恪守职业道德，大公无私，追求真理，清正廉洁，坚决抵制有偿新闻、虚假报道、低俗之风等消极腐败现象，反对把舆论监督当作实现个人利益的工具。

舆论监督要有正确的出发点和动机

练崇田

近年来，舆论监督报道成为媒体在新闻报道中的一大亮点，中央电视台《焦点访谈》、《南方周末报》等媒体通过舆论监督报道，揭露不利于社会发展的种种现象，有力的监督了社会中的一些丑恶现象。

不可否认，改革开放以来，伴随着人们思想的解放，政治文明的推进和人民群众法制意识、民主意识的觉醒，舆论监督的环境和空间不断得到改善，其作用越来越受到党和政府及社会各界的重视。但也无庸讳言，无论从舆论监督的外部环境和空间，还是从舆论监督主体（传媒及新闻从业者）自身方面来说，都还远不尽如人意，存在不少亟待解决和克服的问题。

舆论监督暴露出来的问题，究其根本主观原因，重要一点在于舆论监督主体的动机不纯，出发点不当。马克思主义认为，动机和效果是辩证统一的。有些舆论监督方面的报道之所以产生不良的社会反响，是因为有些舆论监督主体对待动机与效果存有片面性。舆论监督一般而言往往带有强烈的感情色彩，在一般情况下或在一定的特殊场合，利用媒体进行舆论监督的主体具有自身的冲动，其监督水平和质量的高低，往往与行使舆论监督权力工作者的综合素质的优劣有很大关系。如果舆论监督工作者遇事比较冷静，头脑清楚，看问题客观、公正、全面，善于透过现象看本质，具体问题具体分析，就能使舆论监督形成强大舆论氛围、舆论攻势和舆论压力，就会产生强烈的舆论影响、舆论效果。反之，不仅不能起到正面效果，甚至造成负面影响，严重的还会给人们思想上造成混乱，给社会带来不安定因素。有的新闻媒体开展舆论监督，只追求轰动效应和新闻卖点，事无巨细、有闻必录，为监督而监督；只追求发行量和收听、收视率，重视经济效益忽视社会效益；或者仅仅是为了树立媒体威信，对问题一批了之、一曝了之，不注重监督效果。有的监督报道存在片面性，断章取义，有的主题先行，观点前置，先定性、后定量，攻其一点不及其余，有的则完全失实。一些新闻工作者开展舆论监督则是为了一鸣惊人、扬名立万，或者是为了泄私愤、鸣不平，甚至是为了敲诈勒索、谋取私利。抱着这样的主观愿望从事舆论监督，怎么可能取得良好的监督效果?

以辩证唯物主义的理论指导舆论监督工作，就要求我们的记者必须坚持动机和效果的一致性。在抓舆论监督方面的报道时，既要抱着良好的主观愿望，更要注重产生的社会效果，达到动机与效果的统一。

媒体作为新闻舆论报道的创造者，需要正确的定位，角色决定了特定的行为方式及行为目的。进行舆论监督，报纸、广播、电视、网站等新闻媒体在社会中有自己特殊的角色，其与生俱来的使命就是全面、真实、客观、公正地反映客观事实，这就决定了媒体角色的特定性：真实、迅速地反映客观实际，发挥一种“照相机”的作用。进行舆论监督，新闻工作者必须遵守社会公德，恪守职业道德，大公无私，追求真理，清正廉洁，坚决抵制有偿新闻、虚假报道、低俗之风等消极腐败现象，反对把舆论监督当作实现个人利益的工具，依靠行业自律，接受社会监督，维护舆论监督的严肃性、正义性和权威性。进行舆论监督，要以理服人，重事实，讲道理，分析科学，把握得当，增强舆论监督的说服力；要深入调查研究，多方核实情况，听取不同意见，把问题搞清，把事实搞准，坚持用事实说话，用事实本身所具有的力量表明倾向性，给监督对象说话的机会和权利，增强舆论监督的公信力；要避免监督报道基本属实、细节失实，坚决反对对事实进行“合理想象”，添枝加叶。进行舆论监督，要客观公正，新闻媒体和新闻工作者不能带着观点找证据，更不能先入为主、主观臆断，对采访对象的叙述和意见断章取义，取其于我有用的，舍其于我不利的，歪曲采访对象本意；对监督的问题下结论要由权威部门和负责同志做出，新闻媒体和新闻工作者不要妄加评论、擅自定性。只有这样，才能保证舆论监督的真实性，维护舆论监督的尊严，也才能真正发挥出舆论监督的作用。

当前，新闻出版总署、全国“扫黄打非”工作小组办公室、中央纪委驻新闻出版总署纪检组正在全国开展打击“新闻敲诈”、治理有偿新闻的专项行动，严厉打击真假记者以“曝光”为名进行敲诈勒索等严重违法违规行为。新闻媒体及新闻从业者当以此为契机，完善内部管理机制，加强舆论监督者的道德修养，自觉抵制有偿新闻、“有偿不闻”，净化舆论环境，规范新闻采编秩序，维护社会和谐稳定。

原载于《江西交通》2012年6月10日第5期

别总拿潜规则说事

涂德谦

大约一年前，北京怀柔宝山寺白河桥被一辆核载30吨、载重145吨的车压塌，经交警部门判定，司机张某负事故全部责任。被毁桥梁的价值经鉴定为1556万元，日前，北京检方起诉司机张某及车主曹某父子，要求判处张某4至6年徒刑，并由三被告附带承担民事责任，赔偿桥梁的全部损失。6月26日，怀柔区法院开庭审理此案，未当庭宣判。

在庭审中，张某表示，现在运沙石的车超载是潜规则。平时，装车均由车主曹某负责，装车单据也在曹某手中，装多少与自己收入关系不大。而对车主曹某来说，超载越多，利润越高。

超载形成潜规则，在道路运输领域本没啥可大惊小怪的！司机张某在庭审中，算是说出了实情。超载运输的最大动因、就在于能获取最高利润！对车主来说，反正也是跑一趟，而司机的工钱、开销是相对固定的，那就能载多少就载多少，车只要不压趴下就得装。这相当于是用司机以及不知哪个路人的生命为代价，来换取经济利益，这才是超载运输屡打不绝的症结所在。奇怪的是总有人将超载嫁祸到收费公路政策上，好像超载运输都是公路收费给“逼”出来的！

在超载这个黑色的链条中，“车老板们”主观上追求高利润的赌徒般的心态，加上恶性竞争下被严重压低的市场价格，再加上有关部门执法不严的问题，无疑给这个潜规则提供了良好的生态环境！

在潜规则支配下，车辆生产、改装厂家，货物收发双方，车主、司机都获益匪浅，真可谓“皆大欢喜”。唯独被压在车轮下的公路，受到了致命伤害却无法发出片言只语。国家投巨资建设的基础设施，数百万从业者用几十年血汗甚至生命换来的成果，就这样一点点被蚕食，一段段被吞噬！公路被压坏，对国家社会来说，不仅是经济的损失，安全隐患也大大增加了；对行业来说，桥塌路毁，不仅蒙受了巨大的经济损失，还要承担不能承受的舆论压力。这样的压力，够让人窝心的！

庭审消息报道后，有媒体还在替司机和车主叫屈。真不知是居心何在？！

按张某说的："老板压着两月工资，所以明知超载也得开！"简简单单一句话，这位"可怜人"又站在了"道德"的高点上！

公路部门和检查机关依法严惩并向他们索赔桥款，对这些人来说一点都不冤枉！如果对这种为了钱就敢猖狂违法的人有了一点点恻隐之心，那对那些遵纪守法的人又如何礼待呢？！

原载于《交通决策参考》2012年第8期

副　刊　类

获奖名次：图片类三等奖
标　　题：《美丽的田野》
作　　者：赵学千
原 载 于：《中国交通报》2012年7月5日4版

子刚的信仰

熊水湖

子刚（曾用名李庆、黎刚），1924年2月6日生，河北滦县人，1945年11月在北京大学学习期间加入中国共产党。1948年7月，经组织安排离开北京大学赴解放区，历任华北人民政府交通部公路总局技术员，天津铁路局人事室干部，天津新港工程局助理军代表，南京港整治工程局秘书科副科长，天津新港工程局行政处副处长、企划室主任，华南公路工程指挥部第四工程局办公室主任、工程队队长，中波技术科学合作代表团成员，航务工程总局第一工程局一工区主任。1958年4月起，任交通部航务工程总局工程科科长，海河总局港口处、技术处副处长，基本建设总局综合处处长，航务工程管理局工程处处长，基建司工程处处长。1965年4月起，任国家建委五局交通组组长、副局长。1969年在国家建委干校任三连指导员。1973年2月起，任交通部水基局副局长，基建局副局长、局长。1982年4月任交通部副部长、党组成员。1986年3月离休，2011年8月逝世。

老伴子刚去世一年多了，可85岁的尤文华还是时刻想着他、念着他。家里的摆设仍旧是一年前的模样，丝毫没动——客厅最靠近窗户的地方是子刚生前练字的写字台；书房里，视线所及全是各种各样的书，它们都是子刚的最爱；卧室里，子刚用过的蓝白色被子叠得整整齐齐。这一切，都是那么熟悉，可尤文华知道，它们的主人再也见不到了。

置身子刚家，如果不是事先有人告知，你真的无法相信这里是一位共和国交通部副部长生活了20多年的家。因为，它实在是太过简陋。然而，当你从满屋子的书里面随意抽取一本翻阅时，当你看到上面密密麻麻的手写的标注时，你也许能感受到它们的主人在物质之外的精神世界里是何其富有。

子刚，一个名字念起来都铿锵有力的共产党员，毕生都在追求真理，处处以共产党员的标准严格要求自己。从1945年在北京大学读书加入共产党算起，子刚在长达半个多世纪的革命生涯中，始终忠于党，忠于人民，忠于社会主义建设的伟大事业。这一点，无论是在工作期间，还是离休之后，始终未曾变过。在他心里，对党无限的信仰，是一切力量的源泉。

刚之劲：工作严格一丝不苟

子刚，1924年2月出生于河北滦县，本名不叫子刚，而叫李庆。“李”字去掉上半部分，只保留“子”，取意愿为革命随时准备牺牲。纵观其波澜壮阔的一生，他为工作奋不顾身的拼搏，正应了他起初改名的寓意。

“新中国港口的发展，子刚是一个功臣。海南秀英港、大连鲶鱼湾原油码头、宁波北仑港、秦皇岛二期煤码头等，他都参与和指挥建设过。”82岁的原交通部副部长王展意与子刚是老熟人，1962年就相识。在他眼里，子刚基本就是个工作狂。“几十年来，除了忙碌，他给我印象最深刻的是他坚持深入一线的工作作风。”王展意说，子刚每次去港口建设的第一线，绝不是只去走马观花地看一看，听听汇报就走。有时候，他在一线一待就是一个礼拜甚至更长时间。11月1日，一头银发的王展意跟记者讲起与子刚共事的点点滴滴时，神态是那么安详，却暗藏着一股激动的力量。他对记者说，他常常想起几十年前去宁波出差顺道去看正在建北仑港的子刚，那场景他怎么也忘不了。“就那么一间简易的房子，子刚他们就在那里一起研究问题、解决问题。”

总是忙于工作的子刚很少顾家，家中的所有事情都由妻子尤文华操持。出身书香门第的尤文华对此毫无怨言，深爱子刚的她最担心的就是丈夫在外工作时太拼命。“没办法啊，我不担心不行，他总受伤。”说这话的时候，尤文华老人显得不紧不慢，像是嗔怪，却透着绵绵的心疼。

子刚最严重的一次受伤发生在1956年春天。那时，子刚正忙于建湛江港，一艘测量船卡在码头刚刚打好的桩基上。子刚很着急，担心船弄不出来，等到落潮后很可能会把桩撞坏。而且，在那个物资匮乏的年代，测量船可是名副其实的“宝贝疙瘩”。“船必须赶快挪走!”子刚不顾危险，沉着指挥大家一起挪船。就在这时，钢缆突然崩断，巨大的力量回弹过来，击中子刚，子刚的左腿和左眼严重受伤。由于当时湛江的医疗条件有限，医院只能无奈地宣称：两台手术无法同时进行，要么保腿，要么保眼睛。从那以后，他的左眼就彻底失明。手术后，子刚昏迷了3天3夜。在湛江躺了几个月，腿伤没见好转，反而又感染发炎了，生生烂出一个坑，没有办法，只得转回北京治疗。

几十年后，尤文华想起这段往事时还是很害怕，她轻声地对记者说：“也是老天保佑，他的腿烂成那样了还能再长起来，真的太不容易了。”他的儿子李程也说，父亲腿上那个疤又大又黑，看着都有点恐怖。

为工作如此拼命的子刚，心里一直有一股劲，那就是为新中国的港口建设事业贡献自己的一切，早日让国家富强起来。为此，无论在哪个岗位、身处什么职务，他始终严格要求自己和自己的下属，认真工作，努力将本职工作做到最好。

国家开发银行交通信贷局原局长叶汇、交通运输部离退休干部局原局领导董志常当年都是子刚的“兵”，对子刚的严格要求深有体会。“子刚几乎就没准点下过班，每天都加班到晚上八九点钟还不走。他的这种工作劲头也带动了我们这些下属。”

1982年，子刚当上交通部副部长以后，本应从此前他所在的基建局办公室搬走。可谁知，他考虑到办公用房紧张，坚决不去专门为他准备好的副部长专用办公室。“我们基建局这些人得知他升官后，可高兴了，大家一致‘催促’他赶快搬走。说实话，跟他在一个办公室我们真的都很‘怕’。”在基建局工作过的刘绍尧说，“子刚随时都有可能检查你的工作。有次我上厕所碰到他，他竟然也问我某某港口建设的工程量进度如何。”那时候，与子刚同在一个楼层的下属几乎都有被他“突然袭击”的遭遇。如果答不上来，至少要吃一个狠狠的眼神。

对人对己的严格要求，让当年子刚手下的年轻人快速成长，他们中的很多人后来成为我国交通运输事业建设中的顶梁柱。邹觉新，原交通部总工程师，也曾是子刚的下属。回忆和老领导共事的日子，他的声音都有些哽咽。他说，子刚在日常工作中处处以身作则，从不搞特殊化。每每想起这位老领导，邹觉新都会不由自主地浮现腿脚不便的子刚每天早上自己打开水的场景。“子刚每天来办公室都比较早，自己到开水房里把开水打来，然后用墩布拖地，把桌子擦一擦。再后来，我们这些小年轻也来得越来越早，跟他一块儿干干这些活儿。”邹觉新说，子刚身上就是有一种劲，一种不变的信仰，即使是后来当了副部长，他还是这样始终严格要求自己，并在潜移默化中感染身边的年轻人。

1986年3月离休后，子刚在家写字看书，陪伴妻儿，一家人其乐融融。但即使是在日常生活中，他依旧保持共产党员的本色，处处事事严格要求自己。他身上那种刚正自强的劲头，从未消失。

今年84岁的郭枫与子刚工作时曾是一个部门的同事，离休后因为住得近，又同在一个党支部。谈及子刚，这位现任交通运输部离退休干部局河沿党支部书记感慨不已。子刚后来身体越来越不好，就买了一个电动轮椅代步。因为他特别不喜欢别人给自己推着轮椅，他想自己控制轮椅。“他以前工作的时候也这样，凡是自己能做的，绝不叫别人帮忙。离休了，这倔脾气还是没改，凡事都惦记自己来，能不麻烦别人就一定不麻烦别人。”郭枫说。

子刚是患癌症去世的，脖子上长了一个大包，坚持了五六年的保守治疗，其间的痛苦只有他自己知道。一直到后来，这个包发展迅速，只能做手术切除，伤口挖得很深，很是疼痛。但性格乐观的子刚却并不在意，他对前来看望他的老同事、老朋友说：“嗨，还没到不能忍受的程度。这个要跟过去咱们革命先烈受的酷刑来比，都不算啥事儿了。”

刚之廉：两袖清风令人敬仰

2005年夏季的一天，韩卫东有些忐忑。这一天，他开始做子刚的专职司机。之所以忐忑，是因为他听说子刚老人家脾气挺大。然而，一见面，他之前的不安彻底跑得无影无踪了。“老人家挺和蔼的，虽然不怎么爱说话。”7年后，再跟记者说起对子刚的第一印象时，韩卫东记忆犹新。“我第一次去他家，看到他家的桌子、椅子、柜子都是原来交通部给配的老式家具，上面还写着‘交通部’3个字。我心想，这老人家也太朴素了吧。”2007年春节过后，韩卫东在农村生活的父母特意交代儿子，带点自家地里种的玉米给子刚。后来的情况正如韩卫东事前所料，子刚坚决不要他带来的玉米。僵持了一会，子刚从钱包里拿出200块钱硬塞给韩卫东，一边还说：“东西我收下了，钱你也必须得拿着。要不，你就把我这辈子定的规矩都毁了。”

子刚的这个“规矩”，总结起来就是6个字——不吃请，不收礼，但凡认识子刚的人都知道它。只是，亲朋好友有时也会怨恨它，因为它简直苛刻到不近人情的地步。

2010年3月，子刚病了，与他同事几十年的朱樵去医院看他，手里提着两斤草莓。谁知道，子刚硬是把朱樵拒之门外——带东西来的都不能进来。一番劝说无果后，朱樵只得把草莓提回去了。“好家伙，就这么点草莓他都计较，当时把我气得够呛。”不过，打心眼里，朱樵很佩服子刚的这个规矩，“几十年如一日地坚持做到这点，实在是太不容易了”。子刚住院时，每天都是他女儿、儿子轮流给他去送饭。由于堵车和儿女上下班时间紧，饭有时送得不及时。一次，晚饭没及时送到，一位护士就给子刚一份盒饭。吃完后，他特意叮嘱护士别走太远，等儿子来了好给她盒饭钱。

子刚就是这样，始终在生活的每个细节上严格要求自己，保持共产党人廉洁自律的本色。而让子刚欣慰的是，家人都很支持自己。“他们一家人受子刚影响很深，每个人都很朴素。”郭枫、邢国杰、林凤英等河沿党支部的老同志都去过子刚家，他们有时候都会下意识觉得“子刚太寒酸了”——子刚和妻子穿的衣服有不少还是上世纪七八十年代“的确良”，洗得都透亮了还在穿。不过，子刚倒是自得其乐，还笑称，“的确良”洗完了以后都不用烫，还不起褶呢。曾经在北城工作处工作过的刘红艳告诉记者，子刚在衣着方面“特别抠门”。他的衬衫，领子都是两面翻着用。这面磨破了，就把领子拆下来，翻个面再缝上去接着用。“这种方法，在上世纪五六十年代比较常见，现在早没人用了。我也就只见子刚用过。”刘红艳说。

“他的子女和爱人从来没有用过他的专车。离休后，他基本就不怎么用车，更不让家属用。”赵树蓉是子刚在基建局任职时的老部下，一直以来都很敬佩子刚。“有子刚这样两袖清风的好领导，我们老基建局人都觉得很自豪。”赵树蓉说，子刚当年为他们创造了一个廉洁奉公的工作氛围，令大家受益终生。

对子刚的廉洁风范，王展意曾有一次别样的“零距离”体验。一次，王展意从广州去湛江，因为路程紧张，他特意跟随行的广东省交通厅领导说：“赶路要紧，路上你给我安排吃一顿面条就可以了，不要到宾馆去吃。”不料，这位厅领导大笑着说：“王副部长，你这样让我们为难呀。”随后，这位厅领导给王展意讲了一个小故事。不久前，子刚到湛江港，坚决不去宾馆吃饭，说到附近的交通局食堂下碗面条就可以。结果，等了很长时间面条还没端来。子刚说，怎么吃碗面条到现在还弄不好。后来，大家都笑了，告诉子刚，广东人很少吃面条，食堂里的大师傅费了好些时间才买到面条。一听这个，子刚也笑了，不好意思地表示，米饭也是可以的嘛。

有一次，子刚带几个同事出差，接待方安排了一桌宴席。子刚一看，觉得有点铺张浪费，于是转身就走。但是，人家饭菜都弄好了，怎么办呢？事后，子刚将一桌饭菜钱平摊，跟他一块儿去的同事每人出了3块钱。要知道，那时候3块钱可不是个小数字，他们的工资一个月也就七八十块钱。后来，大家都开玩笑说，以后出差可别再跟子刚一起，搞不好吃餐饭就摊掉一天的工资。

刚之勤：生命不息学习不止

子刚卧室靠窗的一角，静静地立着一个他自制的读书架。木棍上斜着安块薄木板，木板上横拉着一根皮筋，书可以斜躺在木板上，高度及角度正好，很方便阅读。“这个是他自己捣鼓出来的。”尤文华说，看书是子刚最大的爱好。每天，他都会把自己做的读书架拿到光线好的窗台下，坐在椅子上静静地看书。

晚年，子刚爱看文史类的书籍以及古今中外的人物传记，身体好的时候，每周都会去首都图书馆泡半天。他儿媳妇杨小英说，老人家经常托她在网上帮他订书。如果网上都买不到，那他还是不会放弃，会利用各种机会找到自己想要的书。“他的离休工资用来买书的比较多，至于生活中要花什么钱，他压根就没这个概念。买书、读书，就是他天大的乐趣。”可以说，“活到老，学到老”在子刚的身上体现得淋漓尽致。即使80多岁时，子刚还在坚持学英语，一套《中国沿海港口》英文版资料从头翻到尾，书边都被磨破了。他说："如果我不学习不看书，脑筋就要退化了。"同时，他还常对前来看望他的老友说，"你们也得学习"。

其实，相比晚年，年轻时候的子刚对看书、学习的喜爱，完全可用"痴迷"来概括。尤文华告诉记者，子刚年轻的时候，不管有多忙多累，经常看书学习到深夜。"那个时候，他一般看的是关于港口建设方面的专业书籍和马列主义著作。"

对父亲坚持不懈的学习态度，儿子李程甚至笑言，"像他那么学，再笨的人都能学成了。"说笑归说笑，但在李程的心里，他很佩服父亲的这种精神。"老爷子离休以后，我们之间的交流比以前多了很多。他给我印象最深的就是干什么事儿都特别能坚持。比如说学书法，几十年如一日。学外语也是这样，拿起来永远都在学。这点让我很佩服。"

离休后，在交通战线上奋斗了一辈子的子刚，对交通系统发生的事情依然特别关心。"我们经常去他家陪他聊聊天，他非常喜欢听我们讲起咱们国家现在的港口建设情况。"叶汇、邹觉新说，子刚偶尔还会给他们提提建议，提醒搞港口建设务必要抓好工程质量，务必要注意安全。同样，子刚对党和国家大事的关注热情未减。即使是生病住院期间，孩子送饭过来时，也一定会给子刚带上当天的报纸。去年"七一"，就在去世前一个月，子刚身体已经很不好了，可他还是参加了河沿党支部的支部会。

事实上，自打1986年离休后，无论河沿党支部开什么会，子刚从未缺席。一般情况下，支部大会3个月开一次，小组会基本上每个月一次。

子刚曾经不止一次告诉河沿党支部的同志，"绝对不要总强调我的身体，无论如何我都要参加组织生活，这是一个共产党员最起码要做到的事"。

小组会议论，子刚还会用自己切身的体会和心得给小组同志作辅导性发言。"他发言时有话则长，无话则短，绝不耗时间，比较简洁。"郭枫说，每次开支部大会和小组会，子刚都会提一些建设性的意见。有一次，在小组会上，他提出，在经济建设飞速发展的今天，更应该加强党的建设，突出党的核心领导作用。"他出口成章，我们当时听了很受教育。"陈瀛久、秦秀荣、赵锦文等支部同志很感谢子刚。

刚之柔："严"字背后蕴藏大爱

子刚身材魁梧，脸庞棱角分明，十足一个硬汉形象。严肃认真、公私分明的工作作风更是其硬朗形象的最佳注解。但实际上，子刚不苟言笑的硬朗形象背后，蕴藏着关爱家人、关心同事的至柔之爱。

1951年，正在北京人民医院工作的尤文华，成为抗美援朝志愿手术队的一名护士长，奔赴东北做后方支援。而此时，子刚正在天津新港工程局任助理军代表。两个此前只有过一面之缘的年轻人，通过亲戚介绍开始通信，相恋相爱，并在一年后步入了婚姻的殿堂。新婚不久，子刚接到调令，要求立刻从天津动身到海南建港。为支持丈夫工作，尤文华辞去了喜爱的护士工作，一路相随到海南。

子刚工作异常忙碌，从海南到湛江，从湛江到北京，从北京到宁波……他的足迹简直就是新中国港口建设发展的轨迹。夫妻俩一直聚少离多，但始终以书信往来寄托相思。1978年到1981年，子刚一直在宁波建北仑港，3年只回过两次远在北京的家。因为实在是太忙了，子刚连写信的时间都没有。但他又担心妻子在家挂念，于是他想了一个办法，把宣传北仑建港情况的《北仑战报》按期寄给妻子。尤文华每次都会仔细看完，心也跟着飞到遥远的南方。

就这样相濡以沫携手近60年，他们的爱情在交通人的颠簸生活中历练、闪光，也让身边人见证了他们不变的幸福。杨小英说："我从来没见爸妈红过脸儿。两位老人经常一块下棋，下着下着，房间里就传出一阵笑声。"

对自己的3个子女，子刚常觉愧疚，因为自己没照顾过他们的生活，也没为他们找工作提供任何方便。他始终认为，子女的路自然要靠他们自己来走。对子刚的苛刻，孩子们起初并不理解。但随着年龄的增大，他们逐渐理解到父亲的用心良苦。李程对记者说，现在想起父亲，常常想起他教育自己的场景，从不打骂，总是耐心劝说。

与子刚同事过的下属，都领略过子刚的严格。工作要是没做好，子刚的批评肯定随后就到，不会客气。但就是这样一位"不留情面"的领导，所有与他共事过的同志，都很敬重他。因为，他们发自肺腑地感受到子刚对他们的栽培之情，更感受到深沉的爱。

1980年春节前夕的一个晚上，子刚突然对埋头抄写文件的秘书司元政大声吩咐说："小司，别抄了。快整理一下回北京去，抓住春节前几天的机会把北仑港最近的建设情况向部领导汇报一下。"

司元政纳闷了，北仑的情况前几天子刚用电话向部里汇报过了呀。子刚一看司元政迷茫的表情，登时明白了。他抓了一下头皮，原地转了个圈，随手打开文件柜，拿出一个文件，稍稍翻了翻，放在司元政面前，说："你把这些文件给部里送过去。"司元政接过文件，也翻了一翻，越发迷茫了。他轻声说："总指挥，这……这个文件也不急啊。"

"叫你送你就送哦，哪这么啰嗦！"子刚的声调高了起来。司元政只得点头答应，一转身，不远处的收发员"扑哧"一声笑了，说："你真笨啊，总指挥这是照顾你，让你赶紧回北京与新婚妻子团聚哟。"司元政一听，恍然大悟。

事实上，北仑建港那几年，每年过年子刚从不回家，但他总想办法把身边的一些同事赶回家去。他自己呢，则守在指挥部值班，处理日常事务。子刚离休后，对自己以前的同事或熟人都很关注。1997年，为迎香港回归，时任东河沿居委会主任的秦秀荣到子刚家邀请他参加居委会组织的庆祝会，子刚爽快地答应了，并提前到会，群众非常高兴。最近几年，我国遭遇几次灾情，子刚带着老伴积极捐款。"他每次都是我们河沿党支部捐款数额最高的一位。"郭枫、刘红艳等人都说，子刚副部长其实是一副热心肠。

子刚，就是这样，心里其实时刻都装着他人。只是，他把这份关爱藏在严肃的外表之下。他的心中，怀有大爱。这份爱，是一个共产党员甘愿为人民奉献一切的真情流露，更是一个共产党员关注天下苍生的博爱情怀。

记住子刚。记住他那铿锵有力的名字。让我们一起从他对党的无限信仰之中感受灵魂的升华。

原载于《中国交通报》2012年11月13日8版

作品评析

朴实无华亦风采

杜迈驰

有人说报告文学是新闻与文学自觉结合的代表，也有人说它是带有文学色彩的新闻通讯，还有人说它是报告与文学的统一体。窃以为，不管怎么说，报告文学离不开新闻和文学的特征。这篇报告文学从新闻上说，是主人公逝世一年多之后的回忆文章，反映了主人公所处的那个时代赋予他的个人特征；从文学上说，作者通过生动形象再现，从感情上表现主人公的内涵，朴实无华地把子刚的风采表现得一览无余。

我在交通部机关工作时，见过子刚，但没有打过交道。印象中他大高个儿，身体魁梧，走路不太利索，一只眼老是塌蒙着。看了这篇文章，才知道这是工伤造成的，而且他的形象和风采立刻在脑海中丰满起来，自己熟悉的文中涉及的不少采访对象立刻浮现在眼前。从这一点说，作品呈现的文学魅力显而易见。

为了写好这篇文章，作者前后花了三个月时间，走访了主人公的家人和生前的诸多同事，算起来超过20人。整理采访录音10多万字，可见作者采访深入、扎实、细致。

10多万字的采访记录落到7000多字的作品上，需要筛选、去粗取精。作品显然长了些，不仔细看全文，仅看大标题《子刚的信仰》和小标题《刚之劲：工作严格一丝不苟》、《 刚之廉：两袖清风令人敬仰》、《刚之勤：生命不息学习不止》、《刚之柔："严"字背后蕴藏大爱》，读者大体上看出主人公的特征。作者的文学语言功底由此可见一斑。

正是由于作者采访深入，表现的内容完全是客观报道。

文章开头介绍了主人公简历、家里摆设、书里密密麻麻的手写标注，从而引出他富有的精神世界，而精神世界的源泉是"对党无限的信仰"，这是文章大标题的根脉。

接下来的第一部分，通过同事和家人介绍，表现出子刚以身作则、严格要求、一丝不苟、刚正自强、深入一线的工作作风，在医院表现出的乐观主义。

第二部分一系列的典型事例再现子刚的廉洁风范。

第三部分叙述了子刚看书学习的爱好，介绍了他离休后坚持参加党支部活动情况。他认为参加支部活动“是一个共产党员最起码要做到的事”，这突出表现了他坚定的党性原则。

最后一部分通过同事情、夫妻情、儿女情的介绍，表现出主人公严肃外表之下有大爱的刚柔相济。

文章结尾“让我们一起从他对党的无限信仰之中感受灵魂的升华”，既扣题也表明了作者的写作目的。

文章介绍的事例多，但四个部分通过四个排比句式的小标题串了起来，看起来材料并不松散，这正是排比句式小标题的魅力所在。

用朴实无华的文学语言表现朴实而不平凡的业绩，表现手段和主人公融为一体，这种写作办法让我想起篆刻家刁成易。20多年前我采访他时，他说给别人刻印章之前总要和他们聊一聊，熟悉一下对方的性格特征。如果对方性格刚直豪放，印章的笔道和布白就挺拔些；如果对方比较含蓄细腻，印章的笔画和布白就温柔些。

艺术总是相通的，如果我们描写人物的笔调借鉴老刁“看人下菜碟儿”的刻章办法，我想那就是一片新天地，大家不妨尝试一下，反正《子刚的信仰》作者有意无意尝试过了。

（作者系中国交通报社原总编辑、中国交通报刊协会副会长）

题记： 2012年3月1日，重庆洪崖洞。旧日的缆绳还在，嘉陵江索道停运却已整整一年。缆绳下方，千厮门嘉陵江大桥的建设还在如火如荼开展。

再忆嘉陵江索道

熊　婧

2012年春节，和朋友坐在重庆洪崖洞的一家餐厅里，窗外望去就是嘉陵江。迷蒙的夜色里，江面上灯光点点，隐约还能听见机器的轰鸣，从北岸向南岸延伸的千厮门嘉陵江大桥还在如火如荼地建设，已初具雏形。

千厮门大桥上空，嘉陵江上的索道缆绳还在，可不见那缓缓从头顶滑过的嘉陵江索道，已快一年。索道的站台也还在，只是掩没在周围的高楼里，若不是有人指路，早已经看不出它曾经的热闹。

去年听说嘉陵江索道停运、等待拆除的消息时，我在千里之外的北京，正谋划着夏天带同事回重庆旅游。线路规划就包括搭轻轨游重庆和坐索道看江景。只可惜，这个愿望永远无法成行。

和所有人一样，我心里亦有悲伤，因为要挥别这样一位相伴29年零两个月的老朋友，不是一件容易的事。对于每一个生在重庆、长在重庆、生活在重庆的人来说，嘉陵江索道远远超出了一种交通工具的意义，它是重庆的城市符号，是重庆人引以为豪的骄傲，也是重庆城这三十年巨变的真实见证者。

嘉陵江索道的一生，反映着重庆交通大发展的历程。

听父辈说，20世纪70年代，重庆全市几个主城区的交通主要靠36艘渡轮。老百姓爬坡上坎去乘船很费劲，遇上洪水季节还要断航。后来嘉陵江大桥建成，虽然分流了一部分人群，但是运力依旧紧张，大家出行很不方便。即使后来嘉陵江大桥建成，对于人口众多的重庆来说，依旧无法解围。

1980年，酝酿多年的嘉陵江索道最终选址江北城金沙街和渝中区临江门沧白路，同年12月，工程正式启动，1982年1月1日通行——仅用了两年时间、387万元的投资，凝结了众多建设者们的辛勤付出，敢为人先的重庆人就成就了这条全长740米的中国第一座城市跨江客运索道，连通了当时繁华的渝中区和稍显荒凉的江北区，体现着重庆人敢为人先的万丈豪情和实干精神。

几乎每个重庆人，都曾经站在索道的车厢里看这城市的风景。光阴荏苒，重庆城经历着巨大的变迁，仿佛嘉陵江索道每滑行过一次，风景就刷新了一次，当年江北区矮旧楼房如今都被高楼大厦取代，旧日狭窄的街道变成了车流量极大的大马路，索道对岸的江北区新建成的重庆大剧院、重庆科技馆与渝中区的洪崖洞人文景点遥遥相望……

城市变了，而嘉陵江索道在年复一年、日复一日地运转中，却显得愈发陈旧和沧桑。

我对于嘉陵江索道的记忆，依旧那么清晰。那时候的我，还在上幼儿园，最盼望暑假能跟爸爸从县城去重庆市区出差。爸爸总是在第一天把我留在渝中区的亲戚家，然后去嘉陵江对岸的江北区办事，一切妥当后再来接我去江北。

当年连接两个区的只有嘉陵江长江大桥，上面来来往往的车辆总是很多，经常一堵就是一个小时，再加上当年的江北区尚未开发，格外荒凉，所以很多出租车司机都以太耽误其他活儿为由，不愿意去。爸爸和我，有过不少次被出租车半途丢在桥上的经历。虽然很多年之后，我依旧怀念被爸爸牵着小手，吹着江风在桥上走过的时光，但那个时候，我因为觉得太累，不知哭了多少次鼻子。

爸爸发现了嘉陵江索道，又快捷又便宜，还不会拒载，三五分钟就可以到达江北区。于是，接下来的日子里，我和爸爸的交通工具从车变成了索道。从第一次害怕得不敢迈腿，到后来视为最大的乐趣，每一次去，我都会在索道的门口站定几秒，看看自己是不是又比上一次来的时候长高了；然后想办法挤到靠窗的位置，探着脑袋看着两岸的楼群、滔滔的江水和江上的轮船……

时间好快啊，我们80后的这一代人都已长大，那些伴随嘉陵江索道的日子，早已逐渐远去。嘉陵江索道，像这个城市最忠实的仆人，把一批又一批的乘客从此岸运到彼岸，每一次的运行都承载着这个城市最真实而质朴的记忆。

忙碌的生活和更加多元化的交通方式，让很多人慢慢淡忘嘉陵江索道的存在，忘记了曾经还有过那么一抹特殊的风景出现在自己的生活里，直到听说索道快要停运，大家一片唏嘘。

其实印象里，这几年，备受好评的电影《疯狂的石头》、《日照重庆》、《周渔的火车》里，都有嘉陵江索道的身影，使之成为重庆城市游的重要一站——这是嘉陵江索道在启运20多年后拥有的新光环，这是它的“第二个春天”。我们确实都从未想过，一切的回忆都定格在这一天——2011年2月28日。这一天，重庆城里最特殊的 “老兵”为了城市建设新工程——千厮门嘉陵江大桥、东水门长江大桥和轨道交通让路，就此退出历史舞台。

正在兴建的千厮门嘉陵江大桥位于渝中半岛千厮门处，通过渝中隧道与东水门长江大桥贯通，形成连接江北城区、解放碑CBD和南岸弹子石片区的公轨两用快捷通道，是重庆城市交通网络的又一次发展和完善。上层设计有双向四车道及两侧人行道、下层为双线城市轨道交通的千厮门大桥，让这座直辖市更加现代化、快捷化，是“畅通重庆”任务中的主力军，对于缓解越来越紧张的交通情况起到了重要的作用。

50多架飞虹扮靓了“桥都”，畅通了重庆。当交通网络越来越完善，人们过江的选择越来越多时，索道的客运量也从以前的20000人次/天降到了1000人次/天。运营和维护成本居高不下，加上新桥址与老站台重叠，引发安全隐患，索道退出重庆交通舞台，似乎也就无可争辩了。

这个选择实属无奈，但在重庆人的心里，不见得是最好的选择。初闻停运的消息，一场浩大的“营救”计划就在重庆开展起来。从专家到民众，不计其数的人参与其中，发起了诸如举办高端论坛、网络发帖、万人签名等行动，提出了包括“修建交通历史博物馆、异地重建、开发为城市新旅游项目、就地保存”在内的各种建议和意见，无一不表现出大家对嘉陵江索道史无前例的热情和关注……一时间，万人集结，民声沸沸扬扬，所有人都在为这座城市的“特殊见证者”做着最后的争取。身在异国的重庆人SMETA，写下了洋洋洒洒数千字的文章，介绍了美国纽约罗斯福岛缆车系统，希望在嘉陵江索道的去留问题上，提出一些国际上的模式，以供参考。各种意见和提议，都体现着这份对嘉陵江索道的爱，对这座城市的情，弥足珍贵。可是不管有多少人打从心眼里拒绝接受挥别嘉陵江索道的结局，它还是停下了运转的脚步，从此默立在嘉陵江边，继续注视着这座城市日新月异的发展。

2011年2月28日，嘉陵江索道的最后一班岗，有1.2万人从四面八方赶去为它送别。朋友跟我描述当时的现场时说，这是嘉陵江索道已经多年未见的热闹。

有一个刚到重庆念大学的影视专业学生，他说自己还来不及把索道录到自己的片子里，就要告别了，所以他买了两张票，一张用来体验索道，一张用来留作纪念。

有一对头发斑白的老夫妇在索道车厢门口合影，那一天，是他们的银婚纪念日。

有一位老人向大家展示着当年第一班索道首位乘客的签名票，时光仿佛飞回了29年前。

有一位土生土长的桥梁工程师说，嘉陵江索道为桥让路，他觉得欣慰却酸涩。

有一位打小就住在嘉陵江索道附近的阿姨，用不太熟练的技术一阵狂拍，她说，相机是儿子的，她不怎么会用，但是还是想留下点纪念。

还有一群人，扛着自制的18块书写了索道历史关键词的红色纪念牌，一遍遍为前来送行的人们，强化着对嘉陵江索道的记忆。

而嘉陵江索道沧白路站台三楼的一面墙上，早已经被乘客们用贴纸写着的怀念语句，贴得满满当当：“‘土飞机’，再见了！”、“最后一次，让你带我‘飞’”、“你留，或者不留，回忆就在那里，在所有经历过它的人的心里，无声无息”……

当晚7点32分，嘉陵江索道坚持送走了最后一班乘客，比往常收班晚了很多。7点37分，索道公司工作人员坐最后一班索道离开，嘉陵江索道的告别式结束。

交通的发展是一个城市变迁之路的真实写照。这条路上，我们一边行进，一边却也在同那些陪伴过我们的人和物告别。我们和昨天的略带尘埃的一切说再见，却又满怀希望期待着遇见更明媚的未来。

从昔日重庆十八梯改建，到如今的嘉陵江索道停运，现代化和高效化的城市带来舒适便捷的同时，着实“无奈地”破坏了不少城市的文化积淀，逐渐模糊着很多伴随这个城市发展而生的珍贵记忆，但所幸，生活总归还是比从前美好许多的。

夜色渐浓，窗外的千厮门大桥工地依旧灯火通明，当有一天，这座宏伟的大桥飞架嘉陵江上之时，当我们身边的交通工具越来越繁复发达之时，当整个山城的交通网络日趋完善之时，生活在这座城市的人们会不会还能想起那座掩没在时光里的“江上秋千”……

原载于《中国公路文化》2012年3月

作品评析

以情取胜

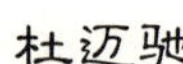

杜迈驰

在这篇描写嘉陵江索道停运前前后后变化的散文中，作者的悲伤与自豪、恐惧与快乐、无奈与激昂、留恋与期盼相互交织，感情浓郁且此起彼伏。让读者随着她的感情变化而变化，正是作品的感人魅力。

散文中的见闻不比新闻中的见闻，需要表现意境。更高的意境应是诗的意境，即有“诗情画意”，且情景交融，“情”是作者的独特心胸、独特感受、独特体验的表白。它可以是奇思妙想、制造幽默，可以是以小看大、表达寓意，可以是由表及里、启发思考。“景”是作者对所见事物一个侧面的详细描写，是抒发感情的依托。作者把情景、意境、感悟交融并统一起来的过程，就是散文的立意，就是贯穿始终的“神韵”。“神韵”是集中的，是表现中心思想的。散文看似自然随意、漫不经心，但它背后绝不缺乏作者的用心经营，特别是在描写见闻、塑造意境、广泛联想、抒发情感的基础上，作者一定要提炼出一种哲理或者理想、志趣、精神，从而成为主题思想。如果拿这段话衡量这篇获奖作品，情景交融是最突出的。

作品开头用倒叙的手法由近及远：坐在餐厅里吃饭看望嘉陵江夜景，看到索道缆绳还在，但就是不见“从头顶滑过的嘉陵江索道”，使自己带同事坐索道看江景的计划落空，从而留下遗憾和悲伤。但是，嘉陵江索道“是重庆人引以为豪的骄傲”，仅用两年时间建成的中国第一座城市跨江客运索道，“体现着重庆人敢为人先的万丈豪情和实干精神”，带来了江北区巨大发展。作者个人的悲伤很快变成对重庆人群体的歌颂。

作者对嘉陵江索道感情继续在个人的记忆中流淌：从打的遭拒绝、走桥太累哭鼻子到第一次坐索道轿厢害怕得不敢迈腿，从挤到靠窗的位置看风景的乐趣到听说索道快要停运的唏嘘，作者感情的起伏变化表现得很真挚、很细腻。

作者对嘉陵江索道感情继续在众人的“营救”中流淌：备受好评的电影中嘉陵江索道身影为重庆添了新光环，弃索道、建新桥成为“畅通重庆”的主力军，然而索道老站台与新桥址重叠引发的安全隐患，让索道退出重庆交通舞台“实属无奈”。即使无奈，重庆人“营救”索道的激昂情感却“史无前例”。作者在这里毫不吝惜地歌颂重庆人对嘉陵江索道弥足珍贵的爱，对这座城市弥足珍贵的情。

作者对嘉陵江索道感情继续在索道“最后一班岗”中流淌：从影视专业学生的两张票到老夫妇银婚纪念日在索道轿厢门口的合影，从第一班索道首位乘客的签名票到桥梁工程师的酸涩，从阿姨用照相机不太熟练的狂拍到一群人扛的18块红色纪念牌，从乘客写的怀念语句到索道职工加班送走最后一班乘客，作者把嘉陵江索道的告别式写得既热烈又悲苍。

纵观全文，有两条“红线”贯穿到底，主线是作者对索道的留恋，对历史传承与加快发展如何平衡把握的理性思考；辅线是对伴随索道兴衰的30年来交通发展、城市发展和重庆人的实干精神的热情讴歌，对更加明媚未来的希望期待。主线有感情和思虑的交织，辅线有赞颂和期盼的交织，两条线融合得天衣无缝。

我在2014年元旦放假期间写这篇点评时，专门上网查了查索道拆除后的动态和千厮门大桥建设情况。有文章说索道轿厢、驾驶室和牵引绳等重要部件将保留并对公众陈列展览，千厮门大桥将于2013年年底通车。这些内容并不让我满意，于是拿起电话打给散文的作者，她经过打听也没有肯定的答复。也罢，留下悬念、留下期待也好，就像这篇散文结尾留有余音。

（作者系中国交通报社原总编辑、中国交通报刊协会副会长）

二等奖

老船你好

泉 海

老船走了，在一个晨曦微露的雾蒙蒙的清晨。

初识老船是在一个初秋的下午，告别了盛夏的炽热，阳光懒懒地洒在安宁的大地。我拿着相机，漫步在海边，发现一艘挖泥船静静地泊在岸边。高大的钢铁身躯和蓝白相间的公司标识，让我知道他与我同属于这个企业。这是我第一次看到挖泥船的真容，一个“新兵”围着这位“元老”，好奇地看了又看。我想，如果他有感情的话，肯定觉得这是我对他的一种冒犯。

很快，好奇被一种莫名的伤感所代替，我隐约听到了老船回来的原因。再见到他时，旁边多了一架高大的吊车，老船正在被拆修。

老船老了。

老船的确老了，斑驳的锈迹在他庞大的身上随处可见；工作起来，链斗吃力地转着，吱吱呀呀作响，比起那些绞吸船、耙吸船“后生”们，老船早已经力不从心。

一场拍卖会，老船有了新的主人。我拿相机去拍老船时，有人很警惕地从船上下来：“不许拍照！”那一瞬间，我觉得我与老船连这一点点微弱的联系也被切断了。一天清晨，老船悄无声息地走了，没有鸣笛，更无人为他送行。

工作之余，时常翻看老船的照片，已不再伤感。我刚踏上这片海滨热土时，老船已在此工作了三十年。我脚下的几十万平方米土地，每一寸有他的一份功劳；这个港口的人们，忘不了他将一方方泥土从海底捞起的雄姿。他为这个港口兢兢业业工作了三十年，将他一生最好的时光留在了这片热土。

记住老船！他曾经与我们的前辈一起征战四方，从辽宁半岛到天津港，从长江口到海南岛，我们企业的功劳簿上有他挥洒的汗水，那些停泊巨轮的港口也还记得他忙碌的身影。他虽然离开了我们，但他的精神却在传承，“战风斗浪、开拓向前”——老船的精神已经融进我们的血管里。

感谢老船！他是很多年轻船员的良师益友，将一群风风火火的青年人培育、磨练为成熟的驾船者。他默默地离开了，像一位功成身退的大师，授业已毕，放手让我们驰骋在大海劈波斩浪。每每想到这些，怎不令人感慨！

老船走了。我盼望着，有一天能再见到老船，向他敬个礼。不管海上还是船厂，国内还是国外，即使是远远地看他一眼也好。

老船你好！你的功绩，我们未曾忘……

原载于《交通建设报》2012年8月23日

爱心没有终点站

——一名省会公交司机的行车日记

闫　晶　余娟娟

一米七左右的个头，黝黑清瘦的面庞还带着害羞的微笑，话语虽不多，却流露出他的朴实无华和宽厚善良，这就是范勇杰给我们留下的第一印象。

他是省会公交五公司二环2路公交线的一名普通外聘司机，几年来，不止在营运服务中取得好成绩，安全行驶数十万公里零事故、零违章，重要的是乐于助人，对同事、对乘客乃至对社会上所有需要帮助的人都会伸出援助之手！

“事事为班组着想、件件为乘客着想。”日记本上一句简单的话就道出了他的世界观、人生观；“车有终点站，爱心却没有！”寥寥数字，却彰显了他内在的神圣和美善……

三年来，正是他记录在日记上的点点滴滴，才掀起大家尘封的记忆；也正是一本厚厚的行车日记，见证了他时刻用雷锋精神指引人生的坚定信念。就让我们一起打开日记，走进他的内心世界——

2009年12月15日　晴　星期二

坚守一份使命，必须承担一份艰辛。

经过招聘考试，几天前，我正式成为了二环2路的一名公交司机。刚开始，我还挺兴奋，一路上，不仅疏导乘客，还耐心解答他们的询问。可是几天下来，不仅嗓子哑了，嘴里也长满了口疮，但是为了中途不去厕所，竟连口水也不敢喝！

慢慢地，工作的热情就没有了。就在今天上午行车时，时不时有乘客向我咨询乘车信息，我已经开始变得不耐烦了，更不愿意多说话，“我不太清楚，你问问别人！”到后来，干脆不去搭理他们。

下午路队领导知道了这件事，就开始对我耐心说服教育：“每份工作都有它的难度，关键是自己怎么样去适应、做好。咱们路队就有很多服务标兵的例子……”当时，我感觉自己脸烫的厉害，真想找个地缝钻进去。“领导说的没错，只要是别人能做到的，我也能！”我暗暗下定决心。

2009年12月26日　晴　星期六

都说隔行如隔山，真的没错！

我从来不知道，自从出车我基本上就没有准点吃过饭。您瞧，今天是星期六，没有上班的高峰，我还是堵在路上了。但是公司有规定，来回一次的时间是有限制的，所以，行车期间吃饭也会像上战场，三口两口结束“战斗”。

我从来不知道，工作时候劳动会强度很大。一天要开10个小时的车，不断地重复左手右手、左脚右脚的机械劳动，还要一直在驾驶座上坐着，而且不能与乘客闲聊，但是在这样高度紧张的状态下，我也得小心翼翼，因为我知道手里的方向盘关系着每个乘客的生命安全。

……

2010年2月1日　晴　星期一

行一段车程，就需要肩负一份责任。

今天，当我驾驶二环2路车到达位同站时，看到一位大约八九十岁，头发花白，拄着拐杖的老人走过来。我赶忙把手刹拉好，走下座位把老人搀扶上了车，并把他安排在离我最近的座位坐好。

关门后，我开车起步、离站，一气呵成，平稳得让人感觉不到是在公交车上。随后，我也没有掉以轻心，不时地从后视镜观察老人动态。等到了站，我看到老人想站起来，“大爷，别着急，您先坐好，等我停稳车您再动。”随后，我一边说一边搀扶老人下车。

“把每名乘客安全送到目的地，是我们每名驾驶员应尽的责任。”正是这种强烈的责任感，鞭策我开好每一趟车，注重每一个细节。想当初，为了进好每一个站，停车、起步让大家都没有前仰后合的感觉，我还苦练好长时间停车离站台1米的精准功夫。

2011年9月29日　多云　星期四

一点行动，就会折射整个生命。

还记得前些天，我跑到都市报报社，去报名加入“石家庄私家车爱心服务队”。接待我的记者很热情，并迅速登记了我的车牌号、车型、姓名、电话，最后给了我一个车标。

就在今天，需要我们的时刻到来了！上午8点，我怀着激动的心情，和“爱心车队”的成员们在68军干休所门前集合，20辆编着号码的私家车一字排开，载着40余位老人，游览省城新貌。这些老人都是无儿无女的五保户，已经七八十岁，平时很少出来散心，在重阳节快来时，我们就想着带他们出来转转。

车子刚走到槐安路高架桥上时，其中一位大妈说：“石家庄变化真大啊！如果不是你们拉着我们转，我们可能没机会站在这么高的位置看风景喽！”我听了这话心里既高兴又有点心酸，“大妈，以后您想出来，跟我说就行。”老太太脸上顿时乐开了花，“你们真是大好人！”

……

2012年5月6日　晴　星期日

年初，经过与班组成员的沟通、交流，跟路队领导汇报、申请，我们二环2路环线对发甲班的12名成员所组成的“阳光爱心服务班”终于成立啦！我还建立了爱心服务班的QQ群，为的就是让大家交流起来更方便。

今天，我们“阳光爱心服务班”的5名成员和其他20多名志愿者，自行组织早晨7点在铁道大学集合，就是为了给石家庄市赞皇县院头镇上麻小学送去捐助物资。

一位志愿者开着小货车载着大家联合捐助的书籍、文具、衣物等物品在前面带路，我们几个成员开着私家车跟在后面。当三十包爱心物资到达上麻小学时，孩子们兴奋地围着个水泄不通，有的学生拿起课外读物津津有味地读了起来，有的学生抱着篮球爱不释手……

看着孩子们拿到书本和文具时高兴的表情，我们很满足。虽然我们捐助的是一点点物资，但是我们留下的却是一份沉甸甸的爱。

2012年6月8日　多云　星期五

今天公休，但也是高考第二天，我已经要求加入了“义务送考”队伍。上午10点30分，我开着贴有“爱心送考”的车到了二十八中，正在等待考生考试出来。我看到车边站着一位母亲，左顾右盼，焦急地等在孩子出来。为了缓解她烦躁的心情，我就试着和她交谈起来。

“女儿一人考试我不放心，但是我腿脚又不好，真怕耽误了正事……”“我就是专门免费接送这些孩子的，一会你们和我一起走就行了，保准送你们到家！”“真的吗!”这位母亲脸上洋溢着兴奋。

11点50分，她女儿走了出来。我让她们上了车，并把她俩顺利地送回家，下午2点又把她们准时拉到了考场。女孩进考场前对我说：“叔叔，我要向你学习，成为一个好人。”就在此刻，我觉得用自己的真诚换来别人的真诚，真好。

对于这样的好事我永远不会止步。我知道一个人的力量很微薄，一滴水只有融入大海才能起到更好的作用，希望今后用我的小小力量能帮助尽可能多的人。

编者寄语：

看完这位公交司机的日记，我感受颇深。

他们，是百姓视线中最常接触到的职业，有那么多的艰辛，我不知道；有那么多的事情，让人感动!

他们，始终坚守在这座城市的交通命脉上，无论严寒、酷暑、黑夜或黎明，始终用自己的点滴行动服务着乘客，用自己的爱心节奏守护着这座城市。

这一份窝心，这一份温暖，这一份震撼，在这个物欲横流的社会里，或许真的应该多点，再多点。

其实，像范勇杰这样的好司机、好职工，我省交通运输系统还有很多。他们始终坚持从自己做起、从身边做起、从平凡小事做起，用自己的实际行动，增强着社会向善的信心和力量。他们是那么的平凡和质朴，却又是那么的高尚和伟大！

原载于《河北交通》2012年第28期4版

“行者”王展意

胡恩燕

早晨9点，晚冬的北京，阳光暖洋洋地洒在交通运输部3楼会议室的圆桌上。窗外的长安街车流不息，让会议室更显得安详和宁静。

轻轻推开房门， 82岁的原交通部副部长、新中国第一代公路人——王展意，正坐在那儿，微笑着迎接我。他炯炯的目光，让人很难不被吸引。

“我给你看几张照片，你就知道过去筑路的艰苦了。”他开门见山，一边说着，一边取出一个牛皮纸信封，把一沓老照片仔细地摊放在桌上。

我凝望着早已泛黄的相纸，照片背后的蓝色墨迹依旧清晰可见。多么神奇！按动快门的一瞬间，便锁定了光阴60载；而那个被封印在胶片中的年代，再也无法使人忘怀。

那个年代、那些故事，在老部长徐徐的讲述中，变得清晰可见。我似乎可以触摸它于过往的存在，我似乎可以感知它未曾褪去的温度，那是一位老公路人深藏心底的眷恋……它就像一幅浩瀚的历史画卷，正在我的眼前缓缓展开。

走过流金岁月

“今天，当我们乘汽车以每小时120公里的速度，穿过平原丘陵，越过滔滔江河，奔驰在高速公路上的时候，谁能想象得到解放初期的行车时速平均只有20公里左右。中国公路发展到今天这个样子，不容易呀！”王展意副部长向我们展示他珍藏了几十年的老照片，同时做着讲解。“你看，过去我们的路面是怎么压实的：上个世纪50年代，我们没有压路机，就靠人力拉这个石磙子。”

我从老部长手中接过照片，只见一簇纤细的身影，合力拉动一只巨大的石磙。这是一幅热火朝天的劳动场景：他们有的像纤夫一样弓着腰、拽着绳索往前挪动，有的面向石磙、背着身向后倾倒；远处是山、近处是树、脚下是路，人们脸上挂满了笑容。而此时，老部长像抚摸珍宝般地拿起老相片，凝望的眼神，深邃、坚定而又柔和，似乎又回到了那个艰苦筑路的青葱年代，那个豪情万丈的流金岁月。

17岁就参加革命工作的王展意，最初从事的是粮食工作。那时他未曾想过此生将与公路交通结下不解之缘。1950年底，刚从华东人民革命大学毕业的王展意，被分配到交通部门工作。作为新中国第一批公路人，他参与并见证了建国初期的大规模国防公路建设的历史进程。

“新中国成立后，为了加强国防，发展工农业生产，促进商品流通，各级政府采取一系列积极措施，发展公路交通。首先对原有公路进行修复、改造，接着展开了规模较大的国防公路建设；同时，各地还发动群众，积极修建县乡公路。我就是在这个时期，到福建修路的。所到的地方都是没有路的荒野，我们要在崇山峻岭间测设施工，辟出一条条路。山上到处都是一人高的茅草、荆棘，从大片的杂草地里走过去，我们手上、脸上经常被划满血口子。”

老部长把手举过头顶，比划着茅草的高度，眉心快蹙成了一个结。

到1957年年底，全国公路里程超过25万公里，比1949年增长两倍多。同时，建立了全国公路养护管理机构，培养了一支约10万人的测设、施工队伍，王展意就是其中之一。

“刚解放时的8万公里简易公路，80%以上连砂石路面都没有。那时，施工没有机械，就用一条扁担、两个竹筐运土。靠着肩挑手拉的人海战术，我们的公路才打下了基础，才一步一步地发展到今天。相比较，今天的公路修建现场，施工人员已经很少了，现在我们可以依靠很多筑路机器。”王展意欣慰地笑着，和公路有关的每一件事都能牵动他的心。许多重要干线公路的走向，路上的经典工程和路上发生过的故事，他都清清楚楚地记得；新中国公路史上的每一次重大的政策变革，他都经历过。无怪乎，熟识他的人总是说“他是中国公路的活字典”。

在洪水包围圈里，在崇山峻岭间，在雪山顶上，在横流激荡的渡头……

许多地方，都留下过勇敢的开拓者们的足迹。在路的尽头，我仿佛听到筑路者在说："没有机器，我们有力气。"那是怎样巨大的精神力量？它支撑了老一代公路人，在泥水中摸爬滚打，用血肉之躯为新中国公路建设夯实了基础。"让高山低头，叫河水让路"的豪迈气魄，使一条条公路平铺神州大地，使一座座桥梁飞架大江南北。那是一段不曾逝去的流金岁月，早已被写进历史。

红海之滨的眷恋

1958年的冬天，作为中国援助阿拉伯也门公路的专家小组组长，王展意登上远洋巨轮，告别白雪纷飞的故乡，驶向那个芭蕉正绿的国度。

3年多的援助生活艰苦却又充实，中国公路专家们适应了沙漠的干燥，习惯了高温的炙烤。凭着在茅草棚里的坚守、在红海岸边的执著，他们与也门人民合作，修建了一条230多公里的宽阔平坦的公路。这是一条中国公路技术人员为之抛洒血汗的异国公路，也是一条中也人民的友谊之路，它已经作为一段历史的见证者而成为历史篇章中最灿烂的一页。

"登上号称阿拉伯屋脊的也门高原，举目远眺，只见一条银灰色的带子从3000米的高山上迤逦而来。它穿过缥缈的云雾，依着山势曲折盘旋，时而升高，时而下降，至莫那哈山脚，沿着咆哮的激流、险峻的峡谷，飘荡而下，然后，通过沙漠和平原，一直伸向红海的碧波里。它把也门的山区和平原紧紧的连接在一起，它把也门的首都萨那和最大的港口荷台达之间的距离拉近了。"这是1965年王展意在《人民文学》发表的文章里的一段话，今天读来，仍能让人热血沸腾。作为施工技术人员，王展意对这个位于红海之滨国家的第一条公路，倾注了深厚的感情。不管是做测量，还是做路面施工，不管是住帐篷，还是住茅草棚……王展意和他的战友们没有抱怨过，他们用汗水浇筑了一条连接中也人民友谊的大路。

那几年，王展意陆续在国内报刊发表了很多文章。也门的一草一木、一点一滴，都写进了他的文章里。历史变得鲜活起来。我沉浸在那些文字中，倾听那些故事，就像此刻老部长坐在我对面，娓娓道来。那些文字，盛满了有关红海之滨的深深的眷恋。

轻车直上白云端

“天上无飞鸟，地上不长草，四季穿皮袄，风吹石头跑。”王展意副部长用带着山东口音的普通话朗诵这条流传在青藏公路线上五道梁一带的民谚。这段位于昆仑山与唐古拉山之间的高海拔公路，无论建设施工，还是养护改造，其技术难度都是极高的，基本体现出青藏高原公路的典型特征。从上世纪70年代开始，几条入藏公路开始整治，80年代初开始大规模改造、铺设沥青路面。这期间，王展意多次到过五道梁，和科研、施工人员研究在永冻土地压修沥青路面的问题。

被称为世界上最危险公路的川藏路他也走过。“1972年，我从成都出发坐汽车到拉萨，走川藏线，然后再沿中尼公路一路西行，72天的旅程，让我充分体会到筑路、养路工的辛苦，很受感动。这条路改造了很多次，我也走了很多次。”老部长说初到高原的时候，自己非常不适应，“头疼，脚下像踩棉花。”

王展意笑称，他到过青藏和川藏公路的一些道班。“有一次，我在二郎山和养路班的班长座谈，养路工人只给我提了两点要求。”

“我们这里特别寒冷、潮湿，每个月只有三五天是晴天，能不能给我们供应点白酒？”

“我们每个月的粮票都到月底才能发下来。经常有汽车司机和过往客人，因为大雪封山或者汽车坏了，要停留在附近，我们要安排他们的食宿。这样，到月底我们就没粮食吃了。能不能把粮票提前半个月发给我们？”

王展意模仿着当年养路工的语气，两个试探性的疑问句，问得他又感动又心酸。“工作环境这么苦，工人们没有提别的要求，就是要点白酒，早发点粮票。我当时就跟四川省交通厅的同志说，一定要想办法满足他们的要求，实在不行就从机关食堂拨点粮票给道班。下山的时候，我看到道班粉刷的口号：苦不苦，想想长征两万五！”我们的筑路、养路工人太伟大了。

“我经历过几次坍方和泥石流。一次是山上往下掉石头，一块石头把我们的吉普车的车棚砸出一个洞，石头正好落在我和驾驶员当中。要是偏一点，我们就‘呜呼哀哉’了。”提起这次惊险，王老轻松得像给我们讲笑话。“搬走石头后，我们赶快把车开走。海拔4000多米的高原上，被石头砸坏的汽车顶棚直往里灌风，很冷。我们就用铅丝把它缝了起来。”

“还有一次，我在松宗的基建工程兵852大队（就是现在的武警交通部队）的营地里，正在商量这一段路怎么改造。这个时候，一个战士来报告：‘不好了，中坝泥石流暴发，把路冲坏了。’我们立刻坐吉普车赶去，路被埋了。路旁的江上形成了一个土坝，现在知道了这叫‘堰塞湖’。我们从泥石流堆积体上过，当时要是一个不小心，就掉到湖里了，现在想起来还真有点后怕。500多米的公路被水淹了，调来一个营的战士，炸开堰塞湖，抢修了6天才通车。”

“筑路、养路工人是非常艰苦的，没有一种奉献精神，没有一种艰苦创业、不怕牺牲的精神，难以在那种环境中坚持工作。”老部长的眼睛有些湿润。

故事还在继续

“过去搞交通非常辛苦。建设者到的地方都是没有路的，等路修好了，他们就走了。”

“我们测量时，住的地方多是郊野的破庙和老百姓的草屋。测量到哪儿就住到哪儿，所以我们平均一个礼拜就要搬一次家。搬家的时候很简单，就是拿油布把行李一卷。”

……

从事公路事业50余年，回忆往事，王展意依旧记忆犹新、感慨万千。提起公路他就有说不完的故事。他的故事三天三夜也讲不完。他对每一条重要干线公路都那么熟悉。从1966年到1982年，16年的全国公路局副局长；从1982年到1992年，10年的原交通部副部长……他参与了改革开放时期公路有关的所有重大决策，尤其是我国高速公路从无到有的大发展，以及“五纵七横”战略决策的制订与实施。

看到今天我国高速公路已经突破8万公里，“五纵七横”也提前形成，看到它们所产生的巨大的经济效益和社会效益，王展意感慨万千：“上世纪80年代以来，开始主抓高速公路建设，至今已经形成了一个良好的循环。高速公路的发展，特别是‘五纵七横’的形成，方便了群众，促进了流通。比如现在，冬天，北方也能吃到南方的蔬菜；北京的春天，能早一个月吃到来自河南的蒜苗；常年能吃到来自山东的蔬菜水果；来自青岛、烟台、莱州的海鲜，4个小时左右就能运到北京……这些都得益于高速公路。北京的‘餐桌’这么丰富，与高速公路的发展分不开。”

不仅如此，高速公路发展还带来了高速公路经济带，沿高速公路两侧形成很多开发区、大型贸易市场、企业，它们集聚发展壮大。“沈大高速公路沿线经济带，就是辽宁的一个重要的产业带，它们创造的GDP，已占全省GDP的70%”老部长补充道。

“上世纪50~60年代的拓荒建设，为中国公路的普及打下了基础。80年代以后的公路，是在普及的基础上，努力奋斗，使公路的标准、质量有了很大的提升。特别是高速公路、特大桥梁、隧道的发展，使中国公路面貌发生了质的变化。这不是哪几个人的功劳，而是全中国所有筑路人、养路人的功绩。”

曾经，用脚步丈量过的荒野，都长出了一条条新路；曾经，在心里勾画的蓝图，都铺在了神州大地上。王展意的经历就是一部现代版的中国公路史。

路伸向远方，故事还在继续……

我相信，时光斑驳的影子会洒在每个人心里，让往事重新生根发芽；精神的力量，会指引着我们，朝着更远的方向进取。

有人说，这世上只要有公路的地方，便是一片生气勃勃的疆土；那么，千千万万的奔忙在路上的公路人，就是这片辽阔疆土的开拓者。它是一方广袤的、富饶的，建立在兴国利民基础上的精神疆土；它被一代代公路人播种、传承；它从拓荒到成长，循环往复、生生不息……

原载于《中国公路文化》2012年第3期

龙年忆“一条龙”运输

王敏华

斗转星移，龙年又至。十二生肖中，中国人历来就喜欢龙。龙是传说中的万兽之首，它能呼风唤雨、腾云驾雾。早在六千年前，龙已被作为中华民族的图腾，龙的形象也早已成为中华民族团结、向上、奋斗的象征。龙文化深深影响着每一位中国人，植根于中华民族社会生活之中。“古老的东方有一条龙，它的名字就叫中国。”

有趣的是，在我国交通运输史上曾有过以龙相称的一场运输，名为“一条龙”运输大协作。那是在1958年大跃进的时代，“全民大炼钢铁运动”成为当时压倒一切的中心任务，各行各业都要支援钢铁、保钢铁。在1958年至1960年的3年中，钢铁运输量猛增，其他货物大量积压待运，四方告急，铁路货场堆满货物，港口码头装卸困难，车船周转不灵，短途运输成为严重的薄弱环节，而大跃进形势又迫切要求交通运输跟上工农业生产发展的需要，组织产、运、销“一条龙”运输大协作就在这种情况下，以一种新的联运组织形式出现在交通运输战线上。

这种运输方式，综合利用各种运输工具，通过组织物资产、供、运、销等各有关部门和单位之间的大协作，一线相连，环环紧扣，形成全程连续不断的运输过程，以加速货物周转、提高运输效率、节省运输费用、挖掘运输潜力。“一条龙”运输形式有水陆联运“一条龙”，有钢铁、煤炭等大宗重点物资的“一条龙”，有土特产等零散货物的“一条龙”，有跨越几个铁路局，长达几千公里的铁路干线的“一条龙”，有上海港组织的沟通江海河的水上“一条龙”，有河北昌黎县产、运、销的“一条龙”，有山西黎城县把现代运输工具和民间运输工具结合起来、定点划片、各展所长的短途运输“一条龙”等等。“一条龙”运输打破了一切路界、港界、厂界，把产供销多种运输方式及运输企业各环节之间全面贯穿起来，犹如目前供应链管理中的一种表现形式。

首创“一条龙”运输大协作的是河北省昌黎县。当时，该县运输任务异常繁重，道路货运量比1957年增加235%，铁路货运量增加67%以上，积压物资来不及运输，而产销部门强调自己物资重要，争先抢运；运输部门则强调按规章制度安排运输，致使产、运、销各部门之间扯皮闹意见，货物不能及时运出。中共昌黎县委为解决运输矛盾，于1959年2月，将工业、粮食、商业、铁路、公路、搬运六个部门组成一个整体，成立了由六部门参加的“一条龙运输”协作办公室（10月又有手工业局和银行参加），由县交通运输指挥部具体领导，实行统一计划、统一调度、统一货源、统一运价、统一结算。昌黎县实行“一条龙”运输大协作后，到该年8月，铁路装车数量比上年同期提高60%，车辆停留时间由7.6小时缩短到3小时；汽车平均车吨月产4400吨公里，比上年同期提高20.27%。到1959年底，秦皇岛港基本消灭了待装、待卸、待运送、待中转、待换装的“五待”现象。

1959年10月，中央运输指挥部短途运输办公室向全国转发了昌黎县的经验。12月，铁道部和交通部在《关于“一条龙”运输大协作的报告》中指出：“‘一条龙’运输大协作的经验，给我们提供了组织联运工作的一种良好形式。建议各地党委进一步加强对铁路和交通部门的领导，使这个经验在全国各地开花结果，普遍丰收。”从而使“一条龙”运输大协作在全国各地很快得到推广，各省市自治区先后组织了各种形式的“一条龙”运输。

四川乐山在运输综合竞赛的基础上，由保钢协作发展到保钢、保粮、保市场的运输“一条龙”大协作。由路港协作发展到装卸、养护、渡口、保修、交通安全等各个交通企业的全面大协作。这种新的协作竞赛形式大大发挥了现有设备的潜力，使运输工作迅速适应了新形势的需要。

河北省以车站、港口为枢纽，成立专、市、县、公社一级的协作办公室，到1960年，组成地、市级“大龙”43条，县级“中龙”154条，公社级“小龙”582条。初步形成了以物资集散点为联络点，以铁路、公路干线为骨干，内外纵横、首尾相连的运输协作网，有效地加速了车船周转。1959年8月，全省公路日运量30多万吨，12月增加到66万多吨，收到了明显的社会经济效益。

河南省漯河市组织“一条龙” 运输大协作后，在没有增加运力的情况下，完成的货运量较以前增长50.93%。

湖北省以重点物资运输组织了4条龙，武汉市内组织了各种“小龙”100多条，1960年全省完成的货运量比“一条龙”运输大协作前增长22.3%。

湖南郴州运输局建立了以煤运为中心的3条龙，又建立了东波磺矿、鲁塘石墨矿、桂阳锰矿3条龙。衡阳运输局展开汽车与火车接运、汽车与帆船中转后再由汽车接运等形式的合作。

福建省试办煤、盐、矿石的“一条龙”运输，从省内连接江西铁路、公路、航运，实行运输大协作。建瓯港创造并推广了水陆“一条龙”运输，以港口为中心，组成包括长途干线、短途支线、轮木船、汽车、搬运、矿区、收货单位在内的全面大协作，加速了车船周转，扩大了港口通过能力。1959年，建瓯县煤的日运输量从400吨跃进到1500吨。

“一条龙”运输大协作不仅在交通运输行业展开，1959年4月15日，邮电部召开电话广播大会，推广四川邮电一条龙大协作竞赛的经验。年底，湖南邵阳邮电局和公路运输局共同组织邮运“一条龙”大协作竞赛，半年时间内，邵阳地区内省报当天发到县的比重，由原来的57.1%上升到71.4%，发到公社的比重由原来的29.2%上升到48%；县报当天发到公社的比重，由原来的66.2%上升到98%，极大地促进了邮运报刊的发行工作。

“一条龙”运输从1959年2月开始到1964年底停止推广。时间不长，但在当时确实减轻了铁路和公路的运输压力，加快了物资流通。从1960年冬起，我国国民经济实行“调整、巩固、充实、提高”的方针，公路运输量减少，运力相对有余，为解决运力短缺而组织的“一条龙”运输失去作用。又因当时“一条龙”运输强调的是共产主义大协作精神，忽略了经济效益的分配，参加协作的单位往往是不等价交换和无偿平调，虽然社会效益提高，但企业经济效益没有得到相应提高，挫伤了协作单位的积极性。后来，随着对大跃进中“左”的错误思想的纠正，“一条龙”运输大协作也随之萧条。

不过，70年代，有些省市也有恢复“一条龙”运输的。如福建省交通局、航管局、汽车运输公司、商业局、福州市交通局、福州港务局与上海港务局等30多家产、供、运、销单位，在福州签订协议，复办中断多年的申榕（上海~福州）线百杂货“一条龙”运输业务，1980年正式运营。为确保从发货单位到收货单位的整个过程畅通无阻，申榕线百杂货“一条龙”运输采用定运量、定船舶、定周转时间、定泊位、定货物进出库时间的“五定”办法，加快了商品流通，促进了生产和市场繁荣。1986年后，由于商品流通体制改革和市场经济发展，货流分散，货量减少，运输成本增加，福建百杂货运输出现亏损，运输量有所降低。

“一条龙”运输距今已有52年。今天，随着经济社会和科技的发展，道路运输走上了科学发展之路。各种运输工具繁多，运输效率不断提高，人们享受着货畅其流、人畅其行的便利。愿中华龙腾飞！愿道路运输事业龙腾虎跃，蒸蒸日上！

原载于《中国道路运输》2012年2月第2期

走进广州市滘口汽车站之肇庆篇

交通style

陈城武　冯燕萍　陈楚明　吴琼冰

“色”之眼·在路上再次华丽启动！这一次，我们将目标锁定旅游名城肇庆。11月5日至7日，我们从滘口汽车站出发，开启了一段舒适环保之旅。“Oppa Gangnam Style！”乘着江南style席卷全球的雄风，我们一路寻找客运站场、客运班线、肇庆风情等的专属style，收获满满。

滘口车站style：底气十足　反应快速

11月5日一早，我们来到广州市滘口汽车站。10多个开放的售票窗口外已经人头涌涌。但现场秩序井然，两位站场服务员披着绶带，热情引导乘客。

记者冯燕萍是滘口汽车站职工，她带大伙参观站场内外，像导游那样介绍：滘口汽车站占地面积12万平方米，是广州占地面积最大的客运站场，同时也是广州市最大的广西客源集散中心。2009年，广州地铁5号线直通滘口，滘口汽车站成为广州最早实现地铁、公交、出租车、客运无缝接驳的客运站场。

这介绍底气十足！这样庞大的站场运转效率如何？冯燕萍讲了个故事：在刚过去的中秋、国庆黄金周前一天，滘口汽车站客流量瞬时井喷，很多车票售罄，大量旅客滞留。在这紧急时刻，滘口汽车站领导申请提前启动与车方的合作应急方案，并向上级请示，请求运力支持。获得批准后，车方代表肇庆市粤运汽车运输有限公司马上从肇庆调配车辆，及时输运了旅客，保证了广州交通的顺畅平安。

客运班线style：舒适服务　口碑良好

恰巧的是，我们乘坐的客运班线，正是与滘口汽车站长期合作、效益良好的肇庆粤运快车。

在车上，记者首先采访了肇庆粤运驻广州的站场业务部主任陈晓婵。她介绍，这是滘口站开往肇庆的班线中唯一一条全程走高速的，也是唯一一条开进肇庆市区中心车站的，其他班线都是走普通国道，停在市区边缘的站点。“一开始很多人不看好我们，因为走高速路费成本增加，事实证明，我们成功了！”说完满脸自豪。

俗话说，金杯银杯，不如老百姓口碑。我们和乘客陈先生、周小姐聊了起来。“自从第一次坐了这躺班车后，从此我们来广州就经常坐了。”周小姐说。她如数家珍地列举：这趟主要走高速，一个半小时就能到了；班线紧密，方便快捷；车内卫生舒适，司机开车也很稳，绝对不会感觉超速；而车票40块也很便宜。旁边的陈先生接过话题：“这个车是直达的，不像有些车，舒适度不好，路况不好，而且中途还会拉客，很慢。”

班线受欢迎，是肇庆粤运和滘口汽车站双赢的见证。元芳，你怎么看?

肇庆粤运 style：首推LNG　低碳环保

抵达肇庆市粤运汽车总站后，我们来到肇庆市粤运汽车运输有限公司，公司董事长郑贺安带领班子成员接受了我们的采访。肇庆粤运最大的亮点，是他们在广东省首次把LNG（液化天然气）客车投入公路客运的尝试。

郑贺安对此颇为自豪，他认为这是节能减排、绿色交通的重要体现：“政府应该像推广经济保障房那样来推广LNG客车！”与传统柴油客车相比，LNG客车有三大优势——经济性：天然气价格比柴油便宜；安全性：LNG是密封绝热气瓶储存；环保性：减少了尾气排放中的有害物质和活性烃气体排放，二氧化碳下降约20%左右。不过他指出，目前推广还有很大难度，主要是肇庆市的加气站数量少、位置偏。

郑贺安介绍，在已有14台LNG客车的基础上，肇庆粤运今年12月还将继续投入64台LNG客车。目前越秀南客运站已经有肇庆粤运LNG客车的班线，郑贺安说，将来滘口站开往肇庆的班线也可能更换为LNG客车。相信广州的乘客将大有机会感受LNG客车的魅力啦！

肇庆旅游style：绿道新兴　历史悠久

肇庆是旅游文化名城，这里的旅游style，可谓“有新有旧”。

星湖绿道，被中国城市竞争力研究会授予“中国最美绿道”称号，是来肇庆旅游的必选项目。骑行其中，旖旎宛如画中游。肇庆的环境有多好，空气有多清新，真要去绿道体会一番才知道。沿途尽是含饴弄孙的老人，也有很多逛绿道、放风筝的年轻人。在这里，你会发现一个环保低碳、人情善美的肇庆。

除了新兴的绿道，你还可以感受肇庆悠久的历史文化。据记载，唐代的贬谪文人，不少是先到端州驿站，后分赴各地，形成独特的贬官文化。以《悯农》名传后世的李绅，在赴端州任职途中写道：昔陪天上三清客，今作端州万里人。湘浦更闻猿夜啼，断肠无泪可沾巾。务虚有诗书，务实则有端砚。端砚文化起源于隋唐，是四大名砚之首。包公掷砚的佳话广为后人传诵。想感受端砚的魅力，可以到阅江楼的端砚博物馆和高要市的端砚文化村一饱眼福。

原载于《广州交通》2012年11月30日4版

懒汉开荒

胡志刚

那年，沪蓉高速修到恩施段，我们项目部大临建设在一个偏僻的小山村。刚到那里不久，我们听闻了在修这条高速路之前一则这样的故事。

附近有户村民，叫王二狗。话说王二狗到镇上朋友家玩了几次后，回家一反常态，竟然牵牛挽犁到地里干起活来。他这种奇怪行为引得村里议论纷纷，都说太阳从西边出来了。估计是看到别人过得太好，受了刺激，回来发奋图强，这次是浪子回头，要重新做人。但也有人讥笑他是“新开的茅厕三天香”，累不了几天就会偃旗息鼓。

王二狗是啥人，为何他这一举动吸引了全村人的眼球？这和他外号有莫大关系。王二狗外号“败家子”，是全村乃至方圆几十里最为有名的懒汉，自从他爹娘相继撒手去世后，偌大的个家业硬是被他败得住茅草棚，吃百家饭。当然，限于政策，土地不能买卖，不然他早就倾家荡产，做乞丐去了。不过，他虽然有几亩好田，但由于长期不耕种，荒凉得能藏野猪，成了名副其实的荒地。

正值夏末秋初，马上要到收获的时候了，这个季节能种什么？看到王二狗笨拙地吆牛扶犁一本正经的样子，村里有好事者实在忍不住，跑到田边问他：“败……二狗呀，你这是准备种啥？”王二狗腾出一只手在嘴角做个“嘘”的姿势，表示天机不可泄露。来人问不出原因，悻悻地返回村里，嘴里还嘀咕：这败家子怕是发了疯不成……

村东闲的荒地犁完整平后，王二狗觉得浑身骨头累得要散架，十几年没下地，现在一下干这么多活，也真够呛的。不过，他也不歇息一会，揣着借来的几百块钱，马上就到镇种子站去了，买了些天麻种子，小心翼翼地栽种

走进春天

潘庆芳

又是一年芳草绿，又是一度春光美。

伴随着龙年春运车流高峰的回落，春天的脚步一步步地靠近，我们走进了2012年的春天。

2012年的春天，是文化大发展的春天。党的十七届六中全会指出，“文化是民族的血脉，是人民的精神家园”，吹响了社会主义文化大发展大繁荣的号角。

2012年的春天，是黄黄文化大发展的春天。遵照“投资多元化，管理一体化”的原则，黄黄人大力弘扬“自信自强、科学严谨、坚韧不拔、无私奉献”的黄黄精神，区域一体化管理格局已经形成，文化兴路、文化强处，已成为黄黄人抢抓文化发展机遇的有力载体。

2012年的春天，是黄黄人打响春运第一仗的春天。黄黄人多措并举，有效应对同比增长30%以上的车流高峰，紧张而有序地送走了46年来最早的春运，呈现“堵点不再堵、车流高峰不见峰、车流集中无滞留”局面。既圆满实现了“无车辆滞留、无重大人员伤亡、无安全责任事故、无司乘人员投诉”的目标，又首次呈现出“车流量最大、通行秩序最好、服务质量最优、社会反映最佳”的特点。

2012年的春天，是“活力黄黄”品牌走向全国的春天。黄黄人携着爱心，勇做雷锋精神的传播者、宣传者和实践者，让雷锋精神长驻鄂东高速公路。按照“精细管理，提升服务”的工作思路，凭借“家园文化、红色文化”的深刻内涵，随着“活力黄黄，激情绽放”一系列品牌推广活动的深入开展，“活力黄黄”品牌走向全国指日可待。

2012年的春天，是激情绽放的春天。我们将秉承“传递黄黄信息，凝聚黄黄力量，挖掘黄黄文化，展示黄黄形象，打造黄黄品牌，服务黄黄发展”的宗旨，既让“活力黄黄”充满活力，又让“活力黄黄”激情绽放；既让“活力黄黄”成为黄黄人才艺展示的舞台，又让“活力黄黄”提升鄂东高速公路的综合效益。

一年之计在于春。让我们带着无限希望，义无反顾地迎着春光走进春天；让我们铭记感恩之心，全力以赴走进春天向快乐出发。

原载于《湖北交通新闻》2012年3月26日4版

纪念青春

史　静

18岁
厚厚的镜片
厚厚的辅导书
厚厚的演算纸
看很多名著、写很多座右铭、背好多诗词
理想插上翅膀
等待高考这场盛大的洗礼后腾飞万里

19岁
陌生的城市
陌生的面孔
陌生的环境
参加好多活动、打很多散工、听很多报告
血液开始躁动
等待十年磨一剑的辛苦后大展拳脚

22岁
轻松的课业
轻松的生活
轻松的氛围
看很多电影、睡很多觉、逃很多课

思想变得懈怠
等待一成不变的生活后别样的世外桃源

23岁
匆匆的脚步
匆匆的答辩
匆匆的离校
投很多简历、面很多试、尝试很多工作
视线越来越模糊
等待茫茫大海亮起灯塔指引前进的方向

24岁
崭新的制服
崭新的床铺
崭新的生活
说很多你好、见很多面孔、处理诸多事宜
责任刻进脑海
等待单调的工作后凤凰涅槃般的觉醒

原载于《河北交通》2012年第36期4版

论 文 类

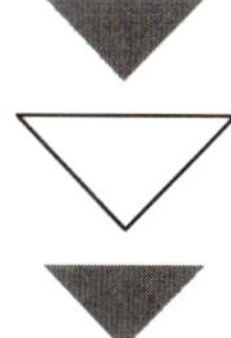

获奖名次：图片类三等奖

标　　题：《生命一线牵》

作　　者：王军

原 载 于：《中国救助与打捞》2012年8月第8期

（空缺）

办好交通政务微博的几点思考

姚　锋

政务微博架起了从“网络问政”到“政府施政”的桥梁，是政府部门创新社会管理的新方式，也是加快建设服务型政府的新举措。办好政务微博，利用微博加强与社会和公众的沟通交流，有效引导舆论，为交通运输转型发展营造良好的舆论环境，是我们需要认真研究和解决的课题。

一、深刻认识交通运输发展面临的舆论环境

舆论对社会精神生活和人们思想意识有着重大影响，在党和政府工作中占有重要地位。

习近平总书记指出，“用好了舆论引导，舆论就可以成为经济发展的巨大助推器，用不好就达不到这个效果，甚至可能起反作用。我们要深刻认识舆论引导的重要性，主动加强引导。”

交通运输与老百姓的切身利益密切相关，社会舆论关注度极高。当前，交通运输改革进入了攻坚期和深水区，制约科学发展的体制机制障碍亟待破除，交通运输发展不平衡、不协调、不可持续的深层次矛盾不断凸显，特别是随着大部制改革的深化和进一步转变政府职能，深层次的热点、难点问题越来越受到社会和舆论的关注。

微博等新媒体的迅猛发展，深刻改变了媒体格局和信息传播方式。新媒体的传播方式是分享式传播、裂变式传播，传播路径是复杂的不断扩张的网，传播速度、传播强度、影响方式都比传统模式有了质的飞跃。新的传播方式造就了新的舆论生态——“大众麦克风”、“自媒体”时代，每个人既是各类传统媒介的受众，也可以轻松成为传播者。微博作为网民获取信息的重要途径之一，从满足人们的社交需求媒介演变成为大众化的舆论平台。国内正在形成一种新的舆论形成机制，即微博率先报道，传统媒体而后跟进，通过议题互动，共同掀起舆论高潮。一个典型的例子：2011年甘肃校车事件，传统媒体一个小时后才赶到现场，而撞车仅5分钟后，微博网友已经开始直播。

微博时代，“沉默等于承认”。如果我们不能在第一时间对微博中出现的负面信息予以引导，就会陷入被动，生成负面舆论，淹没正面的声音。

二、全面掌握政务微博的优势和特性

（一）微博的兴起。

微博作为社交网络平台，为用户提供了一种新型的信息发布、获取和传播的工具。2009年8月，新浪启动微博测试，成为国内最早推出微博服务的门户网站。到2013年3月底，新浪微博用户规模为5.36亿。

据统计，一种传播媒体受众普及到5000万人，收音机用了38年，电视用了13年，互联网用了4年，微博只用了14个月。

对于微博的影响力，网友提出一个形象的比喻：“粉丝超过一千，相当于是布告栏；超过一万，是本杂志；超过十万，是份都市报；超过一百万，是一份全国报纸；超过一千万，是地方电视台；超过一个亿，就是CCTV了。”

中国青年报曾做过一项调查（用户涉及全国30个省区市）：结果显示，45.3%的人经常上微博；94.3%的人表示微博正在改变自己的生活。

中国人民大学舆情研究所的研究显示，关于公共事件的微博，一旦达到转发次数超过1万或评论数超过3000，就可能从微博场域溢出到社会话语场域，从网络影响到现实。

（二）政务微博的作用。

一是宣传工具。微博作为重要宣传工具，增加了政府机构公务信息的传播渠道。交通运输部门可以主动通过微博，发布希望引导的信息，同时借助这些信息的传播，提升交通运输部门的亲民形象。

二是互动平台。交通运输部门可以通过微博与群众互动，就群众所关注的问题，进行解疑答惑。

三是危机公关。通过微博可以第一时间对突发事件进行舆论引导，使政府公开的信息得到有效传播，提升群众对政府的信任度，把握舆论先机。

四是了解舆情。通过微博可以倾听民意，收集群众意见，形成舆情有效参考。

五是提供服务。通过微博可以为公众提供很多服务信息。如针对列车、航班晚点情况，交通运输部门可以向用户实时播报相关讯息，安抚旅客的焦躁情绪。

（三）交通政务微博发展现状。

《交通运输部关于进一步加强交通运输新闻宣传工作的意见》中提出，“交通运输部门要主动应用微博等新兴媒体引导舆论，鼓励交通运输行业窗口单位先行开通交通政务微博”。目前，包括各级交通运输主管部门、铁路、民航、地铁、公交系统的很多单位都开通了政务微博，但数量远不及公安、旅游、医疗卫生等领域的微博。据《2013年第一季度新浪政务微博报告》数据显示，我国政务机构微博总数在新浪平台已达41337个，其中交通系统微博数量超过一千，占政府机构微博总量的2.6%。

交通政务微博内容主打便民服务，以出行信息为主，以交通常识为辅。例如，拥有205万粉丝的北京市交通委的政务微博“交通北京”所发信息中，“路况播报”、“出行提示”、“交通天气”这三个栏目的微博条数约占总量的70%。

交通政务微博的运营状况参差不齐：大部分省市一级交通微博已经形成良好的运营规范，开设了多样化的栏目，具备了较强的粉丝基础，如上海地铁微博目前有粉丝超404万，通过微博为市民出行提供很多服务信息，受到市民好评。但区县一级的交通微博发展则相对滞后，发博积极性不高。交通系统跟风开博的现象不在少数，部分交通政务微博开通后不发声、不更新，成为“哑巴微博”，有的则只保持“三分钟热度”，待热度消退之后，便成为

"僵尸微博"。

三、提升政务微博运营水平的几点建议

（一）强化政务微博的专业化管理。

一是组织专业的微博团队，进行微博日常运作与维护，将政务信息加工润色，以符合网民口味的生动活泼的语言重新编辑，及时予以发布。

二是加强规范化管理。要建立严格的发稿审核把关制度，重要内容发布由专人负责。

三是通过举办公益性活动等多种渠道对政务微博进行营销，打造独特的微博风格，扩大其影响力和知名度，使微博成为政务名片，成为展示政府形象的窗口。

（二）构建政务微博联动机制。

政务微博的发展应当集群化，打造统一化、规模化的政务微博集群，构建一呼百应、集体问政的微博广场。

一是政务微博之间"互粉"。微博发布的一个重要特点是，信息能够即时呈现于一级粉丝的主页，因此，"互粉"可使得各政务微博能在第一时间获知彼此信息，减少因信息不对称造成的官方口径不一、行动失调的现象。尤其在应对突发性事件时，各政务微博能够以不同形式组合发声，形成立体式、直播式的信息发布网络，实现最大规模的人群覆盖，让主流声音占据网络阵地。

二是政务微博之间"互补"。微博传播具有典型的碎片化特征，这一特征使得政务信息的发布由于微博字数的限制而可能失于严谨，产生歧义。由此，需要各部门的政务微博加以跟进，针对性地就公众所关注的信息进行详情的追加发布，以互动、联动的形式实现政务微博信息发布的权威性与有效性。

（三）建立微博舆情监测研判机制。

一是利用专业的网络舆情监测软件，对新闻门户网站、论坛、博客、微博等分类设置采集源，对互联网的海量信息进行24小时不间断地浏览，通过自动采集、自动分类、智能过滤、主题检测和统计分析，对网络舆情信息进行快速识别和定向追踪，帮助研判和预告网络舆情热点。

二是组织一支专业的舆情监测队伍，对各大门户微博，各微博产品中与交通运输相关的话题组、意见领袖等进行重点关注和监测，把握微博舆情动态。

（四）完善微博突发舆情的应对机制。

一是建立舆情应对微博首发制。由于微博信息发布的便捷性和传播的即时性，这样可在最短的时间内对民意予以回应，同时，因为微博信息的发布相对灵活，如果出现某些纰漏，可以通过微博互动作出解释或通过追加信息予以修正。更为关键的是，相关部门还能根据微博信息发布所得到的评论反馈，实时调整和完善危机处理的思路与方法。

二是邀请“微民”观察团引导舆论。面对重大、突发舆情事件时，可组建“微民”观察团见证并有限参与事件的处理，观察团成员主要选取有广泛影响的资深微博博主和部分自愿报名的群众，允许并鼓励他们通过微博直播事件的处理进程，借助他们的影响力和权威性，为政府的舆情应对提供支援。

三是加强培训，提高微博舆情的应对能力。目前，很多部门对于微博的了解程度不够，在微博舆情的应对上还处于缺乏章法、被动应付的水平，因此，非常有必要加强微博知识培训。

（五）着力培养行业微博意见领袖。

一是高度重视微博意见领袖的影响力。微博给每一个普通人提供发声的机会，但真正发挥影响，主导公共舆论的还是意见领袖，即俗称的“大V”。

复旦大学发布的《中国微博意见领袖研究报告》显示，微博意见领袖平均年龄为47.5岁，日均发微博5.8条，平均粉丝数近98万。

在微博上，意见领袖的影响力和传播力巨大。据统计，目前新浪微博粉丝排第一的陈坤有5600万粉丝，“微博女王”姚晨的新浪微博有5286万粉丝，李开复的新浪微博粉丝是4091万。做一个简单的比较：据公开数据显示，全国发行量排前10位的报纸发行量相加大约为1854万份，陈坤微博粉丝数量是其3倍。

在微博上，“蝴蝶效应”随处可见，意见领袖的话语权被成倍放大。韩寒的第一条微博仅是一个“喂”字，立即引来疯转，评论上万。目前他只发布80多条微博，已有2027万粉丝。一份研究显示，一个总数不超过250人的意见领袖群体，已成为网络热点事件消息传播的核心轴。

二是官员微博的关注度日益提高。截至今年一季度，新浪认证的政务微博总数超过7万，其中各地公职人员达到29228个，开通实名微博的省部级官员人数为33人。

昆明市长李文荣今年5月17日开通个人微博，并在当天回应热点——中石化云南炼油项目。两天之内，该微博的粉丝数便突破6万人。公安部打拐办主任陈士渠拥有近400万粉丝；广东省卫生厅副厅长廖新波拥有粉丝350多万；浙江省委组织部部长蔡奇拥有超过923万粉丝；甘肃省卫生厅厅长刘维忠拥有267万粉丝。

贵州省副省长陈鸣明2009年开通微博，作了实名认证。去年，被人民网、新华网评选为“2012年度十大个人微博”。他说：“如工作时间、个人精力都允许，党政干部应多开微博，特别是年轻干部，尽可能实名认证，齐心合力把个人微博打造成舆论引导的全新阵地、干群互动的便捷通道、为民服务的全新平台、学习交流的实用工具、社会管理的创新渠道，积极培育、壮大网络舆论正能量。”

这些官员微博，影响力远远超越其所在工作部门和领域，通过微博平台，不仅提升了个人的知名度，也让社会公众对其所在的工作部门和领域有了更多的了解。我们要努力培养交通运输行业的微博意见领袖，增强行业在网络社会的凝聚力和号召力。

（六）提升与网民沟通的技巧。

一是拿捏好网友身份、公职身份的不同角色，改变官方话语体系；审慎转发，避免虚假新闻；需要用数条微博才能写完的信息，建议以数字编号。

二是通过微博应对突发事件尽量就事论事，慎下与网民截然相反的结论；不要触碰网民的敏感心理；避免舆论标签化，注意语境。

三是坦诚面对网民的质疑和批评，不要关闭微博的评论功能，不要轻易删除网友评论；不要组织工作人员进行一边倒的正面评论。

四是慎重处理网民对现实问题的诉求，合理问题及意见，需要“有问必答”；“有限回应”网友的利益诉求个案；回应时注意措辞，不要“敷衍了事”。

遵循八种职业精神　做好行业报记者

韩　涛

内容摘要： 新闻记者除了应具有较硬的文字功底、较深的观察思考问题的能力外，还应遵循服务精神、敬业精神、吃苦精神、求实精神、学习精神、改革精神、协作精神、廉政精神等八种职业精神。本文从这八种职业精神方面来分析如何才能成为一名合格的行业报新闻记者。

关键词： 行业类报纸八种职业精神新闻记者

行业类报纸的突出特点就是轻消息，重深度，新闻少，事情多，是服务行业、依托行业而生存发展的，这就决定了行业类报纸与市场化报纸的不同。作为行业类报纸的新闻记者也与市场化报纸的记者有着不同的行业特性。但只要是新闻记者，除了应具有较硬的文字功底、较深的观察思考问题的能力外，应遵循服务精神、敬业精神、吃苦精神、求实精神、学习精神、改革精神、协作精神、廉政精神等八种职业精神。那么作为行业类报纸的新闻记者应该如何遵循这八种职业精神呢?

1　全心全意的服务精神

作为一个行业类报纸的新闻记者要甘当人民公仆，乐为人民鼓与呼，努力使党的声音及时、准确、广泛地同群众见面，为宣传党的路线、方针、政策服务，为推进改革开放的进程服务的基础上，针对本行业的工作性质和工作重点进行重点宣传和报道，通过记者采写的新闻报道把本行业特定一个时期的工作重点和一个重要事件向本行业进行广泛宣传。同时，还要把自己当作一个连接全行业上下的纽带，将自身对本行业的了解和认识充分表现出来，要为本行业的广大干部职工宣传服务好。每一个新闻记者都要牢牢记住为人民服务，真正地把党和人民群众放在心上，贴近基层，贴近群众，贴近生活。

2 尽职尽责的敬业精神

所谓敬业就是用一种严肃、认真、负责的态度对待自己的工作，勤勤恳恳，兢兢业业，忠于职守，尽职尽责。新闻记者本身就是一种燃烧自己、照亮别人的职业。当年穆青、冯健等人，为了写作《县委书记的好榜样——焦裕禄》，在河南的兰考一呆就是一年多，几乎走遍兰考的山山水水，采访了数不清的人，记下了成摞成摞的采访笔记本，最终写出影响了整整一代人的新闻作品。这种敬业精神，至今还在时时地激励着我们年轻记者去奋斗。

作为行业报记者，身兼两种身份，一是记者职业，同时也不能忘记自己是一名本行业职工。但无论是哪种身份都要有敬业精神，都要有为这份职业和事业做出无私奉献的精神，尤其是作为一名记者，无论遇到怎样的困难，当事关百姓利益时，“我不能不闻不问”，这样才真正体现出记者的职业素养。

3 勇于奉献的吃苦精神

新闻记者的采访与写作是一件十分辛苦的工作，有不怕困难的闯劲，坚持不懈的韧劲，乐于吃苦的拼劲，才能得到第一手新闻材料和新闻线索。作为一名行业报记者，除报道上级领导或机关工作新闻之外，更多的需要记者走出机关大门深入到行业最基层、最艰苦的生产一线去采访一线职工，了解他们的工作、生活，亲身体验他们的苦与乐。《中国交通报·山西交通》报记者为了采写一篇关于道路养护工的稿件，深入到大山里，在人烟稀少的山路旁的道班一住就是一个星期，与养路工同吃同住同劳动，毫无怨言，采写出真实生动的新闻通讯报道。

4 精益求精的求实精神

作为一名称职的新闻记者来说，追求真实是当今新闻工作的最重要品质。记者要深入实际，深入群众，注意调查研究，不得弄虚作假和拔高夸大，更不能歪曲事实真相。新闻记者不能人云亦云，随波逐流，而要以更灵敏的嗅觉、更迅速的行动，拿出自己所具备的专业精神和专业素养，深入调查、理性分析，准确判断，去伪存真，给受众带来全面、客观的视听信息，从而正确引导舆论。

因行业报记者更多的是关于本行业内新闻的采写与报道，接触多的也是本行业专业性相对强的新闻素材，所以了解行业专业内容比较多，相对能够更好地掌握新闻真实性。但只要是遇到概念不清楚或者是没有确实证据（出处）的新闻事件都不能随便进行宣传报道，一定要深入了解情况，向专业人士进行核实，甚至是要与相关部门联系，求得确切的事实真象，才能将新闻报道继续下去。

5 天天向上的学习精神

文字是新闻的载体。要想成为一名优秀的记者，就需要具备较高的文化素质，需要不断地去学习。行业报记者不仅仅要具备新闻记者所要具备的新闻知识，同时，还要掌握一些本行业最基础知识，了解一些专业性比较强的词语。有些行业报的记者是从本行业另一个单位转行到报社来当记者，他虽然具备了行业知识，但却缺乏当一名记者所具备的新闻知识素质，这就需要学习，充实自己的记者职业根本素质。所以，需要在工作中不断地学习，才能提高自己的专业水平，提高新闻记者的职业素养，把两者很好地结合起来，才能更好地服务于行业宣传。

6 开拓奋进的改革精神

近几年，各行各业发展日新月异，各方面工作的改革创新达到了前所未有的高度。事实证明社会只有改革才能会得到更好的发展。新闻记者同样也需要具备改革精神，思想步伐要跟得上时代发展的步伐，要在新闻报道中懂得如何去改革，也就是如何去创新。行业报记者在日常报道中坚持贴近基层，贴近群众，贴近生活，“三贴近”的同时，要注重跳出传统的专业报道方式，站得更高，看得更远，使带有专业特性的新闻可读性更强，既突出专业特色，又更好地融入社会。要具备视野新、思路新、文风新的特点，要与社会发展的步伐一致，甚至超前。要以全新的理念、全新的思路、全新的方式抓好新闻报道，敢于突破自己、否定自己，进行全方位的改革创新。因行业报专业性相对单一，会议稿件多，不容易引起读者的关注，所以行业报记者就要想方设法，对稿件尤其是会议稿件进行传统报道方法的改革，要从另一个角度，从行业职工关注的角度去挖掘出会议中广大职工可能关注的重要因素，采写出让职工喜欢看、愿意看的新闻报道。

7　同心同力的协作精神

我们经常说“团结就是力量”。具体来看，协作精神可以挖掘出多个层次的内涵。协作能够把分散、弱小的力量凝聚成集中、强大的合力。更进一步看，协作意味着求同存异，相互沟通，相互理解，相互支持，在合作中共同攻坚克难，共谋发展。有了问题，集体去解决；有了困难，集体去攻关。新闻记者既要有单独作战的能力，又要能群体采写，通力合作，发挥集体的智慧和力量。

一篇简单的新闻报道一个记者就可以轻松的“搞定”，但如果是需要采写一篇有深度的长篇通讯，一个记者的力量就不能全面地体现报道主体的新闻价值。行业报记者因受行业范围的局限，采写有深度的长篇通讯机会少，就因为机会少，所以对记者来说，一方面没有经验，另一方面，只凭一个记者的采写，完全不能从多方面、多角度地描写出新闻主体的新闻价值。一个好的新闻通讯报道，需要两个或三个记者进行协作，每个记者看新闻点的角度不同，发现新闻点的思路不同，甚至采写稿件的文风也不同，只有聚集大家的智慧，通力合作，共同研究，共同策划，这样采写出的稿件才会真真正正地全方位地体现它的新闻价值。

8　廉洁自律的廉政精神

在五光十色、纷繁复杂的各种社会现象面前，新闻记者能不能做到坐怀不乱，头脑清醒，既坚持正确的政治方向，又“耐得住寂寞，经得住喧嚣，抗得住诱惑，顶得住干扰”，这是检验每一位新闻记者的一个重要标志。应当指出，少数新闻记者在市场经济浪潮的强烈冲击下，在金钱和物质的诱惑面前，显现出来的是新闻商品化、记者商人化的贪婪和欲求。特别是在行业类报社，因为是在同一个行业，上下打交道的机会次数很多，产生不良行为，也可以说是捞取好处的机会很多。这就需要行业报记者必须具备廉政精神，要自觉地抵制各种不正之风，不受礼，不吃请，不收受红包，不索贿受贿，要使自己的一举一动、一言一行都能经得起金钱和物质的考验，经得起党和人民的检验。

虽然行业报新闻报道有别于市场化报纸的新闻报道，对行业类新闻记者的职业素质要求也相对不高，但只要具备了八种职业精神，不断提升自身的素养和综合能力，行业类新闻记者一样大有可为。

原载于《中国传媒科技》2012年12月总第215期

刍议报业竞争力的持续性

白昌中

近几年，我国媒体在寻求发展的道路上频繁地关注着一个内容——“核心竞争力”。核心竞争力的概念来源于现代企业管理，一种简单的定义为：“能够使企业以比竞争对手更快的速度推出各种各样的产品”。[1]随着报业市场化的深入开展，核心竞争力这个概念逐渐被转用到我国报业发展上，成为我国报业在国内、国际上增强市场地位和影响力的一个具体的追求目标。

一

核心竞争力，作为一种能力标准，“可持续性”可谓是关键所在、焦点所在。开发核心竞争力，以“可持续性”为评价方式，对我国报业发展而言主要归结为两个目标：1.实现发展速度和发展质量的统一，以追求质量为主，为发展奠定坚实基础；2.实现创新发展，以不断的创新为报业发展带来生命力与活力。

追求发展质量、以质量取胜，是我国报业实现可持续发展的基本条件。报业的发展质量包含着很多方面的内容——

首先是报纸的报道质量：我们知道，从事实到新闻是一个传播过程，新

[1]关制钧，《打造核心竞争力的二十一个“着力点”》，《经济日报》，2002年3月5日

闻的功能和社会影响力都依赖这一过程的顺利完成、新闻产品最终被受众接受和理解才得以实现。因此，报道质量直接关系到新闻的“纯度”，即新闻是否成其为“新闻”，是否坚守着新闻的本性，最终决定着报业的社会价值和受众认可程度，是关乎生死的大问题。

其次是报业的经营质量：经营质量又是一个内容复杂的范畴，仅拿经营收入来说，广告和其他经营收入的比例就是经营质量的一个评判标准，它关系到报业在变幻莫测的市场中能否保持稳定的发展状态和速度。经济增长方式也是经营质量的一个重要方面。经济增长方式一般分为粗放型和集约型两种。粗放型增长方式是指主要依靠生产要素的数量扩张而实现的经济增长，其表现是高投入、高消耗、低产出、低效率；集约型增长方式是指依靠生产要素的科学合理配置、科技进步和提高劳动者素质，通过提高生产效率而实现的经济增长。报业寻求可持续发展必须依靠集约型的经济增长方式，使有限的发展资源在最大程度上满足报业的各类发展需求。

还有报业的人力资源管理质量：新闻队伍的政治素养、道德素养和业务素养，影响着报业新闻传播工作的质量，影响着报业社会、历史责任的实践效果，更影响着马克思主义新闻观的实现程度；与此同时，经营管理队伍的质量也会直接影响到报业发展的每个环节、每项决策。除了以上这些，报业的发展质量还包括结构质量、资源整合质量、环境质量、发行质量等等，全部是我国报业“可持续性”的精确检测标尺，都需要报业在发展过程中努力研究、认真对待的重要内容。

就国内报业的发展现状而言，存在着很多急待解决的问题，这些问题有报业自身方面的，如报业市场恶性竞争，地域报业类型结构失衡、经营结构单一等；也有行业管理机制和政策上的，如报业资源配制受地域的严格限制，制约了一些报业做大做强、参与更大范围竞争的能力和机会，使地域间报业发展差距逐步扩大等。这些问题是多种因素经过多年积累形成的，在解决方法上也就不得不由小处做起、从根本做起，即首先使一份报纸、一个报社、一个报业集团能够真正在自身实现全面发展，方能由内而外、由近及远地形成我国整个报业全面发展的良好态势。因此，我国报业在科学发展观指导下实现全面发展，其实最基本的要求就是，单个报业组成单元在经营与采编两项工作上齐头并进、共同落实，不能顾此失彼，一条腿走路。

二

从1996年1月15日广州日报报业集团成为中国第一个报业集团试点，到如今已经整整过去了17年。17年来的实践证明我国报业迈出的集团化改革步伐是方向正确、成绩喜人的。令人欣慰的事情还不止于此，17年来，我国报业整体都在欣欣向荣的态势中全面进步，无论党报、都市报、专业类报纸，在市场经济中经历了从陌生到适应的过程后，在新世纪都显示出了强大的活力和竞争力。但是，毕竟我国报业在市场经营道路上仅仅探索了17年，就单个报业单元来看，与采编相比，经营水平无论在思想上还是行为方法上也都显得有些落后。当前很重要的一个目标就是要使我国报业在日趋激烈和复杂的市场竞争中，根据自身情况提高市场经营方面的能力，从经营、管理、人力资源、发行等多方面进行探索和突破，不断改变观念、突破创新、引进人才、更新设备，调动各种所需资源，实现生产要素的最佳组合，逐渐积累起雄厚的经济实力，作为报业发展的强大保障和动力支持。

提高报业经营水平，从经济角度有一个简单的评判标准，那就是报业在经济收益构成方面的变化。报业改革之前主要由国家拨款供应生存所需，经济收益仅来自于报纸销售和广告收入，算是额外补贴，用通俗的话说就是不痛不痒，权当改善生活。“断奶”之后，报业自负盈亏，一时间不仅需要维持生存，还要应付市场竞争和积累发展资金。由于缺乏市场经营能力和水平，经济收益过度依赖广告收入，后者成了大多数报业手中的救命稻草。过度依赖广告收入的经营方式很容易受到总体经济形势变化的影响，“当经济快速增长时，表现为媒体资源紧张，广告节节攀升，媒介经营状况形势大好；但是，一旦经济不景气，随着企业在广告投入上的减少，媒介经营收入增长势头则逐渐萎缩。”[2] 1988年新闻出版总署和国家工商管理局出台了《关于报社开展有偿服务和经营活动的暂行办法》。自从有了政策上的许可，近年来我国报业都开始积极寻求多种经营，力求分担风险，使经济收益的构成比例得到改善。虽然很多多种经营项目缺乏市场可行性分析，在错误

[2]黄升民、丁俊杰，《国际化背景下的中国媒介产业化透视》，企业管理出版社，1999年版，第29页

估计、仓促上马后饱尝打击，但这种探索多种经营的努力还是应该得到鼓励和认可。

采编工作和采编队伍建设一直以来都是我国报业发展的一个重点。在以往作为纯粹事业单位、收入依靠财政拨款的时期，报业能够静下心来努力探索采编经验，使采编工作和采编队伍建设持续成为亮点，为我国报业奠定了坚实的发展基础。报业从属于社会主义新闻事业，本质上要求它以过硬的新闻传播水平促进经济基础的巩固、完善和发展，维护无产阶级和广大人民群众的利益，在报道新闻的同时，用共产主义思想去教育人民，传播马克思主义世界观和人生观，高扬集体主义思想和社会主义道德观，提供丰富的科学文化知识，促进社会主义精神文明建设。以上目标的实现正是依赖报业在采编能力方面的不懈努力。

今后，采编工作和采编队伍建设仍然应该按重点来抓。社会主义新闻事业党性原则提出了政治家办报的要求，是实现党对新闻宣传工作领导的重要保证。报业要加强采编队伍的作风建设和新闻宣传管理工作，通过实践检验人才，要倾力培养和造就一批高素质的采编队伍，使他们有坚定正确的政治方向、丰富广阔的知识积累、水平出众的业务能力和高度严格的纪律性，甘于奉献，全心全意为人民服务、为社会主义建设大局服务。另外，报业的采、写、编、评工作都要体现自觉地在思想上、政治上与党中央保持一致，在任何复杂多变的形势面前，都要保持清醒的头脑，始终坚持正确的舆论导向，以马克思主义新闻观指导新闻实践，不断创新报道手法，反映群众呼声、适应不同需求，多用群众的语言描写群众的感受，实现服务大局与服务群众的有机统一。

单个报业单位通过采编与经营两手抓、齐头并进的方式实现全面发展，是我国报业整体实现全面发展的基础。前者如果不能得到妥善落实，后者必然也只能是奢谈。因此，当前报业在寻求建立市场竞争力，推进报业快速、健康发展的道路上，必须从自身建设做起，为采编和经营两项工作投入同等精力。

三

坚持创新发展，可以为我国报业提供不竭的动力。与时俱进是马克思主义的理论品质和生命力来源，是我们认识和改造世界的强大武器。与时俱进的本质就是创新意识。新时期报业也要具有这种创新意识，在尊重新闻规律和市场经济规律的条件下，在新闻报道和报业经营两个方面开拓创新，实现报业的快速发展。报业在新闻报道方面的创新意识，就是指报业时刻关注社会变迁和人民群众的所思所想，在报道思路、报道形式和报道手法上推陈出新，给受众以新鲜感和阅读欲，同时在报道内容上选择新人、新事、新成就、新风尚、新气象，把舆论监督和正面宣传结合起来，发挥良好的社会效果。随着报业生存和收益模式从国家拨款转变为市场化运作、自负盈亏，报业在社会主义市场经济体制内的经营管理方式就成为其发展壮大的核心因素。因此，报业在经营方面也要具有创新意识，借鉴国内外报业发展的成功经验，为报业自身发展创造良好条件。

创新是一种由内而外、由思想指导实践的力量。创新发展是报业的动力之源，但它的实现却又拒绝盲目性，是需要审时度势、综合考虑环境因素、内部因素才可能真正形成适应时代发展要求的能动的发展力量。以报业集团的创新为例，2003年初解放日报报业集团党委书记、社长陆炳炎就曾提出过十个必须先解决的问题，即“思想路线：解放思想、实事求是、与时俱进”，“运作方式：事业单位与企业化经营”，“领导体制：集团党委领导与法人治理结构相结合”，“运行机制：宣传业务和经营业务相对独立”，“宣传业务：坚持正确的舆论导向和推进新闻创新”，“管理机制：强化集团的主体地位和充分发挥单位实体作用”，“发展方向：做大做强主业与选择重点积极发展非主业”，“经济运行：增大利润指标与加强对报业投资”，“投资融资：集团资本运作与吸纳社会资金”，“队伍建设：完善干部制度与提高干部素质”。[3] 看问题的角度可谓匠心独具，这种思考方式本身也是我国报业探索创新发展的一个创新行为。科学的发展观核心内容就是转变发展观念，运用创新发展模式提高发展质量。创新发展模式，是我们党清醒认识我国发展面临的主要矛盾和问题、科学把握发展趋势和规律而提出的十分重要的战略思想，是贯彻落实科学发展观的具体载体和重要举措。我国报业也应如此，以创新为思路，突破现状、加快发展。也只有做到了这些，才有可能打造出一种具有可持续性的核心竞争力来。

---

[3] 陆炳炎，《报业集团创新需要解决的十个问题》，《中国记者》，2003年第1期，第10~11页

行业报一线采访需要具备的条件

陈　蓉

摘要： 整个社会的专业化程度都在迅速提高，新闻采访和宣传的专业化要求也越来越高。现场新闻的价值在于贴近实际、贴近生活，能有力表现新闻的真实性，作为交通类的行业报，每日关注的重点就是各种各样的交通活动构成的新闻，而作为一线采访需要具备的三个条件。

关键词： 一线采访；报道；条件

笔者从太旧高速公路建设开始就参与高速公路建设的新闻宣传和报道工作，与工程一线建设者进行广泛深入的交流，并在一线采访工作中不断实践。现就工程一线采访报道工作谈几点个人体会，与同志们商榷。

1　获得新闻线索的渠道

1.1　深入到一线才能获得真实的素材。在施工过程中，我们能看到的书面材料多为技术安全施工方案、汇报材料、工作总结等。这些材料虽然都是通讯报道所必需的背景材料，但新闻素材仅靠施工一线的书面材料是远远不够的。许多通讯报道中，大体存在这样几种情况。一是重人物的刻画和描写，写工程实际的较少；二是写普遍事件和先进人物的多，进行深入报道的少；三是写一般性报道的多，专题报道的少；四是工作汇报式的通讯报道多，真正采访获得素材并进行深入加工的通讯少。

要报道好新近发生或正在发生的新闻事实，要深入事件现场及其赖以发生、发展的环境中去涉幽探微。这些都要求记者要深入一线，深入生活，深入群众。俗话讲，“涉深水者观蛟龙”，就是对新闻采访的深入程度与新闻报道水平高低的关系的形象表述。

“新闻产生于实际工作和实际生活中的第一线，基层单位是最出新闻的地方，这是了解新闻线索的主要渠道。”所以，要充分了解施工一线的情况，也只有到一线去，在风雨中、在烈日下、在冰雪里、在机器的轰鸣声中，在粉尘飞舞的粉料厂，在炽热烘烤的沥青铺筑现场，亲身体会施工人员的艰辛与快乐、观察施工的细节、感受施工人员的豪气以及沿线人民群众做出的牺牲，才能获得有用的素材和真实的感受。

1.2　要有一颗冷静而清醒的头脑。新闻是政治主张、政治观点的宣传和直白，同时又是思想情操、伦理道德、人文价值、审美观念的自然渗透。对于宣传人员，毛泽东要求“记者的头脑要冷静，要独立思考，不要人云亦云……不要人家讲什么，就宣传什么，要经过考虑”。一名认真的记者会遇到突发性交通事件，这样的事情有没有新闻价值，报道出去会有什么样的影响，是实有其事还是有人刻意炒作，记者要有敏锐冷静的头脑。记者不是“抬轿子”、“吹喇叭”，而是“船头的瞭望者，注视着任何浮出地平线的微小的情况。”他们不是某些人的话筒，而是为了整个国家、社会与人民鼓与呼。因此，必须有独立思考的能力。

1.3　统计数据非常重要。工程上的数据，不但是施工的有关数据，整个与项目部有关事件的数据都是有用的。统计数据的来源有两个，一个是根据项目部已有的统计数据，有选择地去吸纳和采用；一个是自己根据采访的需要，设计统计表格去进行统计。统计表格的设计，需要注意统计指标的科学性和严谨性、统计口径的一致性和统计数据汇总的便捷性。一些综合反映项目部生产施工经营状况的统计数据，涉及到施工企业的商业秘密。由此，统计数据的保密性也成为一个需要注意的问题。

2　熟练掌握专业术语

2.1　必须具有一定的公路工程理论素养。做公路工程新闻宣传工作的，必须具有一定的公路工程理论素养，必须熟悉高速公路建设施工中的专业术语。事实上，这些专业理论知识，也是为了应对工程建设领域专业化程度不断提高的需要，应对日益激烈的人才市场竞争和工作压力不断增大的需要。从笔者目前撰写的有关高速公路建设的通讯报道来看，涉及的专业领域及相关知识很多，诸如，采写人物涉及到领导学、组织学、劳动合同法、社会学等；采写机械设备涉及到机械制造、机械管理等专业；采写原材料，涉及到材料学、力学等；采写生产施工组织涉及到组织学、系统论等理论知识；采写项目管理又涉及到交通运输学、会计学、审计学等。为了做好工程建设的宣传报道工作，只有掌握这些专业理论知识，才能熟练运用各种专业术语和方法，去表述工程建设施工中的细节。

按照传统的思维定势和一般理解，通讯报道属于新闻序列的宣传工作，论文则属于技术和工程序列的研究工作，但目前的趋势是，这两个专业正在走向融合，新闻宣传中的专业技术性越来越强，而技术性论文的可读性也越来越好。这就给新闻宣传工作提出了更高的要求，不能只停留在一般性的通讯报道上，而是要逐步深入到工程技术、施工工艺、新设备、新材料内部，让更多的人了解工程建设的过程控制、施工管理和协调、工程的技术含量、安全管理等方面的事情。归根结底，就是与时俱进，与工程建设技术和管理水平的提升一起进步。

2.2　必须了解施工过程中相关的工程专业技术知识。每个人的阅历、学识等不尽相同，对工程建设施工的理解，对许多问题的认识，都会出现差异。要对一项工程或者一个项目部进行全面系统的通讯报道，就要对施工组织设计、施工方案、技术和安全交底资料、各项规章制度、施工过程中各个环节的特点、工序、施工工艺以及相关的工程专业技术知识，了解每个环节在整个工程建设施工中的地位、作用和功能。如果不能充分体现高速公路工程建设的特点，写出来的稿子就会很大众化和浮浅化。尤其是施工项目部各分项工程的施工方案，只要详细阅读和体味，就能从中了解一些采访内容、采访方法以及表述方式。

每个专业里都有自己特殊的、基本的概念和理论。而高速公路建设中，大体存在着四类基本概念。一是人员及其岗位名称。从勘察设计、监理、施工直到建设管理与管理、技术、质量、安全等有关的人员和岗位都有自己独特的名称，只有将这些名称核实准确，才能给人一种清晰的感觉，阅读通讯报道后，不至于让读者感到无所适从。二是施工机械设备名称。施工过程中，所使用的机械设备类别有上百种，加上不同的型号，就会有成百上千个名称。哪个工序、哪个部位用什么机械设备，都有严格的技术工艺要求，通讯报道中不可弄错。三是各种原材料、零部件、半成品、成品的名称。这个类别的名称最为复杂，尤其是各种材料、零部件、半成品，其品种以及相关名称都非常繁杂，能否熟练应用这些概念和名称，是反映工程理论素养的一个试金石。

3 掌握设问与探讨的技巧

高速公路宣传究竟需要什么样的稿子，这是从事新闻宣传工作的人始终需要思考的问题。其中一点是确定无疑的，就是要充分反映工程建设施工的实际，弘扬施工过程中的先进人物和先进事迹。如果没有这些实际的事例，通讯报道就失去了行业的特殊性和专业的典型性。

为了深入到高速公路建设施工这个特定的专业领域，准确反映高速公路建设的实际情况，在采访中就采用了最耗费精力、最简单、也最有效的办法。第一，当接触到一位采访对象时，首先恳请他们讲自己的工作，从中了解他们工作的概况、工作流程、关键环节、技术创新和工作的功能和作用，为选取采访主题做铺垫。第二，根据现场了解的情况，结合自己所需要的采访主题和想要表达的思想，迅速列出三到五个相互关联的、能够组合到一篇文章里的采访重点，再根据确定的主题来修正采访重点。第三，给每个采访重点设置三到五个问题，让被采访对象能够通过回答具体问题，来满足采访的需要。剩下的事情就是准确全面记录，认真规范速记，力求容易辨认，利于整理成稿。

文章要想有新意，就必须挖掘出每个采访对象思想的闪光点、工程技术及理论与实践的创新。这也是最困难的事情，主要的问题在于，如果不面对面地进行交流，就很难能准确把握他们思想深处那些闪光点，就难以获得最为珍贵的资料，也难以了解他们采取某种措施的真实意图以及想要达到的效果或目标。工程技术人员思想中的闪光点和技术实践创新，只有通过不断地相互诱导和引导、共同的探讨和研究、积极的互动和激励，使询问的问题和回答采访内容的水平都得到不断提升。

原载于《中国传媒科技》2012年总第215期

新闻报道选题要“三看”

刘孟宇

写新闻，必选题。题目选不好，写起来难，读起来没味道；题目选得好，写起来顺手，读起来才精彩。

作为记者或通讯员，我们不能总是想写大题目，想写别人写过的，想写简单点的，想写工作总结式的，想写文件压缩版的。

新闻选题若只满足于一些表面现象，即使面面俱到，仍然难以给人留下深刻印象，难以满足读者了解事情真相的需要。新闻选题只有打破陈规，走出新路，才能实现新闻写作的目的。我以为，新闻选题概括起来有“三看”。

一看由头

新闻要发表就要有一个发表的理由，这个理由就是新闻界所说的“新闻由头”。

新闻由头是新闻的依据。它包括两个方面的含意：新闻的价值依据与时间依据。它要解决两个方面的问题：为什么要报道此新闻，为什么要在现在报道此新闻。

新闻由头要回答的这两方面的问题，在事件性新闻和非事件性新闻中各有不同的侧重，事件性新闻主要要解决好报道的价值依据问题，而非事件性新闻则主要要解决好报道的时间依据问题。

如何体现事件性新闻的价值依据呢？我的体会是，虽然新闻是新近发生事实的报道，但并不是新近发生的事实都是新闻。通讯员常常把基层单位的工作布置会、总结会、联欢会以及游园、体检、打扫卫生等事情当作新闻来写，这说明有些通讯员对新闻本质的认识还不是很清楚。到底有哪些过硬的事实可以拿来写？当然是有意义的、有价值的事实可以写。因为只有在报道对象具有比较高的新闻价值时，才能在比较高的层次上满足受众的新闻需求，新闻写作才能实现对读者观点与认识的“把控”和引导。

新闻价值的要素包括真实性、时新性等不变要素和重要性、显著性、接近性、趣味性等可变要素。新闻事实所包含的价值要素越丰富，新闻价值就越大。也就是说，一个客观存在或发生的事实，能否成为新闻被传播，应该取决于两点：一是在多大程度上及以怎样的方式与公众的利益相关联，二是能否满足人们的感官需要。在这里，所谓公众利益，既包括经济利益，也包括安全、公正、道德、荣誉、审美等社会价值利益；心理感官需求则是人们对事物的好奇、趣味等的心理满足，当然这里所说的心理满足，不是猎奇，不是低俗、庸俗、粗俗的满足，也不是少数人需要的感官刺激的满足。

如何寻找非事件性新闻的时间依据呢？我的看法是，在非事件性新闻中，应当努力表明所报道的事实是新近发生或发现的事实，所以必须要有“新近”的时间标识。否则，读者就难以感觉到所报道的事实是新鲜的而不是历史的。大家可以尝试以最近的会议为由头、以重大活动为由头、以表彰先进为由头、以正在变化的事实为由头，正确把握时间标识，写好新闻稿件。

当然，还有其他的方法和技巧，这需要通讯员在新闻写作中不断探索和积累，为自己的新闻稿件寻找恰当的新闻根据，努力做到从最新处着眼、从最近处落笔，把旧闻变成新闻，把新闻写得更新。

二看时效

对于媒体而言，时间节点很重要。稿件今天发是新闻，明天发就成了旧闻，成了旧闻自然就不能发了。

作为通讯员，一定要准确把握媒体的宣传重点，正确判断这些宣传重点所处的时段和要求。这样，写出来的稿件才能与媒体的报道时间节点合拍。

一要抓好时令性报道。对于交通运输部门而言，像“春节”、“国庆”等节假日就应是重点报道时段。可以提前与新闻单位商量好重点稿件的编发，或者举办某些活动、开设相关栏目等。

二要抓好配合形势要求的报道。要密切配合党和政府的各项工作。就目前而言，“联村联户”、“效能风暴”等工作有何新举措、新行动？落实十八大精神有什么新思路、新做法等。凡是重大活动，必须积极跟近，及时配合报道。

三是尽量争取时间把报道往前赶。新闻报道，尤其是写消息，绝不可拖拖拉拉、磨磨蹭蹭，速度应越快越好。因为别人的稿件发在前，你的稿件就成了“马后炮”，除非你的稿件比别人的精彩许多。所以，总是盯着报纸发了什么你再写什么，那岂不是“黄花菜都凉了”。一定要及时反应，迅速写作，抢在前面，这才能把握住时间节点，把握住新闻报道的时效性。

三看站位

通讯员写新闻，往往习惯于站在本单位的角度看问题，而不习惯顾及媒体的角度。所谓媒体的角度，就是要站在公众和全局的角度来看问题。

从本单位角度来看，觉得很有新闻价值的东西，站在公众角度来看，就不一定有什么新闻性了；从单位角度看，觉得很新鲜的东西，拿到全局来看，就不一定有什么新鲜性了。

所以说，写新闻一定要站位高一点。正所谓“不谋全局者，不足以谋一域。”只有“会当凌绝顶”，才能“一览众山小”。

还有一句话，值得我们细细琢磨，即“横看成岭侧成峰，远近高低各不同。”这不仅是说站位要高，而且还强调要变换站位，找到各自不同的新鲜角度来看问题。

有的通讯员写新闻习惯于人云亦云，而不习惯于另辟蹊径。殊不知，新闻姓“新”，不在“新”字上花力气、下功夫，你就永远写不出好的新闻稿件。许多通讯员在实践中悟出了这样一个规律：对于同一主题的新闻，如果某个角度还没有人写，你就赶快写，有三个人、五个人已经写了，你就不能再写了。要不断地去寻找新的事实、发现新的角度，这样写出的稿件才会有新意。

写一个活动，就要和其他单位相比，我们的特色是什么？我们有哪些突出之处？我们有什么创新之举？如果在这些方面我们业绩平平，甚至还不如人家，那我们有什么理由让媒体刊发这样的稿件？

写一个典型，也要与别人比，他的长处是什么？他有哪些突出成绩？他与众不同之处在哪里？如果不抓住这些，把典型写得与一般人没有多大差别，那这个典型在你的笔下还能站立起来吗？

所以，我们看问题的站位一定要特别一点，要找到事物和人物非同一般的地方，突出他们的特色和亮点。

新闻存在于我们的工作当中，但需要我们去发现。发现新闻就必须有“新闻眼”，“新闻眼”的培养要靠对新闻的深入理解和实践。有这么几句话供大家参考：有新鲜事儿才有新闻，有突出成绩才有新闻，有独特经历才有新闻，有典型人物才有新闻，有明显变化才有新闻。

原载于《交通周刊通讯》2012年12月第4期

好策划类

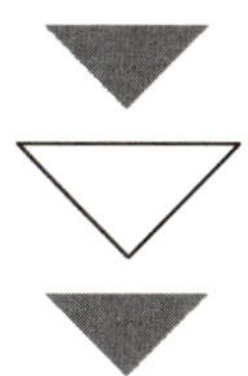

获奖名次：图片类二等奖

标　　题：《新郑州轮与码头合作创装卸自然箱新纪录》

作　　者：王良宾

原 载 于：《海运报》2012年 9月7日1版

作品评析

策划出智慧、出人才、出品牌、出效益

杜迈驰

为了调动交通科技期刊参加中国交通报刊协会活动的积极性，第三届全国交通运输好新闻评选之前，协会秘书处的同志与我商议是否增加好策划奖项并让我提出评选标准。我非常支持他们的想法，于是提出了以下标准：一、选题要鲜明实用。紧扣交通运输行业发展中的热点难点问题组织稿件，让行业内外专家提出破解办法。二、同一主题的内容相互关联，突出不同侧面。考虑到自然科学杂志刊发论文情况，我希望同一期刊物同一主题的论文数量不少于三篇，发表后应产生一定的社会和行业影响力。三、体现编辑思想。责任编辑或写评论或写按语，用一条“红线”把不同文章串起来。

应该说，三条标准并不高，杂志主编稍稍用心，是比较容易达到的。可能是协会宣传不够或者其他原因，这一奖项只有一家交通科技期刊申报，而长于策划的新闻类报刊纷至沓来。

说实话，不管是新闻类报刊还是交通科技期刊，在媒体竞争白热化的今天，策划已成为常态和编辑的一项基本功。十几年前，我在《中国交通报》就组织出台、不断完善新闻报道策划办法，并陆续在社内外讲策划课。

我认为，策划是根据本刊宣传需要和一个时段上级要求的宣传重点，通过对新闻资源的开发与配置，实现最佳传播效果的创造性的报道活动。策划体现本刊的意图，是引导社会舆论、干预社会生活、形成周期性宣传高潮、提高报道质量，塑造本刊形象、获取社会效益和经济效益的有效途径。我多次强调，策划出智慧、策划出人才、策划出品牌、策划出效益。

编辑在操作上，要根据主管部门一个时期的中心工作和宣传要求，根据读者时下需求，根据本刊版面、栏目定位和广告发行需要，制定具有独家特色的年度、季度、月度的阶段性报道方案和联系某项经营活动的专题性报道方案。报道方案的主要内容包括指导思想和预期目标，报道重点、次重点，报道的阶段和节奏，发稿的时间和版面规模，广告、专版和报道内容的配合，采编力量部署，等等。

不管是阶段性报道还是专题活动报道，策划之前编辑要调查摸底了解情况，比如，当前交通运输改革发展的亮点、焦点、难点、热点、冰点是什么，表现是什么，原因是什么，原因背后的原因是什么；谁对这个问题最有发言权，解决问题的出路是什么，出路是否有可操作性；如果是突发事件的报道策划，要弄清楚突发事件何时何地发生，涉及到哪些人，原因是什么，影响大不大，有关部门初步决定如何处理，等等。

摸清了具体情况，就可选定报道重点，然后确定谁采访，采访谁，采访重点是什么；确定何时发表，版面多大，单篇、“拼盘”还是连续报道，照片、插图、图表、言论或相关资料如何配置，谁负责搜集、撰写、制作等；确定有无可能与发行和广告联动，如何联动；然后撰写策划书，突出敢于创新、独树一帜的特色，最后提交部门主任乃至总编辑修改或认可。

一般而言，单篇文章的策划相对容易，“拼盘”和连续报道费些脑筋。“拼盘”、连续报道与发行、广告等经营活动联动，更需要智慧和相关部门协同作战的合力，因此，让策划出质量、出人才、出品牌、出效益，有时需要举全社之力。

根据上述思路分析这次参评作品，我认为有的确实不错，有的简单了些。

《公路交通科技》杂志获得一等奖的是针对我国地震活动特点及汶川地震对桥梁的危害而进行的策划。编辑部联系了国内相关课题组，从震前预防与设计、震后评估、应急救援、加固、修复等方面选取40多篇文章。这些文章借鉴了美、日桥梁抗震技术，研究总结了汶川地震中桥梁建设和修复的经验教训，形成一个比较完整的系统，为现阶段的桥梁设计、修建工作提供了参考依据，指明了我国抗震桥梁的未来突破方向。《基于扩展增量动力分析的桥梁地震易损性研究》、《钢筋混凝土拱桥罕遇地震响应简化分析方法》、《高地震烈度区含矮墩桥梁抗震设计》、《我国震后桥梁快速评估技术研究现状》4篇文章，学术性高、逻辑严密，对青海玉树地震、云南彝良地震、四川雅安地震后的桥梁抢通保通发挥了重要作用。

《公路交通科技》获得二等奖策划是关于道路膨胀土的。这本杂志相继发表了《膨胀土填料分类指标体系的合理性验证》、《基于GM(1，1)模型的膨胀土填料CBR指标快速确定方法》、《盐渍土工程性质实验研究》三篇文章，提出采用物理取土方法改变传统的化学用剂，变废为宝，改善路基填料，减少工程费用，延长道路寿命，保护周边环境。这对于有膨胀土分布的广西、云南、河南、湖北、四川、陕西、河北、安徽、江苏等地的公路建设，无疑具有较强的实用价值。

两个策划组织的文章都发表在2012年的第29卷，特点是实用性强，版面语言丰富，论述严谨。如果杂志主编好好研究一下评选办法和标准，尽量在同一期杂志的同一主题上组织三四篇文章，从不同角度、不同侧面反映主题，且相辅相成、相映成趣，策划的效果可能更强烈些。

新闻类交通报刊搞报道策划似乎得心应手，获得一等奖的《中国水运报》和《中国交通报》、获得二等奖的《世界交通》杂志的选题和实施办法，值得其他报刊借鉴。

《中国水运报》结合“走基层、转作风、改文风”活动和全国交通运输工作会议精神，策划了“走百企、上千船、访万人”主题活动，制定了书面策划方案，对采访范围及主题、稿件要求及刊发形式、活动时间及责任分工提出明确要求并下发社内各部门。

在将近一年的活动中，该报社十余名记者马不停蹄，深入全国各主要省市的港航运企业、各种所有制的各类船舶，采访企业岸上、船上工作班组，一是反映各种类型、各种所有制的港航企业现状与发展、探索与经验、困难与需求；二是结合“交通改变生活”主题，用新闻故事化的形式，反映运输船舶从业者的酸甜苦辣及所思、所想、所感、所需；三是结合“提升公共服务能力”主题，以故事化的形式反映水运及相关行业的船艇、人员的工作风貌，向社会展示这并不为人所知的一群人的默默奉献与辛勤劳作；四是围绕船员权益的维护、船员幸福指数、船员薪酬指数、船员的业余生活等主题，广泛访问船员。

结果，100多篇鲜活生动的千字文配发图片，在报纸、网站的专栏、专版、专刊等多种形式集中刊发，年底汇编成册出版，并为报社组织召开的中小航运企业发展论坛收集了素材，营造了造势。

应该说，该报策划特点突出：一是声势大，仅“走百企、上千船、访万人”这一主题词就令人震撼；二是内容丰富，四方面内容和讲故事的形式给记者留下了巨大的采写空间；三是持续时间长，报、网、书、会联动，产生较大影响，有的文章得到了交通运输部有关部门领导的肯定并推动了相关工作。这一成功策划起到了一石多鸟的效果。

中国交通报社申报的策划，继承了以前搞重大战役报道“甩重磅炸弹”的传统，围绕迎接党的十八大召开的主线和“科学发展、辉煌交通”主题，结合社内开展的“悦读年”活动，开展了系列报道，展示了党的十六大特别是党的十七大以来交通运输行业深入贯彻落实科学发展观取得的巨大发展成就，重点宣传交通运输干部职工践行“三个服务”的生动实践。

每期一个整版、连续五期的系列报道，分别反映了综合运输体系建设迈入融合发展、基础设施实现基本适应、改革攻坚凸显服务惠民、低碳环保引领转型之路、安全发展彰显以人为本等五个主题。每期版面安排以一篇新闻综述作为主打文章，总结一个方面科学发展的最突出亮点，体现发展理念、发展方式进步及取得的成效；同时配了与主题相关的三四篇短新闻、图表、专家点评等。

该报策划的特点是主题重大、贴势，内容扎实、集中，版式大气、新颖，表现手法多样，整体效果突出，在行业内外引起较大反响，获得读者和交通运输部的高度肯定。

《交通世界》精心策划的“校车专题报道”，结合当前校车安全问题和校车标准讨论，组织了六篇文章。第一篇是该刊副总编从市场需要、运营问题、中美校车对比、安全监管等方面进行的分析和评论；第二篇是该刊记者就“校车安全条例与标准的法律依据和程序问题”对中国客车运输知名学者王健的专访；第三篇、第四篇是记者就“美国保证校车安全的措施”、“海格定义安全校车新标准”分别对美国公司、中国苏州金龙公司的访谈；第五篇重点介绍了海格、大金龙、宇通等品牌的车辆和艾里逊、康明斯等零部件及服务系统；第六篇介绍了校车运营的“兖州模式”；四万多字、60张图相互搭配，视觉效果突出。

《交通世界》的策划，抓住了当前交通运输行业热点和学生家长关注的焦点，组织的六篇文章体裁品种多，紧扣主题，既相互关联又独立成篇，从理论到实际、从管理到技术、从国内到国外，纵向到底，横向到边，有广度、有深度，图文并茂，可读性比较强。

获得二等奖的《中国公路》杂志关于我国古桥、古道遗产保护的报道策划，特点也很突出：一是主题“剑走偏锋”。普通百姓不太关注的话题带来很浓的文化味。二是报道面宽。四篇文章分别介绍了我国古桥的特点、现状和保护建议，茶马古道、秦直道等开发利用和保护，古代交通遗产保护的专家观点，国外保护古桥、古道的优秀案例。三是行文笔法各异，读者可以变化口味。

此外，《中国道路运输》杂志、《江西交通》杂志、《广州交通》报、《中国远洋报》等报刊上报的策划都独具匠心、各具特色。只是个别刊物的策划单薄了些。

2012年中秋、国庆期间，全国高速公路首次对七座以下小型客车实施免费通行，某刊派出五位记者到省高管局指挥调度中心和不同收费站现场采访，分别就指挥调度、督查组暗访、站口通行、便民措施、群众反映写来五篇见闻。报道面比较宽，但写作体裁、表现手法单一了些；篇数不少，但仍需精炼，分类整合空间较大；有全省接受咨询、减免费用和车辆数字等总体情况介绍，但缺乏分析对比，特别是与上年未实行免费的车流量、电话咨询量等数据对比的缺乏，显示不出相关人员的劳动强度；如果通过分析提出些运营规律或发现不足之处，那么对全省乃至全国下次免费通行就具有较强的实用价值。

总之，策划奖评选需要完善之处不少，需要各方共同努力。特别是由于各刊策划报道在先、评比标准在后，大家申报有些摸不着路数。我相信，只要大家把握好标准，在策划上借鉴别人的经验，多动脑筋，多下功夫，别出心裁，我们交通报刊的整体质量就会逐步提高，并雄踞全国报刊之林。

（作者系中国交通报社原总编辑、中国交通报刊协会副会长）

图　片　类

获奖名次：图片类一等奖

标　　题：《救助渔民》

作　　者：路瑞霞　陈建波

原 载 于：《中国交通报》2012年11月21日1版

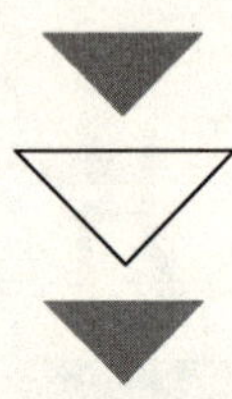

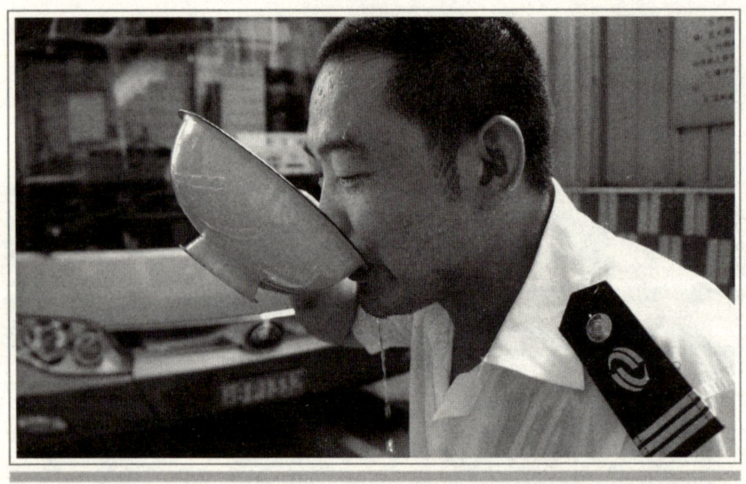

获奖名次：图片类三等奖

标　　题：《酷暑“烤”验》

作　　者：陈鸿园

原 载 于：《重庆交通》2012年8月30日第8期

作品评析

新闻摄影的灵魂是真实　抓拍是宗旨

杨秉政

第三届全国交通运输好新闻评选活动已于2013年底落下帷幕，参加新闻图片类评选的作品不算太多，但最终的评委投票结果却非常的一致，这足以说明好的新闻照片终究会被认可。依据自己的那点知识和实战经验及直观感受，对此届图片类的获奖作品粗谈一些看法。

抓新闻突发事件　一图胜千言

此届获得好新闻图片类一等奖的《救助渔民》作品，是一幅从搜救直升机上抓拍的一张现场感极强的新闻照片。画面中的两个人物的面部表情：一个坚毅，一个恐慌。坚毅者是我们的直升机海上搜救人员从波涛汹涌的海面将被困的渔民吊升到机舱口时的表情，是那样的胸有成竹和淡定的眼神，充分表现了我们的救助人员在紧急时刻临危不惧和救助操作一丝不苟的专业素质。恐慌者那面部表情反映了他身已脱险但仍心魂未定的恐慌神态。当这两个截然不同的面部表情在波涛汹涌的海水衬托下进入你的视野，你的心难道还不会被这现场感极强的画面所打动么！何谓“一图胜千言”此图即是！好的突发事件的新闻图片，就不必再苛求它的构图用光！只在乎能否抓住那决定性的瞬间吧！这也正是它能在众多参赛照片中脱颖而出，被所有评委一致推选为一等奖的原因所在。如果非要苛求，那我以为摄影者如在抓拍时，再将镜头下移少许，舍去顶部的手臂，多些波涛的海面，再右移少许多拍到救援者那伸向飞机舱门的大手，那该是一副多么完美的画面。

当然，我们不能有太多的苛求。从画面俯视的角度可看出摄影者已是将相机探出直升机舱门且冒着风险抓拍所得，已经是难能可贵啦。

《温总理和我们学手语》是一幅温总理深入基层与北京公交集团一线职工聊天的镜头。画面中着装整洁的公交职工围在温总理身旁，谈笑风生，毫无拘谨之感，充分表达了温总理平易近人的工作作风。当这位女售票员向总理汇报她如何学习用手语更好的为乘客服务时，温总理也跟着模仿学习手语，职工们看到温总理如此心领神会，各个喜笑颜开。这稍纵即逝的瞬间当即被眼疾手快的摄影者抓拍了下来。

拍摄中央领导的图片我们见得太多太多了，大多是开会、讲话、握手、视察、指导等，鲜有如此平易近人之作。正是这幅平易近人的画面：温总理和蔼可亲的笑容，职工们无拘无束的表情，无形中拉近了国家领导人与人民群众的距离 。我们的媒体就需要这样的照片。

如果排除画面中人物的分量，就画面构图用光而言，构图四平八稳，主体人物以背部自然光勾勒并以闪光灯作补光，曝光恰到好处，仅此而已。但新闻照片讲的就是照片中人物的分量，其他再美也不足以胜过画面中人物的分量，这就是此图片能获得一等奖的主因。

抓取决定性的瞬间　现场感更强

获得图片类二等奖的作品有四幅作品。《救命大恩人》，同样也是一幅救助遇险渔民的新闻照片，且现场感很强。这是一条被风浪打翻的渔船并将渔民扣在其中，救助人员只好将船底破拆出一个洞口，才将落水渔民救出。画面中只表现了遇险船工被搀扶的镜头，那船底被破拆的洞口被救助人员挡了个严严实实！如不借助文字难以看出画面所展示出如何救助人的准确信息，试想如果能抓拍到渔民正被救助人员从洞中拉出的那一刹那，该是多么震撼。感人的事件中没有抓到最感人的画面，也就是我们常说的“决定性的瞬间”非常遗憾。另一原因就是画面中所有参与救援者和被救者都没有拍到紧张而感人的面部表情，这不能不说是憾上加憾。很感人的救助事件却难以打动评委也就不言而喻了。否则，金牌非你莫属。由于紧张的救助现场影响着拍摄者从而造成整个画面焦点不实也就有情可愿了。

《风雪邮路人》多么难得的一幅雪景图啊！天空大雪纷飞，船身白雪覆盖，水中倒影飘渺，远近层次分明，且又以具有艺术范儿的黑白效果表现，效果绝对夺人眼球，具有金奖的品相，但就是没有问鼎金牌。究其原因，就是摆拍的痕迹太过明显。在我们的邮政系统中，最辛苦的当属最基层的邮递员了。他们为了将邮件及时送达到客户的手中，无论严寒酷暑，都风雪无阻的去投递，各种辛苦难以言表。反映此类题材的摄影作品不乏佳作。印象很深的一幅全国影展的获奖作品就是拍摄于内蒙古草原风雪中一名邮递员推着自行车迎着暴风雪艰难前行的画面。

关于新闻照片的抓拍与摆拍已讨论多年，反反复复早有定论。但在我们的新闻宣传中，摆拍的风气却丝毫未减。聪明的作者是摆中待抓，引导中抓。也就是说在引导的过程中去抓取决定性瞬间。试想这位作者如不定格这邮递员伸出略感僵硬的手臂递出这包裹，以及客户面无表情的时刻，难道就没有别的镜头可表现了么？当他冒雪登上小船呼喊他客户的名字，当他伸手与客户打打招呼，当这包裹正送达客户的手中那一刻，当这……所有这些过程中足有机会抓拍到比这幅更胜一筹的好片，如此难得的气候时机，如此现场感极强的画面，却被这僵硬的摆拍毁于一旦了。所以我还是要大声疾呼，新闻图片抓拍才是王道。

《新郑州轮北仓港创单机效率235.6自然箱世界记录》是很棒的一幅工业题材照片。画面中表现了现代化的港口机械正在进行双箱吊装作业，摄影者以大广角镜头仰视拍摄，更凸显了桥吊的高大宏伟，两个绿色集装箱在红色桥吊的烘托下更加突出醒目，且它俩的位置正好在画面的黄金分割线上，船舷的斜线和集装箱的斜线自右上向左下延伸，引导着读者的视线去关注左下方的卡车和人物。这足以说明摄影者在拍摄前作了充分的思考和画面的安排，取景时的占位既突出了主体又考虑了纵深，使众多的红色钢铁机械充满了视野，凸显了码头装卸作业的现代和繁忙！另又恰到好处的安排了一名女工在右下角正向上仰头关注着装卸作业，女工那黄色的工作服和蓝色的安全帽又使画面有了点睛之笔。整个画面基本无可挑剔！但如不借助文字，我们无法从画面的视觉语言中感到这是一个破世界记录的作业！

《赤几项目部组织员工和当地修理工进行汽修大比武》是反映中交一航局非洲赤道几内亚项目的一幅作品。中外修理工进行汽修大比武，两种肤色，互相夸赞，很吸引眼球！画面人物表情各异，但都表达着内心的欣喜，尤其是视觉中心人物——黑人兄弟那眼神，一定是比武的胜出使他倍感自豪。他对面的中国员工，手势和眼神也是可圈可点。这一决定性瞬间被摄影者抓了个正着，给画面平添了更多的吸引力。朴实的图像凝聚着两国人民的友谊。

要说不足，既是黑人兄弟的手势和眼神都表现出和对面中国员工的交流，但画面中最右侧的那张面孔却不是，而只拍到了一只伸出的大手。这种缺失实在令人遗憾，其实后退半步即可将那伸手之人的面孔收入画面，试想如果有了两个主角的对视交流，是否更加圆满。也许，有人会认为这正是“缺失的美”，但我不这样认为。

运用多种手法拍摄　效果各不相同

此届获得图片类三等奖的作品共有六幅。《美丽的田野》是一幅以风光摄影的手法来表现交通题材的好作品。作者用长焦镜头，居高临下将大地尽收眼底。画面里各种农作物长势不同颜色各异，一条小路弯弯曲曲穿插在色彩斑斓的画面中。小路虽小，路况完好，干净的路面还点缀着正在行驶的车辆，看来摄影者为寻找这理想中的画面也颇费了一番心思。美丽田野够美丽。另，后期制作时色调过于偏黄，如同浓墨重彩的油画，这好像是当今风光摄影作品的流行调。是好是坏？见仁见智各有评论。

《生命一线牵》是一幅海难救助图片，又是突发事件中抓拍的新闻图片，论现场感绝不比前两张差。画面中波涛汹涌的海水已将船身吞噬，只露出了驾驶台顶和那危在旦夕的被困人员，更可贵的是，船上的五星红旗仍在波涛中猎猎飘扬。救助的直升机吊索正将被困人员吊起，画面所表露的紧张氛围令读者揪心，这正是灾难片突发事件片能够打动人之处。所以中外知名的摄影大赛大都是这类照片容易获奖，国际上最知名的美国普利策和荷赛大奖都是这类照片问鼎，这已成定势，同时也足以说明人类的灾难是多么的被我们关注。

话说回来，为什么此幅图片在此赛中只摘得铜牌。我认为，其一，构图松散，导致整个画面冲击力不够，右侧四分之一画面里没有重要的信息，无关紧要，完全可以剪裁掉。有时我们在拍摄过程中由于种种原因没有考虑周全，但回头看片发稿时也可进行“二次创作”，以弥补缺憾。其二，重点视觉语言缺失，《生命一线牵》应该牵动的是两个人的生命，救助人员的缺失导致读者无法全面的感知搜救人员的临危不惧，使画面缺乏应有的冲击力。

其实摄影者只要稍加改变即将相机竖立拍摄就可挽回这一缺失，并可完全改变构图松散的结果。如当时能作一个相机90度的转动，也许不是三等奖的结果。其三，镜头焦点未对准灵魂人物，谁都懂得画面的内容有主次之分，但仅拍到遇险被救船员的脸却不在镜头的焦点上，造成喧宾夺主的原因，是紧张和慌乱中忘记了将相机的对焦点对准生命一线牵的人物锁定，却任由自动对焦相机跑焦！作为一名老摄影记者，我多次参加过灾害和突发事件的采访，深知在具有震撼力的画面前摄影者会产生心跳呼吸加快，手忙脚乱，拍摄失误时有发生，但这绝不可作为失败的理由，解决的唯一办法就是提高自身的心理素质，熟练掌控自己手中的相机，真正做到指哪打哪，有的放矢。

《酷暑“烤”验》是一幅人物特写，一位在酷热的环境中坚持做营运客车安全检查工作的老师傅，在大汗淋漓的工作之余开怀畅饮的镜头。摄影者以长焦镜头聚焦人物面部，老师傅满脸汗珠，毫发毕现，心急口渴，一饮而进，嘴角流淌的水滴，汗水湿透的衬衣，足将一位劳动者表现得如此淋漓尽致。既然是人物特写，那背景一定要虚化处理，大光圈，长镜头所造成的人物背景的客车虚化的恰到好处，起到了既交待了人物的背景环境，又不喧宾夺主。实为好片一幅，但还达不到拍手叫绝，非要挑个毛病，画面用光平淡无奇，缺乏考究。

《风劲云舒望天域》一组黑白组照，简要的概括了昔日雪域高原养路人的工作与生活的艰辛。海拔3500米以上的青藏高原，天高地阔，地广人稀，无论是蓝天白云下孤独的养路小伙，还是身背幼子的养路女工，更有那路边熬沥青的落后施工方法，以及那破烂不堪的道班房......当年青藏高原我们养路人的工作生活的现状，至今历历在目。那是我曾八次进藏采访的亲眼所见。随着西藏交通事业的不断发展，这一幕幕已成历史，现代化的养路机械（彩色片）已进入雪域高原。这是一组忠实记录西藏养路发展史的纪实作品。要说不足，那就是还有更艰辛更感人的反映雪域高原养路人的画面，作者没有抓到。

《港工铺设真空膜》是一幅少见的施工场面的图片，说少见是如此大的场面全部人工操作（也许只能人工操作），人物的衣着各异，一次排开，两人一组，男女搭配，非常真实地反映了劳动者的真实面貌。经常看到一些工地场面的照片，劳动者工作服整齐划一，且干干净净，一看那就是作秀摆拍的照片，难与此相提并论。作者以大广角镜头表现了港口施工场面，施工队伍在工长统一指挥下抬着沉重的真空膜（不知啥叫真空膜！）蠕动在大地上，队伍就像一条匍匐前进的卧龙近大远小消失在地平线上。遗憾的是由于拍摄点太低，没有一定的高角度使这条龙型不能全面展现在我们的面前，造成画面缺少震撼力。

《冼伟雄亲赴多哈领奖》是一幅纪念照式的新闻照片，所不同的是纪念的是广州政协副主席、市交委主任冼伟雄前往多哈领取联合国应对气候变化“灯塔奖”时在国际舞台上展示广州交通人的精神风貌。这张照片“主题突出，画质优良”。在此，我只能用两句新闻图片推荐表上的原话来结束我的点评了。

总而言之，新闻摄影历来真实是它的灵魂，抓拍是它的宗旨，无奈这多年来还是摆拍盛行。我们推崇抓拍作品就是希望新闻摄影能改“斜”归正！希望下届的新闻摄影作品以抓拍为主，哪怕是摆中带抓都有情可原。

交通系统不断扩大，如今已是“海路空铁邮”多兵种作战，各路都有很多感人的题材，况且我们的摄影队伍也正在空前的壮大。能否出好作品，只看我们的挖掘能力了，期待在协会下届好新闻图片作品评选中有你的作品出现。

（作者系中国交通报社原新闻图片部副主任）

视 频 类

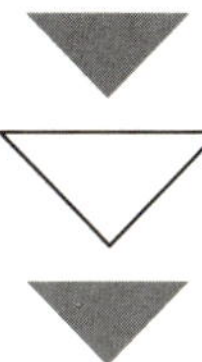

获奖名次：图片类三等奖

标　　题：《港工铺设真空膜》

作　　者：许让利　赵文涛

原 载 于：《中国交通报》2012年11月28日1版

作品评析

从获奖的视频新闻作品中看门道

陈　刚

“交通·温馨巴士杯”第三届全国交通运输好新闻评选除报纸、期刊的评选项目外，新增设了视频新闻专题片奖项，并形成了明显的特点：14家会员单位积极报送了22部在2010年至2012年期间制作的视频新闻专题片，首次参加该奖项的评选；视频新闻专题片从申报作品的质量和数量上看，大大超出了预期。

评选经过第一轮评委打分入选一等奖、二等奖的视频新闻专题片共6件作品。经过第二轮投票确认，获得一等奖的作品是由《河北交通》选送的《温暖——郭娜陆地航空班的故事》，获得二等奖的作品是由《日照港报》选送的《调车员的一天》以及由《交通建设报》选送的《逐梦长江》，获得三等奖的作品分别是《二航人》选送的《攻坚古道展风采》、《中国交通报》选送的《低碳交通在行动——车船路港千企行动一周年》以及《甘肃经济日报·交通运输》选送的《情牵玉树》。

纵观本届视频新闻专题片类作品评选，各交通单位选送的作品中不乏高质量作品。特别是一等奖获奖作品《温暖——郭娜陆地航空班的故事》，以平凡的一线交通部门工作人员的日常工作和生活为表现对象，反映其乐于奉献、顾客至上的工作服务理念，以点带面，给全行业树立了典范。从总体上看，本届新增视频新闻专题片类的获奖作品非常具有看点。

主题突出　贴近现实

主题对于新闻专题片来说是它的灵魂。新闻主题是指新闻的中心思想和基本观点，也就是作者对客观事实的看法、态度和通过事实的报道所表达的主观意图。主题在新闻中起主导作用，贯穿全文、支配写作，是新闻构思、选材、表达和运用语言的依据。

主题是否突出，是否贴近现实，直接关系到新闻的好坏甚至是真假。这次视频新闻专题片类参赛作品普遍主题较突出，比较贴近现实，反映重大新闻或是行业普遍关注的热点和难点问题，只有这样才能真实地反映现实，给各部门做决策提供有力的支持，也为观众所喜爱。

由《日照港报》选送的《调车员的一天》真实地记录了坚守在港口生产一线调车员一天内的工作和生活，反映了在中国最年轻亿吨大港中一线员工真实的工作情况和乐观敬业的良好品质。通过调车员刘相迪这一普通港口一线员工，传递出港口员工在日照港阳光文化的照耀下，真情奉献、团结一心、岗位建功的正能量。这种品质在视频里展现得淋漓尽致，使观众很容易受到感染，积极投身到自己的工作岗位中。同时《温暖——郭娜陆地航空班的故事》也是这样主题突出，内容贴近现实的范例。

《情牵玉树》真实反映重大新闻事件——玉树地震。在大灾面前，我们的党、军队积极帮助受灾群众逃离危险，在第一时间赶到现场进行救援。该片从昼夜兼程、千里救援，奋战高原、保障畅通，闻令而动、运输救援，攻克艰险、真情奉献四部分，全面反映了甘肃交通赴玉树抢险、突击队在玉树高原工作生活的场景，再现了甘肃交通与青海人民慷慨同行，并肩抗震救灾的画面。该片纪实风格明显，贴近现实，主题突出，将“万众一心，众志成城，百折不挠，以人为本，尊重科学”的抗震救灾精神展露无遗。

结构编排清晰　层次分明

本届获奖的视频新闻专题片从结构上讲，编排较为清晰，层次分明。众所周知，结构对于新闻视频来说非常重要，它是新闻的骨架，没有骨架，毛将焉附。

由《交通建设报》选送的《逐梦长江》获得此奖项的二等奖，它的结构编排就非常清晰，层次分明。该片首先总体介绍“天和一号”大型盾构机，是我国完全自主研发的。然后按照时间顺序讲述“天和一号”是如何一步一步克服困难被成功研制出来。最后总结升华主题，“空谈误国，实干兴邦”，只有通过诚实劳动才能解决各种难题，实现美好梦想。结构编排清晰，适时地插入采访，层次分明。

《低碳交通在行动——车船路港千企行动一周年》结构也非常好，以车船路港千企行动一周年为切入点，通过宣传车、船、路、港采用新设备和新技能减排的巨大作用，树立交通运输行业节能减排的典范榜样，四部分形式相似，先总体介绍，再举例。层次分明，易于观众接受。

《情牵玉树》通过昼夜兼程、千里驰援，奋战高原、保障畅通，闻令而动、运输救援，攻难克险、真情奉献四部分，清晰的结构反映了甘肃交通赴玉树抢险突击队在玉树高原工作生活场景。

表现手段丰富　效果完美

新闻视频是通过视觉形象和声音而传递的，视频天生就比其他媒介更具表现力，它可以通过各种表现手段来表现主题，表达新闻内容。本届获奖的专题片都注意运用各种手段来表现新闻主题，把视频的长处发挥得淋漓尽致。

获得一等奖的《温暖——郭娜陆地航空班的故事》就是表现手法丰富的代表。各种资料、图片、侧面表现等手段都使用了，使得整个新闻故事生动感人，而且郭娜等人的敬业、奉献精神在不知不觉中感染观众。

此外，获得二等奖的《逐梦长江》表现手段也是十分丰富的。它的解说词恰到好处，采访穿插合适。除此之外，作者还利用资料视频、图片、动画等手段来表现“天和一号”大型盾构机出世的艰难以及成功后的喜悦。

声画结合得当　音乐解说完美结合

本届视频新闻专题片类获奖的作品，除了画面比较好之外，声音运用也是一大特色。可以说声画结合比较得当，音乐与解说配合恰当。声音在视频中发挥着重要作用，它除了空间上的造型作用外，还可用来对画面的表现进行补充和丰富，甚至有独特的表现力，将主题表现得更加突出。

声音主要包括三部分，即环境音、人声和音乐。在新闻视频中，声音主要是音乐和解说，以往的新闻专题片，音乐和解说都是画面的附属品，没有独立地位，而现在的新闻视频已经更新了观念，音乐和解说结合恰当，而且与画面也结合适当，特别是视频新闻专题片类获奖作品，在声音方面真是可圈可点。比如《逐梦长江》在声音方面处理得就非常好。解说的声音抑扬顿挫，富有磁性，而且解说词不是对画面的机械解释而是对画面有力的补充。所配音乐恰到好处，不俗也不烂，音乐节奏跟画面的情感非常贴合，该宏大时宏达，该感人时感人。此外，《温暖——郭娜陆地航空班的故事》的声音运用也非常不错。

贴近基层和一线　一定要“接地气”

此届视频新闻专题片类评选涌现出一些优秀的作品，它们的共同特征就是反映了重大新闻事件或行业普遍关注的热点和难点问题，有明显纪实风格。选题新颖，构思精巧，表现手段丰富，画面干净美观，结构编排清晰，主题、画面、播音解说与音乐有机完美统一。但同时在评选中也发现一些不足，比如有的单位选送的视频新闻专题片内容比较假和空，拘泥于形式，追求形式感，而内容苍白，只是泛泛的夸口。还有一些视频新闻专题片毫无新闻点可言，完全是企业的宣传片或是汇报片，这样的视频拿来参赛只能降低整体水准。此外，有的参赛短片存在画面空洞，整部片子完全靠解说和音乐支撑，这样的视频新闻专题片也是不为我们所接受的。

视频新闻专题片强调尊重广播电视发展规律，对于存在的一些不足，需要不断引导，规范细节。贴近基层和一线，一定要“接地气”。相信在此次评选的基础上，今后的视频新闻专题片的作品质量一定会越来越高，产生的效果也会越来越好。

（作者系中国传媒大学教授、电视与新闻学院博士生导师）

附　录

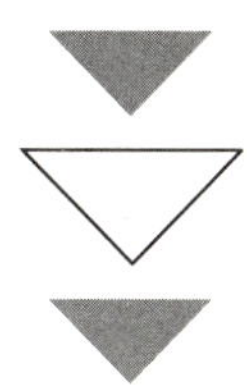

获奖名次：图片类三等奖

标　　题：《冼伟雄亲赴多哈领奖》

作　　者：交通宣

原 载 于：《广州交通》2012年12月31日1版

"交运·温馨巴士杯"
第三届全国交通运输好新闻获奖作品名单

消　息　类

一等奖（2篇）：

《世界首条高寒地区高铁开通运营　我国成为世界上高速铁路发展最快、规模最大的国家》　《二航人》隋业辉

《我国首艘300米饱和潜水母船交付使用　填补了我国大深度潜水作业支持船舶空白》　《中国水运报》黄玲　杨瑾

二等奖（4篇）：

《世界最大"海上移动校园"在沪交付　可在世界无限航区航行　容纳168名学生和4.58万吨散货》　《中国水运报》黄玲　吕雪

《亚洲最大客滚船"渤海翠珠"烟台首航　可成建制投送部队人员和重型装备》　《中国水运报》杨瑾　王建波

《南海擎柱"成功定位》　《三航报》孙中瑞　陈会文

《长江南京以下12.5米深水航道工程开工　建成后直接增加沿江地区经济111亿元》　《中国水运报》周国东　鄢琦

三等奖（9篇）：

《世界首条高寒地区高铁试运行　公司参建的哈大客专4小时贯通东三省》　《交通建设报》李群　周文鑫　王兴松

《我省五年治超取得重大阶段性成果》　《中国交通报·山西交通》韩涛

《一张火车票牵动众人心　3000热心人微博接力寻失主》

《北京公交》刘学利

《我省高速公路通车里程突破四千公里　八十八个县（市、区）通达高速公路　保持西部领先　全国前列》

《陕西交通报》张力峰　安立广　黄金峰

《“清网”行动不让一条“鱼”漏网　石家庄市运管处严查“黑驾校”、“黑陪练”、“黑报名点”，规范驾培市场秩序》

《河北交通》闫晶　高飞　底哲

《高速公路ETC开启新篇章　长三角区域高速公路不停车收费成为全国首个联网区域》　《浙江交通》梁华凌

《凯里公路管理局今年“医治”八座危病桥》　《贵州公路》姚仕威

《宁夏公路建设与富民相促进》　《宁夏交通》梅宁生　吕金蓉

《单身女子遇劫匪　好车长见义勇为》　《郑州公交》杨超群

通　讯　类

一等奖（5篇）：

《76秒，他用生命诠释责任——平民英雄、杭州长运驾驶员吴斌感动中国》　《中国交通报》贾刚为　刘洋　康信茂

《30亿，能否给渤海溢油画上句号？》　《中国水运报》李薇

《勇气，震撼筑城　——记贵阳市“1·17”勇斗劫匪的英雄李春来、于勇》

《贵州交通》王杨

《一身转战三千里》　《中国公路》刘文杰

《110张工资单见证乌鲁木齐公交10年发展》　《乌鲁木齐公交》陈卉

二等奖（10篇）：

《“平稳得让我感觉像是在飞翔”　肯尼亚人的中国路》

《交通建设报》田恬

《天高云淡，望断六盘山》　《中国公路文化》胡恩燕

《库区“学生渡”牵动众人心》　《中国水运报》甘琛

《渤海湾生死大营救——北海第一救助飞行队迎战首场大寒潮纪实》
《中国救助与打捞》冯小荧　张宁
《88小时记者体验：探寻长途客运安全真相　乌鲁木齐—兰州　历时32小时探寻之旅　一路向东》　《中国交通报》王涛
《九州通衢“九头鸟”涅槃重生——湖北综合运输体系助推“祖国立交桥”建设纪实》　《湖北交通新闻》高斌　石斌
《四次回乡　四次来港——丁肇中教授的港口情》
《日照港报》陈军　李业超
《船舶融资的中国猜想》　《中国船检》徐华
《警惕“倒下的烟囱”》　《中国交通信息化》李鹏
《连远流体：小巨人的练成》　《中国远洋报》郑晓峰

三等奖（19篇）：

《走出山区高速节约环保新路子——承秦高速公路秦皇岛段多动脑筋少动自然实现科学发展》
《河北交通》李书岐　刘丽莲　张海洋　曾庆伟
《路通雪乡远客来》　《黑龙江交通》姜久明
《聚焦“超时费”》　《中国高速公路》郭少军
《“绿色通道”一路畅通——一辆鲜活农产品运输车辆在吉林省高速公路通行见闻》　《吉林交通》张士鹏　聂大兴　饶波
《一切为了安全畅通——秦岭终南山公路隧道安全运营2000天工作纪实》
《陕西交通报》周迎春
《“德江模式”暖民心——贵州高速公路建设和谐征拆造福于民》
《贵州交通》胡颂平
《风劲云舒望天域——西藏公路养护体制改革纪实》
《中国公路》张俭　田野　庹春江
《铜黄项目的“返工锤”》　《交通建设报》曹小荣
《“我觉得这是一个负责任的部门”》《中国交通报》康继民　周爱娟
《草原的夜晚静悄悄——内蒙古公路建设处处重环保》
《中国交通报》冀云洁　辉军
《这五年，我们创造奇迹举世瞩目——四川交通建设西部综合交通枢纽

纪实》　　《四川交通》吴丹　周显仁　梁晓明

《君去远方——追忆2011年度交通系统十大新闻人物陈勇刚》　　《中国公路》熊婧

《BRT荣膺联合国气候变化“灯塔奖”　冼伟雄代表10万广州交通人亲赴多哈领奖》　　《广州交通》马援农　陈城武　赵盈　吴嘉恩

《牟廷敏　攀登世界桥梁之巅》　　《四川交通》何白桦

《转变方式　创新理念　过好“日子”》　　《黑龙江交通》陈晓光　姜久明

《海风东来　黄土地上绽放蓝色梦想——天津海事局倾力助推西部海员发展》　　《中国海事》赵远哲

《衡而必正　大业鼎成——访河北省高速公路衡大管理处党委书记、处长廖济柙》　　《交通标准化》张韶军

《昔日“大荒山”　今日“聚宝盆”——董家口港区停车场建设纪实》　　《青岛港报》周洁　江成效

《安徽交通加速发展启新程》　　《江淮公路》吴敏

评　论　类

一等奖（2篇）：

《以“体面劳动”拯救一个行业》　　《珠江水运》李明月

《最美司机　行业楷模》　　《中国交通报》陈林

二等奖（4篇）：

《何谓最美？》　　《中国公路》刘传雷

《学习“最美司机”的职业精神》　　《海运报》朱国求

《谨防舆论惯性伤害无辜》　　《中国交通建设监理》游汉波

《不怕“晒”》　　《中国高速公路》塞雁

三等奖（5篇）：

《规则让管理更简单》　　《筑港报》李冬梅

《管理的根要深扎》 《二航人》陈孝凯
《罚款50元与100元》 《三航报》郭佳
《舆论监督要有正确的出发点和动机》 《江西交通》练崇田
《别总拿潜规则说事》 《交通决策参考》徐德谦

副 刊 类

一等奖（2篇）：

《子刚的信仰》 《中国交通报》熊水湖
《再忆嘉陵江索道》 《中国公路文化》熊婧

二等奖（4篇）：

《老船你好》 《交通建设报》泉海
《爱心没有终点站——一名省会公交司机的行车日记》
《河北交通》闫晶 余娟娟
《“行者”王展意》 《中国公路文化》胡恩燕
《龙年忆“一条龙”运输》 《中国道路运输》王敏华

三等奖（4篇）：

《交通style》
《广州交通》 陈城武 冯燕萍 陈楚明 吴琼冰
《懒汉开荒》 《二航人》胡志刚
《走进春天》 《湖北交通新闻》潘庆芳
《纪念青春》 《河北交通》史静

论 文 类

一等奖（空缺）

二等奖（2篇）：

《办好交通政务微博的几点思考》　《交通新闻通讯》姚锋
《遵循八种职业精神　做好行业报记者》
《中国传媒科技》韩涛

三等奖（3篇）：

《刍议报业竞争力的持续性》　《中国远洋报》白昌中
《行业报一线采访需要具备的条件》　《中国传媒科技》陈蓉
《新闻报道选题要“三看”》　《交通周刊通讯》刘孟宇

好策划类

一等奖（3件）：

《汶川地震桥梁抗震研究（科技类）》
《公路交通科技》张华永　李智彦　程曦
《走百企、上千船、访万人》　《中国水运报》中国水运报新闻中心
《喜迎十八大科学发展辉煌交通》
《中国交通报》中国交通报新闻中心

二等奖（6件）：

《客动安全大调查 88小时记者体验：探寻长途客运安全真相》
《中国交通报》中国交通报运输部
《校车专题报道（科技类）》　《交通世界》集体
《留下，时光的馨香——关注中国古道、古桥遗产保护》
《中国公路》熊婧　罗关洲
《针对膨胀土、盐渍土的不良地基处理研究（科技类）》
《公路交通科技》张华永　李智彦　程曦
《建设质量引出的招标话题》
《中国公路》何小涛　谭启文　张波
《超限入不入刑？》

《中国公路》张柱庭　周详　葛长金　张青丰　彭道月　刘传雷

三等奖（9件）：

《免费盛宴正当时》　《中国高速公路》塞雁
《走近中国救捞人》　《中国交通报》中国交通报水运部
《中远美洲30年系列宣传报道》　《中国远洋报》郑晓峰
《“免费”备忘录》　《中国公路》谢丁等
《永恒的丰碑：爱岗敬业驾驶员楷模吴斌》
《中国道路运输》刘云军　马力　黄博
《清理与重建》　《中国高速公路》吴楠　于渊
《雷锋精神在这里扎根》　《江西交通》　熊昌军　练崇田　廖振华
《为走新型城市化道路做好服务学习大讨论活动》
《广州交通》广州交通编辑部
《免费通行特别策划》　《吉林交通报》崔静华　李丹

图　片　类

一等奖（2件）：

《救助渔民》　《中国交通报》路瑞霞　陈建波
《乘务员向温总理演示公交手语服务》　《北京公交》李立峰　刁立生

二等奖（4件）：

《风雪邮路人》　《中国交通报》桂志强
《救命恩人》　《中国救助与打捞》柳承志
《新郑州轮与码头合作创装卸自然箱新纪录》
《海运报》王良宾
《赤几项目部组织员工和当地修理工进行汽车修理技术大比武，进一步推进属地化管理》　《筑港报》邵峰

三等奖（6件）：

《美丽的田野》　《中国交通报》赵学千
《生命一线牵》　《中国救助与打捞》王军
《酷暑“烤”验》　《重庆交通》陈鸿园
《风劲云舒望天域》　《中国公路》张俭
《港工铺设真空膜》　《中国交通报》许让利　赵文涛
《冼伟雄亲赴多哈领奖》　《广州交通》交通宣

视频类

一等奖（1件）：

专题片片名：《温暖》　制作单位：河北省交通宣传中心
主创人员：李书岐　王慧　呼洋　刘丽莲

二等奖（2件）：

专题片片名：《调车员的一天》　制作单位：日照港电视台
主创人员：严守国　娄志超　战蔷

专题片片名：《逐梦长江》
制作单位：中交企业文化部　南京纬三路过江隧道项目部
主创人员：杜胜熙　王建　姚治强　崔增玉　赵晖

三等奖（3件）：

专题片片名：《攻坚古道展风采》　制作单位：中交二航局六分公司
主创人员：黄继惠　郑立维

专题片片名：《低碳交通在行动——车船路港千企行动一周年》
制作单位：交通电视声像中心
主创人员：张韧　张大为　王健昌　杨其华

专题片片名：《情牵玉树》　制作单位：甘肃交通新闻信息中心
主创人员：王生朝　关亮亮　马季